전자계산기 구조

한울출판사

머리말

오늘날 컴퓨터 산업의 발전은 해를 거듭할수록 눈부시게 가속화되어 정보 산업의 대중화 시대를 맞이하고 있을 뿐만 아니라 컴퓨터와 통신 기술이 상호 접목되어 획기적인 정보 통신 시대를 열어가고 있다. 이와 같은 시대에 적응하기 위해서는 컴퓨터에 관련된 지식과 기술을 습득하는 것이 필수적이며, 정보화 시대에 능동적으로 대처할 수 있는 길이라고 할 수 있다.

이 책은 전자계산기에 관련된 전반적인 내용을 포함하고 있어서 전문대학이나 대학에서 교과서로 활용할 수 있고 정보 처리, 전자계산기 조직 응용, 정보통신 설비, 사무 정보기기 응용 등의 각종 기사 자격 시험, 각종 채용 시험 및 승진 시험에 대비할 수 있도록 집필되었다.

이 책의 특징은 아래와 같다.

첫째, 각종 기사 자격 시험 출제 기준에 맞도록 체계적으로 요점을 정리하여 한 학기 강좌나 단기간에 전자계산기에 관련된 내용을 공부할 수 있도록 하였다.

둘째, 각 장마다 충분한 해설을 통하여 전자계산기에 관련된 기본 개념을 습득할 수 있도록 하였다.

셋째, 2000년대 초부터 현재까지 출제된 각종 기사 자격 시험 문제들을 다수 수록하여 기사 시험의 출제 경향을 분석하면서 정리할 수 있도록 하였다.

이 책은 저자들이 교단에서 강의한 내용들을 바탕으로 학생들 입장에서 최대한 이해하기 쉽도록 저술하려고 노력하였으나, 미흡하고 부족한 점은 앞으로 계속 수정·보완하여 독자들에게 유익한 책이 되도록 하겠다.

끝으로 독자 여러분의 많은 신뢰와 관심을 부탁드리면서 이 책이 출판되기까지 수고해 주신 모든 분들과 편집·제작에 애써 주신 출판사 임직원 여러분께 깊은 감사를 드린다.

연구실에서 저자 씀

차 례

제10장 시스템과 소프트웨어 · 281

제 1 장

컴퓨터 구조 일반

정보 시대 또는 컴퓨터 시대에서 생활하고 있는 현재를 정보화 사회라고 하여도 전혀 어색함이 없을 정도로 많은 정보 기술(IT ; information technology)을 인간은 사회 및 가정, 개인 활동에 있어서 필수적인 생활 수단으로 사용하고 있다. 더불어 다양하고 많은 자료를 신속·정확하게 처리하여 개인·조직·사회에서 원하는 정보를 공급하기 위해 컴퓨터와 관련된 정보 기술들도 급진적으로 발전되고 있다.

이 장에서는 컴퓨터의 기본 구성 및 역할·개요·발전 과정·구성 장치들의 세부 구성과 기능에 대하여 설명하고자 한다.

1.1 컴퓨터 시스템의 개요

정보화 사회에서 없어서는 안되는 시스템이 컴퓨터 시스템(computer system)이다. 컴퓨터 시스템은 많은 양의 데이터(data ; 자료)를 갖고 숫자, 문자, 기호 형태의 데이터에 대한 계산, 관리 등의 자료 처리를 수행한다. 이와 같이 컴퓨터에 의해서 수행되는 작업을 정보 처리(information processing)라고 하며, 이 컴퓨터를 EDPS(electronic data processing system) 또는 우리나라에서는 일반적으로 '전자 계산기'라고 부른다.

데이터(data ; 자료)는 현실 세계의 단순한 관찰이나 측정을 통해 얻어진 사실(fact)을 나타낸다. 정보는 현실 세계에 관련된 사실들의 자료로부터 어떤 의사 결정을 할 수 있는 지식(knowledge)으로서 데이터의 해석(interpretation) 또는 데이터들 상호간의 관계(relation)를 말하는 것이다. 이때, 컴퓨터는 많은 데이터들을 받아들여서(즉, 컴퓨터에 입력해서) 요구하는 지식(또는 정보)을 얻기 위하여 작업을 수행하게 된다.

그림 1-1 컴퓨터 시스템의 작업 과정

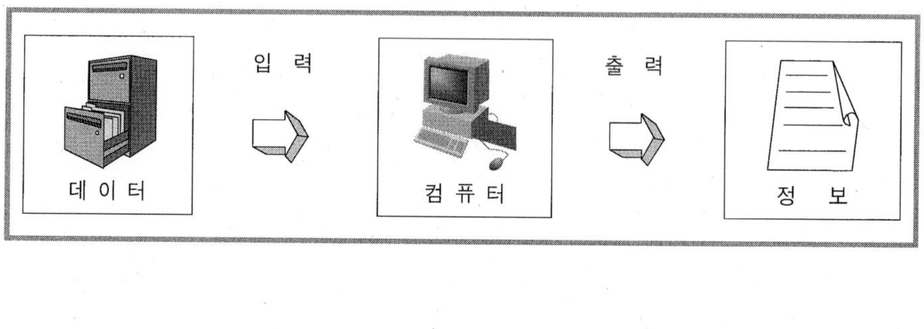

표 1-1 컴퓨터 시스템의 작업 과정별 기능

구 분	기 능	관련 시스템
데이터 입력 (input)	• 데이터의 입력을 수행	입력 시스템(key board) 카드 판독기(card reader) 등
데이터 처리 (processing)	• 컴퓨터의 주된 역할을 수행하는 부분으로 데이터를 가공, 연산, 관리함. • 데이터를 처리 종료한 후에 발생될 정보를 저장·보관함.	컴퓨터 시스템 (중앙 처리 시스템)
정 보 (information)	• 데이터 처리가 완료되어 컴퓨터로부터 얻어지는 결과물임.	출력 시스템 (프린터, 표시 단말기 등)

* 컴퓨터는 일련의 계획된 과정의 명령을 통하여 데이터를 처리하는데, 이 명령어들의 집합체를 프로그램(program)이라 한다.

1.2 컴퓨터 시스템의 구성

이 절에서 언급하는 시스템(system)은 컴퓨터와 관련되는 것으로서 '자료 처리나 업무를 전산화하기 위한 장비(하드웨어)와 소프트웨어'를 가리킨다.

컴퓨터 시스템은 규모, 복잡성, 처리 능력 등에 따라 여러 가지로 구분되나, 이러한 모든 시스템은 데이터의 처리 기능을 수행하기 위하여 하드웨어(hardware)와 소프트웨어(software)로 구분된다. 따라서 컴퓨터에서 시스템은 크게 하드웨어 시스템(hardware system)과 소프트웨어 시스템(software system)으로 나누어진다.

소프트웨어 시스템은 하드웨어 시스템을 사용하여 원하는 작업을 수행하는 프로그램(program)을 가리킨다. 또한 하드웨어 시스템은 소프트웨어 시스템의 명령에 따라 동작하고 취급하는 데이터를 갖고 작업을 수행한다.

표 1-2 시스템의 구성 요소

구 분	구성 요소
하드웨어 (hardware)	• 입출력 시스템 • 중앙 처리 시스템 • 보조 기억 장치 • 통신 시스템
소프트웨어 (software)	• 시스템 소프트웨어 • 응용 소프트웨어

시스템을 보다 세부적으로 분류하면 하드웨어, 펌웨어(firmware), 소프트웨어로 구분되며, 펌웨어는 하드웨어와 소프트웨어의 중간 단계로서 소프트웨어를 하드웨어화한 형태로서 하나의 집적 회로에 내장시켜 컴퓨터내에서 동작한다. 각각의 기능을 설명하면 다음과 같다.

- 일반적으로 펌웨어를 위한 집적 회로는 ROM을 사용하며, 마이크로프로그램으로 작성되어 내장된다.
- 하드웨어 시스템은 기계적인 장치를 가리키며, 소프트웨어 시스템은 하드웨어의 동작을 명령하는 프로그램을 가리킨다.
- 소프트웨어 시스템은 시스템 소프트웨어(system S/W)와 응용 소프트웨어(application S/W)로 나누어진다.

표 1-3 하드웨어, 소프트웨어, 펌웨어의 비교

구 분	하드웨어	소프트웨어	펌웨어
특 성	기계적(물리적)인 시스템	프로그램, 데이터 등으로 구성	하드웨어, 소프트웨어의 중간에 속함.
시스템상호간의 변환	어려움.	쉬움.	하드웨어, 소프트웨어를 펌웨어로 변경 가능함.
동 작 요 소	논리 회로	기계어	마이크로프로그램(ROM에 저장)
비 용	많이 듦.	적게 듦.	하드웨어보다 적게 듦.
속 도	빠름.	느림.	소프트웨어보다 빠름.

1.2.1 소프트웨어(software)

컴퓨터 시스템이 데이터를 처리하는 데 요구되는 모든 프로그램을 소프트웨어라고 하며, 데이터, 데이터 처리 절차 등의 모든 것을 포함하여 정의하기도 한다.

즉, 컴퓨터 시스템을 구성하는 요소 중에서 외적인 기계의 형체를 갖는 하드웨어 시스템을 제외한 무형의 시스템이 소프트웨어이다.

소프트웨어는 시스템 소프트웨어와 응용 소프트웨어로 구분되며, 시스템 소프트웨어는 응용 소프트웨어의 프로그램 명령에 따라 하드웨어를 동작시키는 소프트웨어로서 그 종류는 다음과 같다.

- 시스템 소프트웨어
  - 운영 체제(OS ; operating system) : 응용 소프트웨어의 수행을 지시하고 지원함.

–유틸리티(utility) : 소팅(sorting), 바이러스(virus) 검색 등의 일반 업무를 수행하는 프로그램
–컴파일러(compiler) : 프로그래머가 작성한 프로그램을 하드웨어가 인식하는 기계어로 번역함.
–데이터 베이스 관리 시스템(DBMS ; database management system) : 데이터 베이스의 저장과 접근을 관리
–기타 : 데이터 통신을 지원하는 소프트웨어, 인터프리터(interpreter) 등의 소프트웨어

● 응용 소프트웨어
–응용 소프트웨어는 특정 단체, 회사, 개인의 필요에 의하여 만든 프로그램으로서 급여 및 인사 관리, 가계 관리 소프트웨어 등이 있다.

표 1-4 시스템 소프트웨어와 응용 소프트웨어의 특성 비교

구 분	특 성
시 스 템 소프트웨어	• 운영 체제(OS)가 시스템 S/W임. • 컴퓨터 H/W 제작 회사에서 제공함. • 독자적으로 프로그램 실행이 가능함. • 사용자가 컴퓨터를 사용할 수 있는 환경을 제공함. • 시스템 S/W의 개발 언어(language)는 컴퓨터의 H/W와 밀접한 언어를 사용함.
응 용 소프트웨어	• 컴퓨터의 사용 대상인 개인, 업체 등의 필요로 개발된 S/W임. • 시스템 S/W가 있어야 동작이 됨. • 개인, 사무 등의 업무와 밀접한 기능을 제공함. • 개발 언어는 사용자가 쉽게 작성할 수 있는 고급 언어(high-level language)를 사용함.

그림 1-2 소프트웨어의 구조

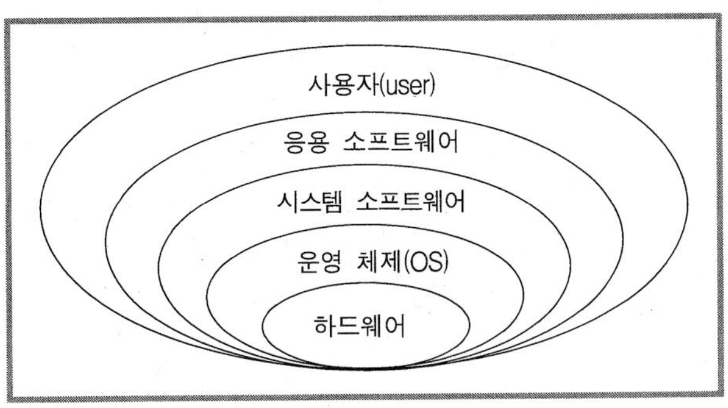

1.2.2 하드웨어(hardware)

하드웨어 시스템은 컴퓨터를 구성하는 요소 중 실제 물리적인 요소로서 전자 및 기계 장치의 시스템을 의미한다.

컴퓨터는 하드웨어 시스템들의 연결로 구성된다. 컴퓨터의 하드웨어를 구성하는 장치들은 중앙 처리 장치(마이크로 프로세서)와 주변 장치로 크게 구분되며, 중앙 처리 장치는 제어 장치, 연산 장치, 주기억 장치로 구분된다. 또한 주변 장치는 입력 장치, 출력 장치, 보조 기억 장치로 구분된다.

그림 1-3 컴퓨터 시스템의 기본 구성

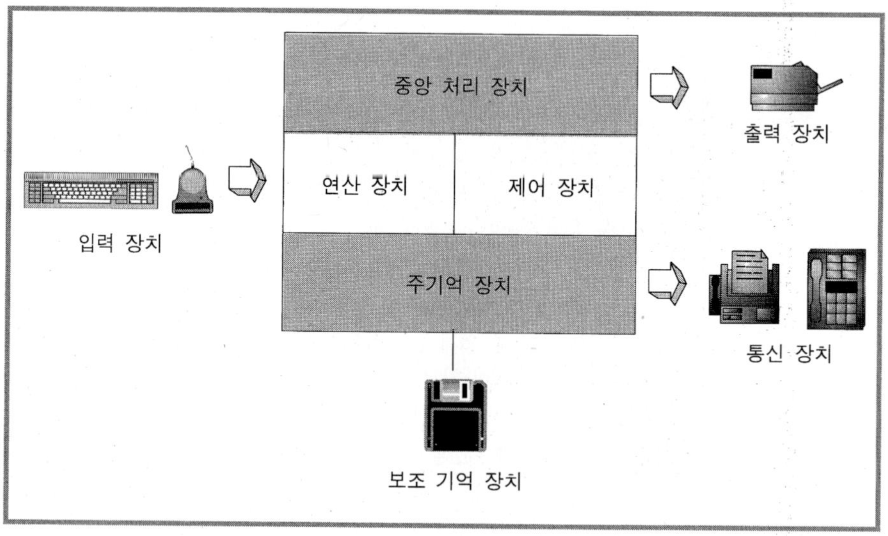

컴퓨터와 컴퓨터를 연결하는 하드웨어 시스템을 통신 시스템이라 하며, 데이터의 통신을 처리하는 기능을 수행한다.

컴퓨터의 주변 장치로는 단말기, 프린터 등이 있는데, 이들이 중앙 처리 장치와 직접 연결되어 있는 상태(예 : 단말기가 통신 회선을 통해 컴퓨터에 연결되어 동작중인 상태)를 '온라인(on-line) 시스템'이라 하며, 연결되지 않은 상태를 '오프라인(off-line) 시스템'이라 한다.

2) 하드웨어 시스템의 구성 요소

(1) 입력 장치(input unit)

컴퓨터 내부에 있는 중앙 처리 장치에게 프로그램이나 자료(data)를 제공하는 장치이며, 일부 입력 장치는 출력 및 보조 기억 장치의 기능을 겸용한다.

- 입력 장치 : 키보드(key board), 천공 카드 판독기(punched card reader), 디스크 드라이브, 자기 테이프 드라이브, 스캐너, 마우스, OMR 등.

(2) 기억 장치(memory unit 또는 storage unit)

컴퓨터 외부의 입력 장치로부터 입력된 프로그램이나 자료(data) 또는 처리된 결과의 정보를 컴퓨터 내부에 저장하는 장치이다. 기억 장치는 주기억 장치(main memory)와 보조 기억 장치(auxiliary storage unit)로 나누어진다.

- 주기억 장치(main memory 또는 main storage)
  - 컴퓨터 내의 중앙 처리 장치가 직접 접근(access)하며, CPU와 함께 컴퓨터 본체 내에 저장되는 기억 장치이다.
  - 일반 PC에서는 16MB, 32MB, 64MB, 128MB 256MB 등의 크기를 갖는다.
  - 현재 반도체 기억 장치인 RAM을 사용한다.
  - 프로그램, 프로그램의 중간, 종료시의 결과를 기억한다.
- 보조 기억 장치(auxiliary memory unit)
  - 컴퓨터 내의 중앙 처리 장치와 직접 연결되어 있지 않은 외부의 기억 장치이다.
  - 많은 양의 데이터(수백MB~수십GB)를 기억할 수 있다.
  - 2차 기억 장치라고도 한다.
  - 주기억 장치보다 접근(access) 속도가 느리다.
  - 자기 디스크, 자기 테이프, 광디스크 등을 사용한다.

(3) 중앙 처리 장치(CPU)

인간의 두뇌에 해당하는 부분으로서 컴퓨터 시스템 전체를 제어 관리한다. 즉, 명령어의 해석과 실행을 제어 관리한다.

중앙 처리 장치 내에는 산술 논리 연산 장치(ALU), 제어 장치, 레지스터 등이 있으며, 넓은 의미로서 주기억 장치를 포함시키기도 한다.

- 일반 PC의 중앙 처리 장치 종류 : 286, 386, 486, 586 등의 CPU

(4) 제어 장치(control unit)

컴퓨터를 이용하여 작업을 제어하는 장치로서 입출력 장치, 기억 장치, 연산 장치의 동작을 명령하고 시스템 전체를 통제한다.

제어 장치는 제어 신호 발생기, 명령(instruction) 레지스터, 명령 카운터, 부호기 등으로 구성된다.

(5) 연산 논리장치(arithmetic logical unit)

연산 논리 장치는 ALU(arithmetic logical unit) 또는 간단히 연산장치라고도 부른다. 제어 장치의 명령에 따라 산술 연산, 논리 연산 등의 기능을 수행하고 그 연산의 결과를 일시적으로 기억한다.

(6) 출력 장치(output unit)

입력·저장되어 있는 자료 또는 연산 장치에 의해 처리된 연산 결과의 자료를 컴퓨터 외부에 출력하는 장치이다.

- 출력 장치 : 모니터(monitor), 프린터(printer), 플로터(plotter), 디스크 드라이브 등.

(7) 통신 제어 장치(CCU ; communication control unit)

컴퓨터 시스템과 통신 회선 사이에 데이터를 전달할 수 있도록 해주는 장치로서 컴퓨터와 컴퓨터 또는 단말기 등과의 상호 연결을 가능하게 한다.

- 통신 제어 장치 : 모뎀(modem)

1.3 컴퓨터의 특성과 분류

1.3.1 컴퓨터의 특성

컴퓨터의 최대의 특징은 소형·경량이고 성능이 우수하며, 종래의 컴퓨터에 비하여 매우 저렴하다는 것이다. 그리고 컴퓨터는 계산을 하는 기능을 가지고 있을 뿐만 아니라 계측기 및 전기 기기의 제어, 영화, 음악, 대량의 자료 정리, TV 표시 장치에 의한 게임에도 이용되듯이 다양화·대중화되고 있다.

컴퓨터 시대의 정보화 사회에서는 컴퓨터가 사무 자동화(OA ; office automation), 공장 자동화(FA ; factory automation) 등으로 많은 분야의 요구에 큰 기여를 하고 있으며, 그 특성을 살펴보면 다음과 같다.

- 자동성 : 대용량의 자료를 자동으로 처리하여 원하는 결과를 얻을 수 있다.
- 신속성 : 방대한 업무 및 자료를 사용자가 원하는 시간에 실시간(real-time)으로 처리한다.
- 신뢰성과 정확성 : 사용자의 실수 또는 입력 자료의 오류가 없으면 컴퓨터는 사용자의 요구에 맞는 결과를 처리하여 출력한다.
- 대용량 자료의 보유(기억) 및 정보화 : 컴퓨터의 기술이 급속하게 발전함에 따라 많은 새로운 정보를 보관할 뿐 아니라 관련 분야의 의사 결정자에게 중요한 정보를 제공한다.
- 경제성 : 많은 업무에서 사용되는 자료를 동시에 제공 또는 총괄 처리하므로 시간절약, 경비 절감, 인력의 최소화, 신속한 의사 결정을 할 수 있다.
- 범용성 및 다중성 : 종전에는 과학 기술 계산, 통계 처리에 주로 사용되었으나 현재에는 많은 문자(영어, 한글, 특수 기호 등)와 각종 매개체(multi media)를 이용하여 사무 업무 분야, 건축 분야, 경제 분야 및 예술 분야 등에 다목적으로 널리 사용될 뿐만 아니라, 일상 생활에서 발생하는 모든 문제의 처리를 지원하고 있다.
- 논리 판단 및 비교성 : 인간이 할 수 없는 복잡하고 대규모의 작업을 컴퓨터가 대신하여 논리적으로 판단이 가능하며, 그에 따른 비교와 통계로 설명 자료 및 다음의 작업에 따른 의사 결정에도 도움을 준다.
- 편리성 및 우수성 : 컴퓨터를 사용하기 위한 기본 지식의 습득이 종래에는 요구되었으나 현재에는 윈도우를 이용한 GUI(graphic user interface), 음성 인식 등의 기술을 이용하여 사용자가 컴퓨터와 대화하며 컴퓨터를 사용할 수 있게 한다. 또한 사용하기 편하도록 컴퓨터는 작고 성능은 우수해야 된다.

1.3.2 컴퓨터의 분류

컴퓨터는 사용되는 분야, 목적, 컴퓨터의 기억 용량, 처리 능력, 데이터 표현 방법, 가격, 발전 과정 등에 따라 여러 가지로 분류된다.

1) 데이터 형태에 의한 분류

구 분	디지털 컴퓨터	아날로그 컴퓨터	하이브리드 컴퓨터
입 력	부호화한 숫자 및 문자	연속적인 자료	데이터의 유형에 관계 없음
가 격	고 가	저 가	고 가
특 성	• 기억이 용이하고 반영구적	• 신속한 입력 및 처리	• 아날로그 및 디지털 컴퓨터의 장점을 갖춤 • 특수 목적으로 설계

2) 사용 목적에 의한 분류

구 분	개인용 컴퓨터	일반용 컴퓨터	특수용 컴퓨터
특 성	• 가격이 저렴 • 크기가 작고 사용하기 편함.	• 여러 분야에서 사용 • 과학 기술용과 사무 처리용으로 구분	• 특수한 문제 해결하기 위해 사용
사 용	개인, 가정, 학교 교육용	기업체, 연구소, 은행	전자 오락, 산업용 로봇

3) 발전 과정의 세대별 분류

구 분	논리 회로 소자	하드웨어 및 소프트웨어의 특성
제1세대 ('46~'58)	진공관(tube)	• 연산, 기억, 입출력 장치 개발 *최초의 컴퓨터 : ENIAC(18000개의 진공관 사용)
제2세대 ('59~'63)	트랜지스터 (transistor)	• 연산, 제어 장치의 고속화 • 고속 기억, 보조 기억 장치의 개발
제3세대 ('64~'70)	집적 회로(IC)	• 대용량 화일의 기억 • 단말 장치 및 데이터 통신 제어 장치 개발
제4세대 ('70~)	고밀도 집적 회로 (LSI)	• 고속 반도체를 이용한 대용량 화일 기억 • 컴퓨터 네트워크 및 광통신 개발
제5세대 ('90~)	초고밀도 집적 회로(VLSI)	• 각종 소프트웨어, 지식 베이스 등을 지원하는 전용 컴퓨터 및 추론, 지능형 컴퓨터 개발 • 대규모 종합 정보 통신 네트워크 개발

4) 규모와 처리 능력에 따른 분류

CPU의 처리능력, 데이터 크기(word의 길이)에 따라 그 규모와 성능이 구분된다.

구 분	마이크로컴퓨터	미니컴퓨터	중형 컴퓨터	대형 컴퓨터	초대형 컴퓨터
CPU 능력 순위 (처리 능력)	5	4	3	2	1 (많은 CPU를 동시에 사용)
사용 분야	개 인	부서 단위	다수의 업무, 원격지 지원		
제 품	일반 PC, 노트북 PC	workstation	TICOM(주전산기), IBM, VAX 등의 중·대형 컴퓨터		슈퍼컴퓨터

용어정의

1. 속도 단위

- 컴퓨터에서 계산 속도의 빠른 순서 : ps－ns－μs－ms
  - 1ms(milli-second) ＝ 10^{-3}초
  - 1μs(micro-second) ＝ 10^{-6}초
  - 1ns(nano-second) ＝ 10^{-9}초
  - 1ps(pico-second) ＝ 10^{-12}초

2. 기억 용량 단위

- 1KB(kilo-byte) ＝1,024byte (10bit)
- 1MB(mega-byte) ＝1,024Kbyte(20bit)
- 1GB(giga-byte) ＝1,024Mbyte(30bit)
- 1TB(tera-byte) ＝1,024Gbyte(40bit)

3. 컴퓨터 시스템의 하드웨어, 소프트웨어, 펌웨어의 비교

- 하드웨어(hardware) : 기계적인 물리 시스템을 가리킨다.
  －중앙 처리 장치(CPU), 기억 장치, 입출력 장치 등
- 소프트웨어(software) : 하드웨어와 대비되는 것으로 프로그램, 데이터를 가리킨다.
  －MS-DOS, HWP, Windows, Database 등
- 펌웨어(firmware) : 일반적으로 롬(ROM)에 있는 마이크로프로그램을 가리킨다.
  －소프트웨어적인 특성과 하드웨어적인 특성을 가짐.
  －현재 입출력 장치, 연산 장치 등의 고속제어가 필요한 경우에는 펌웨어로 대체하는 경향이 있음.
  － 소프트웨어 ⇨ 펌웨어 변환 : 속도가 빨라짐.
  － 하드웨어 ⇨ 펌웨어 변환 : 가격이 낮아짐.

4. 폰노이만(Von Neumann)컴퓨터

- 현 디지털 컴퓨터의 구조를 제안하였다.
- 2진 개념을 사용하였으며, 프로그램 내장방식(stored program)의 구조를 갖는다.
- 함수연산, 제어, 입출력 등의 기본적인 기능을 갖는다.

5. 기 타

- bit(binary digit) : 기억 장치의 최소 단위이다. 1bit는 0 또는 1의 값을 갖는다.
- byte : 8개의 bit가 모여 1byte를 만들고, 컴퓨터에서 사용하는 문자 한 자를 나타내는 최소의 단위이다.
- MIPS(mega instruction per second) : 컴퓨터의 처리 속도를 나타내는 단위로서 컴퓨터가 1초에 처리하는 명령(instruction)을 백만 개의 단위로 나타낸다.
  - supercomputer : 20 MIPS 이상
  - main-frame : 1~20 MIPS
  - minicomputer : 0.5~2.0 MIPS
  - microcomputer : 0.5 MIPS 이하
- BPS(bit per second) : 컴퓨터간의 데이터를 직렬로 전송할 때 쓰이는 통신 속도 단위로서 장치나 채널이 1초에 문자를 전송할 때 몇 bit의 속도로 전송하는가를 나타낸다.
  - 주로 직렬(serial) 통신을 하는데 사용되는 전송단위이다.
  - 초당 백만번의 클럭 펄스(clock pulse)로 데이터를 전송하는 컴퓨터의 bit 속도는 1×10^{-6} sec (10^{6}bps)이다.
  - 하나의 워드(word)를 전송하는데 소요되는 시간은 32×10^{-6} sec이다.
- 보오(baud) : 정보의 전송속도를 나타내는 단위이다.
  - 신호가 이진(binary) 신호인 경우에는 전송되는 초당 비트수(bps : bit per second)와 같다.
  - 300보오 : 1초에 300bit의 데이터 전송속도를 가리킨다.
- 컴퓨터의 처리 능력(throughput) : 컴퓨터가 일정하게 주어진 시간에 처리할 수 있는 작업의 양을 나타내는 것으로서 컴퓨터 시스템 전체의 능력을 측정하는 단위이다.
- 레지스터(register) : 중앙 처리 장치내의 임시 기억 장소이다. 영구 기억 장소로는 기억 매체인 자기 디스크, 광디스크 등을 사용한다.
- 마이크로 컴퓨터에서 제어용 프로그램은 ROM에 저장되는데, 제어용 프로그램은 변경이 필요치 않고 전원이 끊어져도 저장된 내용이 지워지지 않아야 하기 때문이다.
- 인공지능 컴퓨터는 합성처리, 자연언어처리, 인식처리 등의 기능을 수행한다.

기출문제 컴퓨터 구조 일반

1. ALU의 목적은? (정보처리 2001.6)(정보처리 2003.3)(조직응용 2003.3)

㉮ OP 코드의 번역
㉯ 산술과 논리 연산의 실행
㉰ 필요한 기계 사이클 수의 계산
㉱ 어드레스 버스 제어

☞ 1.2.2의 2)의 (5) 참조

2. 컴퓨터의 성능을 평가할 수 있는 측면이 아닌 것은? (정보처리 2006.3)

㉮ 사용자의 편리성
㉯ 응답시간
㉰ 제작회사
㉱ 신뢰도

☞ 용어정의 5. 참조

3. 전자계산기는 대별해서 중앙처리장치와 주변장치로 구분한다. 중앙처리장치의 구성 부분은? (정보처리 2002.3)(조직응용 2002.3)

㉮ Input-Output, Memory, Arithmetic
㉯ Input-Output, Control, Arithmetic
㉰ Control, Memory, Arithmetic
㉱ Control, Memory, Input-Output

☞ 1.2.2의 1) 참조

4. 컴퓨터의 연산자 기능이 아닌 것은? (정보기술 2002.8)

㉮ 기억 기능
㉯ 제어 기능
㉰ 전달 기능
㉱ 함수 연산 기능

☞ 1.2.2의 2) 참조

5. 중앙처리장치(CPU)의 기능이 아닌 것은? (전자계산 2003.5)

㉮ 기억 기능
㉯ 연산 기능
㉰ 제어 기능
㉱ 입력 기능

☞ 1.2.2의 1) 참조

---

1. ㉯ 2. ㉰ 3. ㉰ 4. ㉮ 5. ㉱

6. 산술연산과 논리연산 동작을 수행한 후 결과를 축적하는 register를 무엇이라 하는가?

(정보처리 2006.9, 2002.9)(전자계산 2002.5)

㉮ 누산기　　㉯ 인덱스 레지스터
㉰ 플래그 레지스터　　㉱ RAM

☞ 1.2.2의 5) 참조

7. 연산한 결과를 기억장치로 보내기 전에 잠시 보관하는 레지스터는? (정보처리 2004.5)

㉮ Adder　　㉯ Accumulator
㉰ Index Register　　㉱ Core Memory

☞ 1.2.2의 5) 참조

8. 계산 도중 연산장치에서 계산된 중간 결과를 보존하는 곳은?

(전자계산 2005.5) (조직응용 2002.8)

㉮ address register　　㉯ accumulator
㉰ parallel adder　　㉱ instruction register

☞ 1.2.2의 5) 참조

9. 레지스터의 일종으로서 산술 및 논리연산 결과가 일시적으로 기억되는 장소는?

(조직응용 2004.8)

㉮ 보조기억장치　　㉯ 제어 레지스터
㉰ 주기억장치　　㉱ 누산기

☞ 1.2.2의 5) 참조

10. 중앙처리장치(CPU)의 기능이 아닌 것은? (전자계산 2003.5)

㉮ 기억 기능　　㉯ 연산 기능
㉰ 제어 기능　　㉱ 입력

☞ 그림 1-3 참조

---

6. ㉮　**7.** ㉯　**8.** ㉯　**9.** ㉱　**10.** ㉱

11. **연산의 중심이 되는 레지스터는?** (전자계산 2004.5)

㉮ 인덱스 레지스터　　㉯ 데이터 레지스터
㉰ 명령 레지스터　　㉱ 누산기 레지스터

☞ 1.2.2의 5) 참조

12. **중앙연산처리 장치의 구성 부분이 아닌 것은?** (전자계산 2004.9)

㉮ 제어장치　　㉯ 주기억장치
㉰ 보조기억장치　　㉱ 산술논리 연산장치

☞ 그림 1-3 참조

---

11. ㉱　12. ㉰

제 2 장

디지털 논리 회로

2.1 논리 게이트와 불 대수

2.1.1 논리 게이트

게이트는 논리 회로를 구성하는 데 쓰이는 가장 기본적인 소자이며, 0[V]와 5[V]의 두 가지 전압 상태만을 다루는 2진수 체제에서 동작한다. 게이트의 동작을 설명하기 위하여 진리표를 사용하는데, 이것은 논리 회로의 출력이 입력의 조합에 대하여 어떻게 동작하는지를 나타낸다.

1) OR 게이트

OR 게이트에서는 입력의 어느 하나라도 1이면 출력은 1이 되고, 모든 입력이 0일 때에 한해서 0이 된다. OR 게이트의 논리 기호 및 진리표는 그림 2-1에 나타내었다.

그림 2-1 OR 게이트의 논리 기호 및 진리표

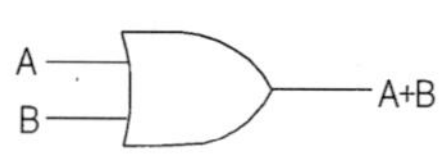

A	B	A+B
0	0	0
0	1	1
1	0	1
1	1	1

(a) 2입력인 경우

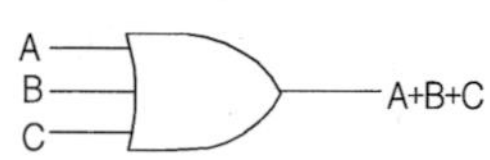

A	B	C	A+B+C
0	0	0	0
0	0	1	1
0	1	0	1
0	1	1	1
1	0	0	1
1	0	1	1
1	1	0	1
1	1	1	1

(b) 3입력인 경우

2) AND 게이트

AND 게이트에서는 입력의 어느 하나라도 0이면 출력은 0이 되고, 모든 입력이 1일 때에 한해서 1이 된다. AND 게이트의 논리 기호 및 진리표는 그림 2-2에 나타내었다.

그림 2-2 AND 게이트의 논리 기호 및 진리표

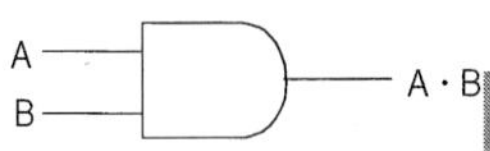

A	B	A·B
0	0	0
0	1	0
1	0	0
1	1	1

(a) 2입력인 경우

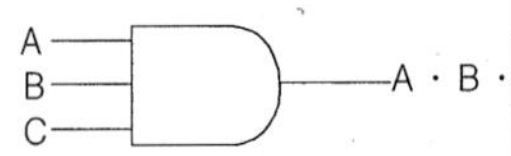

A	B	C	A·B·C
0	0	0	0
0	0	1	0
0	1	0	0
0	1	1	0
1	0	0	0
1	0	1	0
1	1	0	0
1	1	1	1

(b) 3입력인 경우

3) NOT 게이트

NOT 게이트에서 출력은 입력을 반전한 것과 같다. NOT 게이트의 논리 기호 및 진리표는 그림 2-3에 나타내었다.

그림 2-3 NOT 게이트의 논리 기호 및 진리표

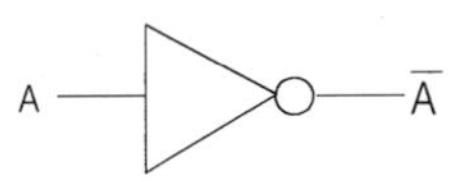

A	$\overline{A}$
0	1
1	0

4) NOR 게이트

NOR 게이트는 OR 게이트와 NOT 게이트를 결합한 게이트로서 출력은 입력이 모두 0일 때에 한해서 1이 되고, 다른 입력의 조합에 대해서는 0이 된다. NOR 게이트의 논리 기호 및 진리표는 그림 2-4에 나타내었다.

그림 2-4 NOR 게이트의 논리 기호 및 진리표

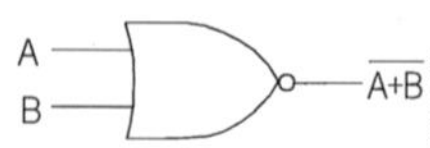

A	B	$\overline{A+B}$
0	0	1
0	1	0
1	0	0
1	1	0

(a) 2입력인 경우

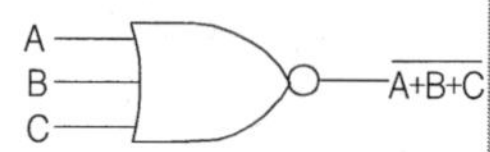

A	B	C	$\overline{A+B+C}$
0	0	0	1
0	0	1	0
0	1	0	0
0	1	1	0
1	0	0	0
1	0	1	0
1	1	0	0
1	1	1	0

(b) 3입력인 경우

5) NAND 게이트

NAND 게이트는 AND 게이트와 NOT 게이트를 결합한 게이트로서 출력은 입력이 모두 1일 때에 한해서 0이 되고, 다른 입력의 조합에 대해서는 1이 된다. NAND 게이트의 논리 기호 및 진리표는 그림 2-5에 나타내었다.

그림 2-5 NAND 게이트의 논리 기호 및 진리표

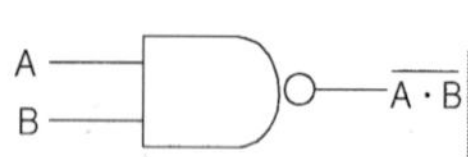

A	B	$\overline{A \cdot B}$
0	0	1
0	1	1
1	0	1
1	1	0

(a) 2입력인 경우

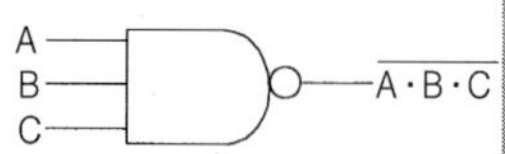

A	B	C	$\overline{A \cdot B \cdot C}$
0	0	0	1
0	0	1	1
0	1	0	1
0	1	1	1
1	0	0	1
1	0	1	1
1	1	0	1
1	1	1	0

(b) 3입력인 경우

6) XOR 게이트

XOR 게이트에서는 입력이 두 개인 경우 입력이 서로 다른 경우에만 출력이 1이 되고 입력이 같은 경우는 1이 되는 게이트이다. 입력이 세 개 이상인 경우는 1인 입력의 개수가 홀수개인 경우에만 출력이 1이 되고 나머지는 0이 된다. XOR 게이트의 논리 기호 및 진리표는 그림 2-6에 나타내었다.

그림 2-6 XOR 게이트의 논리 기호 및 진리표

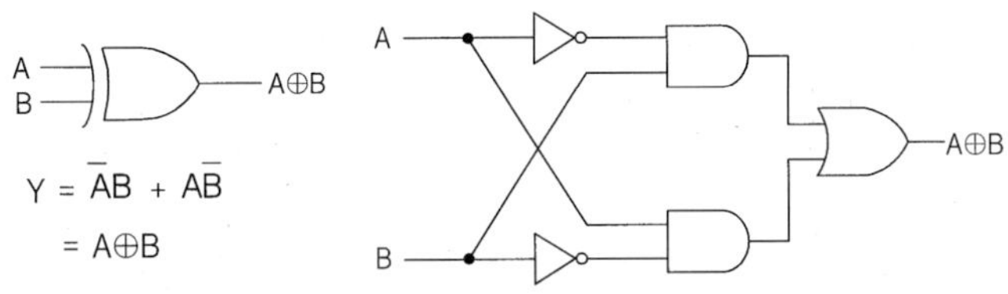

$Y = \bar{A}B + A\bar{B}$
$= A \oplus B$

A B	A⊕B
0 0	0
0 1	1
1 0	1
1 1	0

XOR 게이트의 응용 예는 2진수를 그레이 코드로 변환하는 경우와 그레이 코드를 2진수로 변환하는 경우 등이 있는데 각각의 경우 회로는 다음 그림 2-7에 나타내었다.

그림 2-7 2진수와 그레이 코드의 상호 변환 회로

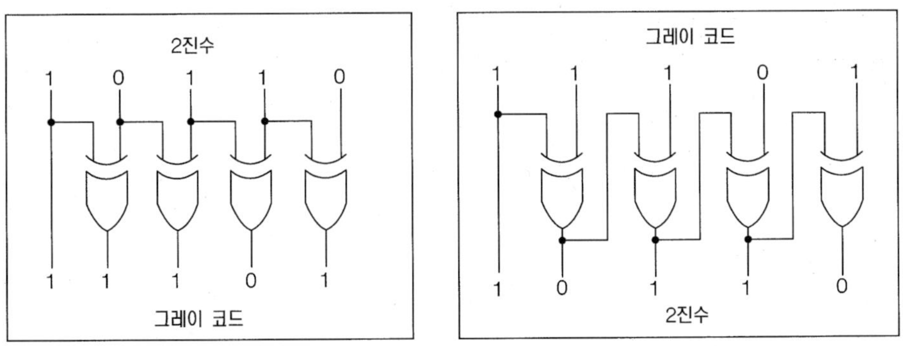

(a) 2진수 → 그레이 코드 (b) 그레이 코드 → 2진수

7) XNOR 게이트

XNOR 게이트는 XOR 게이트와 NOT 게이트를 결합한 게이트로서 XOR 게이트와는 정반대의 연산을 수행한다. XNOR 게이트의 논리 기호 및 진리표는 그림 2-8에 나타내었다.

그림 2-8 XNOR 게이트의 논리 기호 및 진리표

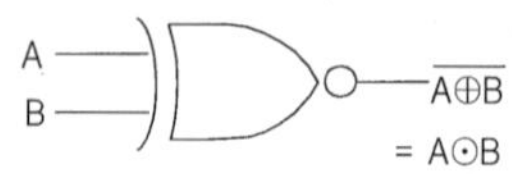

A	B	$\overline{A \oplus B}$
0	0	1
0	1	0
1	0	0
1	1	1

2.1.2 불 대수

불 대수(Boolean algebra)는 어떤 명제의 조합에 대한 참(true)과 거짓(false)을 논리적으로 해석하기 위한 수단으로 영국의 수학자 불(George Bool ; 1815~1864)에 의해서 제안되었으며 논리 대수라고도 한다.

그 후 미국의 벨(Bell) 연구소의 샤논(Claude E. Shannon)은 두 개의 상태를 가진 진기적인 스위치 회로를 불 대수에 의하여 표시될 수 있음을 제시하였으며, 이후 불 대수를 스위칭 대수(switching algebra)라고 부르게 되었다. 스위칭 대수는 오늘날 전기 통신 분야와 컴퓨터 논리 회로의 설계에 널리 응용되고 있다.

여러 가지 복잡한 논리의 조합으로 이루어진 컴퓨터도 실제로는 소수의 기본 논리로 구성되어 있는데, 여기서 기본 논리란 논리합, 논리곱, 부정 그리고 배타적 논리합 등을 의미한다.

1) 불 대수의 공리 및 기본 정리

불 대수의 기본적인 정리를 이용하면 여러 형태의 논리 회로를 용이하게 설계할 수 있으며, 복잡한 논리 회로의 해석을 쉽게 할 수 있다. 또한 2진 변수에 대한 진리표를 함수 형태로 표현할 수 있으며, 복잡한 논리 회로의 입출력 함수로부터 더욱 간단한 입출력 함수를 찾을 수 있다.

수학 체계에서 공리는 '참'이라고 가정하는 기본 정의의 최소 집합을 의미하며, 이를 기초로 관련 수학 체계의 다른 모든 정보가 유도된다. 불 대수의 공리는 다음과 같이 12개이다.

1. A≠0이면 A=1이다.	2. A≠1이면 A=0이다.
3. 0 · 0=0	4. 1+1=1
5. 0 · 1=0	6. 1+0=1
7. 1 · 0=0	8. 0+1=1
9. 1 · 1=1	10. 0+0=0
11. $\overline{0}=1$	12. $\overline{1}=0$

공리 1과 2는 논리 변수 A가 논리값 0, 1중 하나를 갖는다는 것을 의미한다. 위 공리 좌우쌍에서 0과 1을 서로 바꾸고 동시에 · 과 +를 서로 바꾸면 다른 쪽이 얻어지는데, 이러한 성질을 쌍대성(duality)이라 하고 한쪽을 다른쪽의 쌍대(dual)라고 한다. 위의 공리로부터 다음과 같은 정리들이 성립한다.

1. A · 0=0	2. A+1=1
3. A · 1=A	4. A+0=A
5. A · A=A	6. A+A=A
7. $A\cdot\overline{A}=0$	8. $A+\overline{A}=1$
9. $\overline{\overline{A}}=A$	
10. A · B=B · A	11. A+B=B+A (교환 법칙)
12. A · (B · C)=(A · B) · C	13. A+(B+C)=(A+B)+C (결합 법칙)
14. A · (B+C)=A · B+A · C	15. A+(B · C)=(A+B) · (A+C) (분배 법칙)
16. $\overline{A\cdot B}=\overline{A}+\overline{B}$	17. $\overline{A+B}=\overline{A}\cdot\overline{B}$ (드 모르간의 정리)
18. A+AB=A	19. A(A+B)=A
20. $AB+A\overline{B}=A$	21. $(A+B)(A+\overline{B})=A$
22. $A+\overline{A}B=A+B$	23. $A(\overline{A}+B)=A\cdot B$
24. $AB+\overline{A}C+BC=AB+\overline{A}C$	25. $(A+B)(\overline{A}+C)(B+C)=(A+B)(\overline{A}+C)$

불 대수의 정리에서 좌우측은 상호 쌍대를 이루고 있으므로 한쪽으로부터 다른 쪽을 손쉽게 쓸 수 있다. 일반적으로 어떤 논리적 항등식이 성립하면 그 쌍대적인 식도 성립하므로 증명은 한쪽만 하면 된다.

불 대수의 증명은 공리를 이용하여 진리표를 작성함으로써 증명할 수 있다. 예를 들면 정리 8의 $A+\overline{A}=1$은

A	$\overline{A}$	$A+\overline{A}$	비 고
0	1	1	공리 8 이용
1	0	1	공리 6 이용

따라서 A의 모든 값에 대하여 $A+\overline{A}=1$은 성립한다.

정리 16과 17의 드 모르간의 정리는 매우 중요하며 이의 증명은 공리를 이용하면 상당히 복잡하지만 진리표를 이용하면 쉽게 증명된다.

같다 ($\overline{A+B}$ = $\overline{A}\cdot\overline{B}$)

A B	$\overline{A+B}$	$\overline{A}$	$\overline{B}$	$\overline{A}\cdot\overline{B}$
0 0	1	1	1	1
0 1	0	1	0	0
1 0	0	0	1	0
1 1	0	0	0	0

드 모르간의 정리는 임의의 논리 함수의 부정을 얻고자 할 때 매우 편리한데, 구하는 방법은 모든 변수를 부정으로 바꾸고 모든 OR를 AND로 바꾸고 모든 AND를 OR로 바꾸면 된다.

2) 게이트간의 변환

드 모르간의 정리는 등가적으로 그림 2-9와 같은 상호 변환이 성립한다. 즉 NAND의 출력측에 있는 NOT을 입력으로 옮기고 동시에 AND를 OR로 바꾸어도 된다. 마찬가지로 NOR의 출력측에 있는 NOT을 입력으로 옮기고 동시에 OR를 AND로 바꾸어도 된다.

그림 2-9 NAND와 NOR의 등가적인 표현 방법

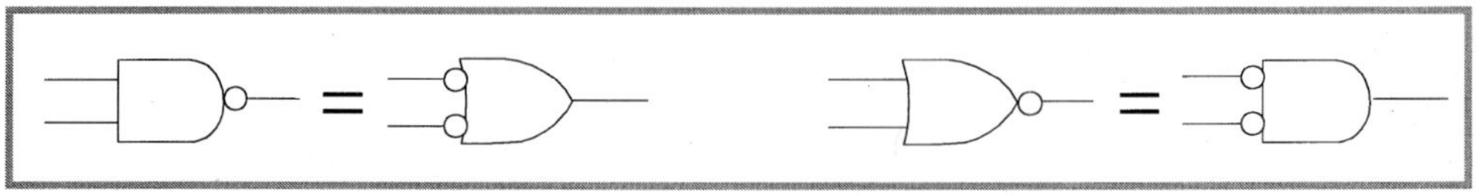

이를 토대로 AND와 OR 게이트는 그림 2-10과 같이 NAND와 NOR의 출력측에

NOT 게이트를 추가하면 얻어짐을 알 수 있다.

그림 2-10 AND와 OR의 등가적인 표현 방법

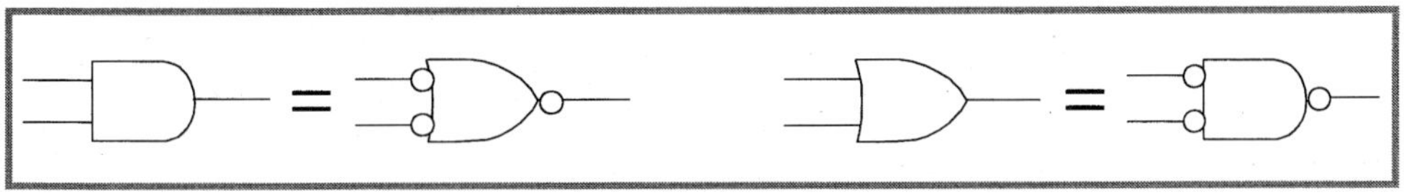

위의 내용을 기초로 그림 2-11과 그림 2-12에 표시한 바와 같이 모든 게이트를 NAND 또는 NOR 게이트로 표현할 수 있다.

그림 2-11 NAND 게이트에 의한 모든 게이트의 표현

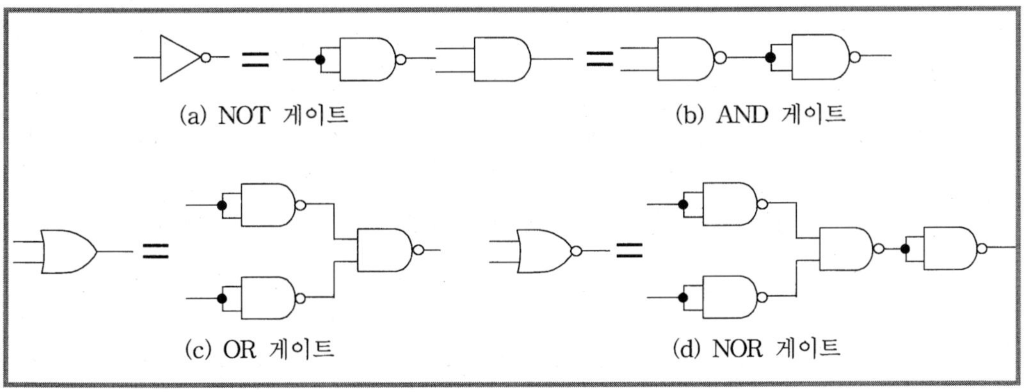

그림 2-12 NOR 게이트에 의한 모든 게이트의 표현

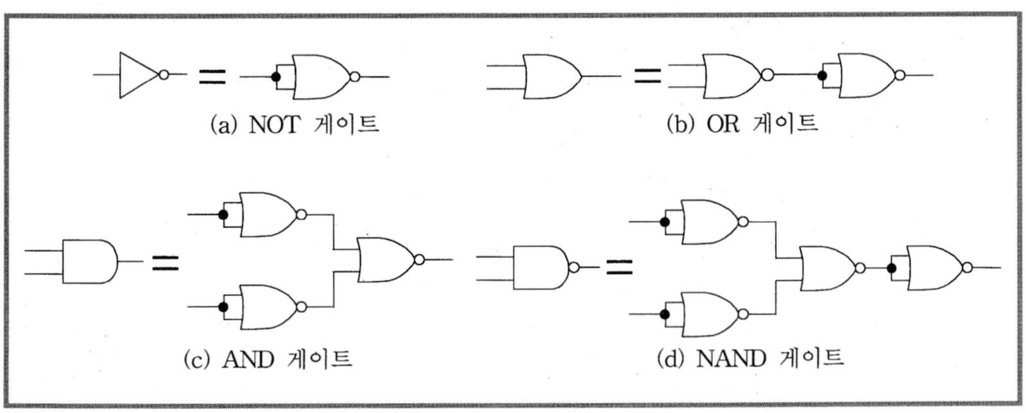

2.1.3 불 대수의 간략화

불 대수식을 간략화하는 방법에는 불 대수의 공리 및 정리를 이용하는 방법과 카르노 도표(Karnaugh map)를 이용하는 방법이 있다.

1) 불 대수의 공리 및 정리를 이용하는 방법

예를 들어 설명하면 ABC+AC를 간략화하는 경우는 다음과 같다.

$$\begin{aligned} ABC+AC &= AC(B+1) \quad (\leftarrow \text{정리 2 이용}) \\ &= AC \end{aligned}$$

2) 카르노 도표를 이용하는 방법

불 대수의 공리 및 정리를 이용하여 논리 대수식을 간단히 하는 것은 매우 복잡하기 때문에 카르노 도표를 이용하면 쉽게 간략히 할 수 있다. 이 방법은 입출력간의 관계가 진리표로 주어지면 이것을 표준형으로 표현한 후, 이와 등가적인 카르노 도표를 작성하여 간략히 한다. 그러나 이 방법은 변수가 네 개까지는 쉽게 적용되지만 다섯 개 이상이 되면 복잡해진다. 표준형에는 최소항과 최대항이 있는데 논리식에서 n개의 변수가 서로 AND의 형태로 결합된 항을 최소항(minterm)이라 하고, 각 변수들이 OR의 형태로 결합된 항을 최대항(maxterm)이라 한다. 예를 들면 두 변수 A, B에 대한 최소항은 AB, $\overline{A}B$, $A\overline{B}$, $\overline{A}\,\overline{B}$의 네 가지가 있으며, 최대항은 A+B, $\overline{A}+B$, $A+\overline{B}$, $\overline{A}+\overline{B}$의 네 가지가 있다. 그림 2-13은 2변수, 3변수에 대한 카르노 도표를 표시하는 방법이다.

그림 2-13 카르노 도표 표시 방법

B \ A	0	1
0	$\overline{A}\,\overline{B}$	$A\overline{B}$
1	$\overline{A}B$	AB

(a) 2변수인 경우

C \ AB	00	01	11	10
0	$\overline{A}\,\overline{B}\,\overline{C}$	$\overline{A}B\overline{C}$	$AB\overline{C}$	$A\overline{B}\,\overline{C}$
1	$\overline{A}\,\overline{B}C$	$\overline{A}BC$	ABC	$A\overline{B}C$

(b) 3변수인 경우

진리표가 주어졌을 때 카르노 도표를 작성한 후 다음 순서대로 논리 함수를 간략화한다.

① 카르노 도표상에서 논리적으로 '1'이 인접하고 있는 항을 서로 묶는다(2, 4, 8, 16개).

② 카르노 도표상에서 묶을 수 없는 하나의 최소항이 1인 항은 각 변수를 AND로 나타낸다.

③ 카르노 도표상에서 묶을 수 없는 논리가 1인 항이 두 개 이상일 경우에는 이들 최소항을 서로 OR로 나타낸다.

예를 들면 2변수인 경우 $F=\overline{A}\,\overline{B}+A\,\overline{B}$와 3변수인 경우 $F=\overline{A}\,\overline{B}\,\overline{C}+\overline{A}\,B\,\overline{C}+A\,\overline{B}C+ABC$를 간략화하는 경우는 다음과 같다.

B \ A	0	1
0	1	1
1	0	0

$F=\overline{B}$

C \ AB	00	01	11	10
0	1	1	0	0
1	0	0	1	1

$F=\overline{A}\,\overline{C}+AC$

그림 왼쪽에서 B = 0, A = 0과 A = 1이므로 B는 남고 A는 없어져 $F=\overline{B}$가 된다.

오른쪽 그림에서 왼쪽 위의 묶음에서 A=0, B=0과 B=1, C=0 이므로 A와 C는 남고, B는 없어져 $\overline{A}\,\overline{C}$ 가 된다. 오른쪽 아래 묶음은 A=1, B=1과 B=0, C=1 이므로 A와 C는 남고, B는 없어지므로 AC 가 된다. 그 결과 이들 묶음을 OR로 연결하여 나타내면 $F=\overline{A}\,\overline{C}+AC$ 가 된다.

3변수 카르노 도표의 예로서 아래 그림에서는 왼쪽 끝과 오른쪽 끝이 1이다. 이 경우 AB는 00, 10이므로 역시 한 비트만큼 차이가 난다. 즉, 양쪽 끝에 있는 값들은 서로 연결되어 있으므로 묶을 수 있다. 그러므로 A=0과 A=1, B=0, C=0이므로 B, C는 남고, A는 없어져서 결과 논리식은 $F=\overline{B}\,\overline{C}$가 된다.

C \ AB	00	01	11	10
0	1			1
1				

4개를 한 그룹으로 묶는 예를 다음 그림을 통해 알아보자. 좌측의 카르노 도표는 A는 0과 1, B=1, C는 0과 1이므로 A와 C는 없어지고, B만 남아서, 결과 $F=B$이다. 우측의 카르노 도표는 A, B가 0과 1, C=0이므로 $F=\overline{C}$이다.

C \ AB	00	01	11	10
0		1	1	
1		1	1	

C \ AB	00	01	11	10
0	1	1	1	1
1				

다음 카르노 맵과 같이 왼쪽 끝의 두 개와 오른쪽 끝의 두 개를 묶으면 A는 0과 1, B=0, C도 0과 1이 되어 $F=\overline{B}$가 된다.

C \ AB	00	01	11	10
0	1			1
1	1			1

예 오른쪽 그림과 같이 세 개의 입력을 가지는 majority function(입력 변수중 다수가 논리 '1'을 가질 때 출력 변수는 논리 '1'이 된다.)을 이행하는 논리 회로가 있다. 이때 불 변수 F를 x, y 그리고 z로 표현하여라.

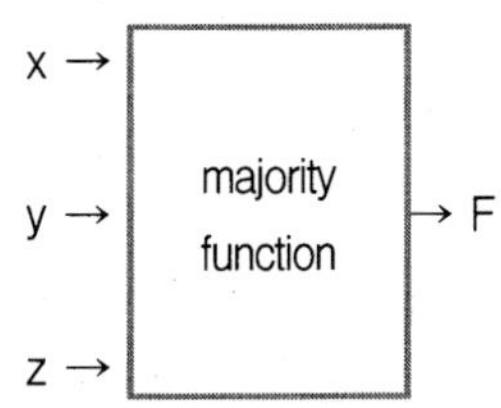

x, y, z 그리고 F에 대한 진리표를 작성하고 이를 이용하여 논리식을 간단히 하면 다음과 같다.

x y z	F
0 0 0	0
0 0 1	0
0 1 0	0
0 1 1	1
1 0 0	0
1 0 1	1
1 1 0	1
1 1 1	1

x \ yz	00	01	11	10
0	0	0	1	0
1	0	1	1	1

∴ F=xy+yz+zx

2.2 조합 논리 회로

조합 논리 회로는 기억 특성을 가지고 있지 않으므로 회로의 출력은 현재 가해지는 입력의 조합에 의해서만 결정된다. 조합 논리 회로는 디지털 시스템에 널리 응용되고 있는데 크게 산술 연산 회로(반가산기, 전가산기)와 데이터 전송에 관련된 회로(인코더, 디코더, 멀티플렉서, 디멀티플렉서)로 나눌 수 있다.

2.2.1 반가산기(half adder)

반가산기는 두 비트를 합하여 아래 자리에서 올라오는 자리 올림수(carry)를 고려하지 않기 때문에 입력 변수는 두 개가 되고 출력은 합(sum)과 자리 올림수의 두 개이다. 반가산기의 회로 및 진리표는 그림 2-14에 나타내었다.

그림 2-14 반가산기 회로도 및 진리표

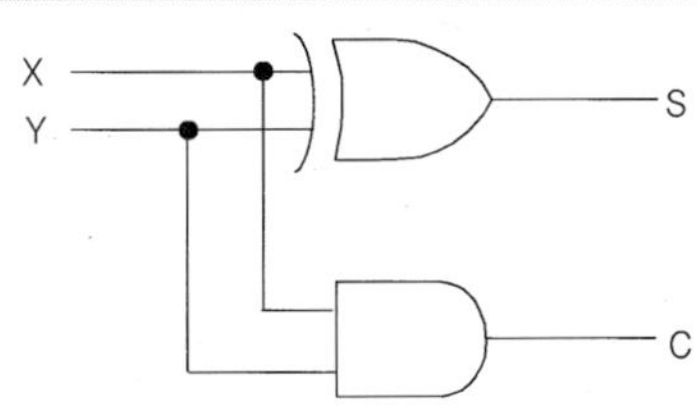

(a) 회로도

X Y	S C
0 0	0 0
0 1	1 0
1 0	1 0
1 1	0 1

(b) 진리표

진리표로부터 S와 C에 대한 불 함수는 다음과 같다.

$$S = \overline{X}Y + X\overline{Y} = X \oplus Y$$

$$C = XY$$

2.2.2 전가산기(full adder)

전가산기는 아래 자리에서 올라오는 자리 올림수(carry)를 고려하기 때문에 입력 변수는 세 개가 되고 출력은 합(sum)과 자리 올림수의 두 개이다. 전가산기의 회로 및 진리표는 그림 2-15에 나타내었다. 여기서 Ci는 아래 자리에서 올라오는 자리 올림수를 의미하며, C는 합산했을 때 발생하는 높은 자리로의 자리 올림수이다.

그림 2-15 전가산기 회로도 및 진리표

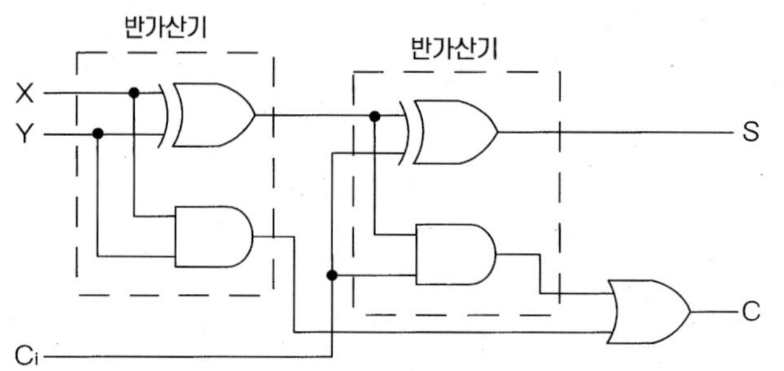

(a) 회로도

X	Y	C_i	S	C
0	0	0	0	0
0	0	1	1	0
0	1	0	1	0
0	1	1	0	1
1	0	0	1	0
1	0	1	0	1
1	1	0	0	1
1	1	1	1	1

(b) 진리표

그림 2-15에서 알 수 있듯이 전가산기는 두 개의 반가산기와 1개의 OR 게이트로 구성되어 있다. 진리표를 이용하여 S와 C에 대한 불 함수 표현식은 다음과 같다.

$$
\begin{aligned}
S &= \overline{X}\,\overline{Y}C_i + \overline{X}Y\overline{C_i} + X\overline{Y}\,\overline{C_i} + XYC_i \\
&= (\overline{X}Y + X\overline{Y})\overline{C_i} + (\overline{X}\,\overline{Y} + XY)C_i \\
&= (X \oplus Y)\overline{C_i} + (X \oplus Y)C_i \\
&= (X \oplus Y) \oplus C_i \\
C &= \overline{X}YC_i + X\overline{Y}C_i + XY\overline{C_i} + XYC_i \\
&= (\overline{X}Y + X\overline{Y})C_i + XY(\overline{C_i} + C_i) \\
&= (X \oplus Y)C_i + XY
\end{aligned}
$$

*n*비트로 구성된 두 개의 데이터를 합하는 가산기에서 각 비트를 합할 때 전가산기를 사용하며 *n*비트를 합하는 데는 *n*개의 전가산기가 필요하다. 그림 2-16에 4비

트 병렬 2진 가산기의 예를 나타내었다.

그림 2-16 4비트 병렬 2진 가산기

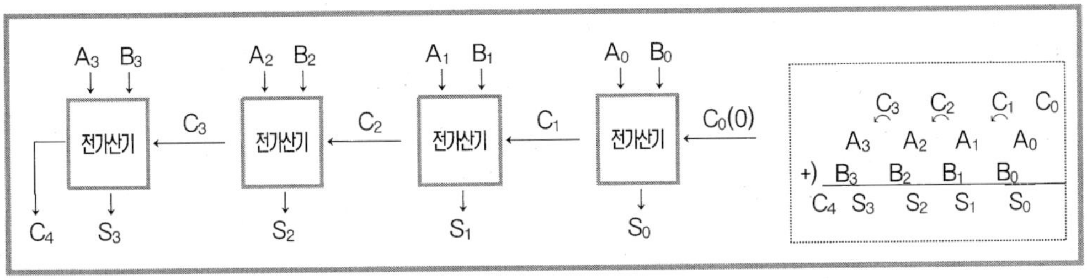

산술논리 연산장치(ALU)를 구성하는 가장 기본적인 회로는 병렬 가산기로서 병렬 가산기에 인가되는 입력을 제어함으로써 얻어지는 동작들을 그림 2-17에 나타내었다.

그림 2-17 병렬 가산기에 인가되는 입력을 제어함으로써 얻어지는 동작들

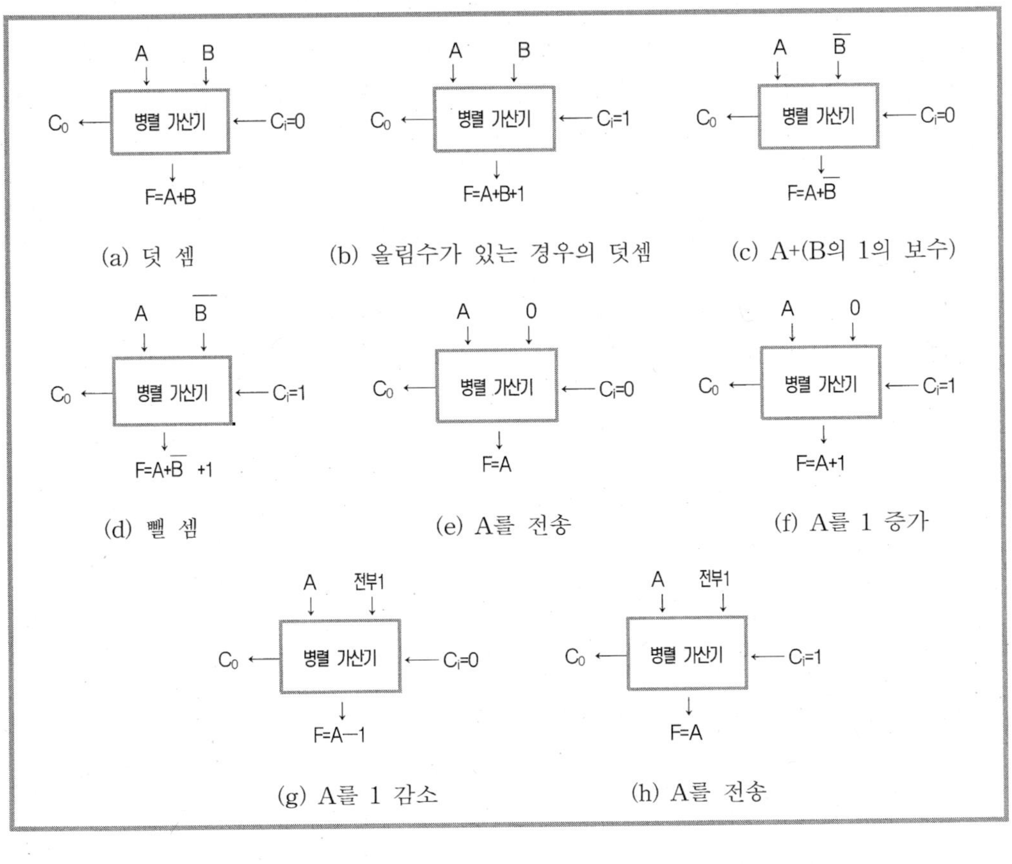

(a) 덧 셈 (b) 올림수가 있는 경우의 덧셈 (c) A+(B의 1의 보수)

(d) 뺄 셈 (e) A를 전송 (f) A를 1 증가

(g) A를 1 감소 (h) A를 전송

산술 연산 장치에서 채택하고 있는 병렬 가산기에서는 앞단의 자리 올림수가 발생하여야 다음 단에서 연산이 이루어지므로 많은 연산 시간이 소요된다. 따라서 이러한 연산 시간을 줄이기 위하여 캐리 보기(look ahead carry) 방식이 고안되었다.

2.2.3 비교기(comparator)

비교기는 두 개의 수 A, B를 비교하여 이들의 대소를 결정하는 회로인데 비교 결과는 A>B, A<B, A=B를 나타내는 세 개의 2진 변수에 의해 나타난다. 기본적인 2진 비교기의 예를 그림 2-18에 나타내었다.

그림 2-18 2진 비교기 회로도 및 진리표

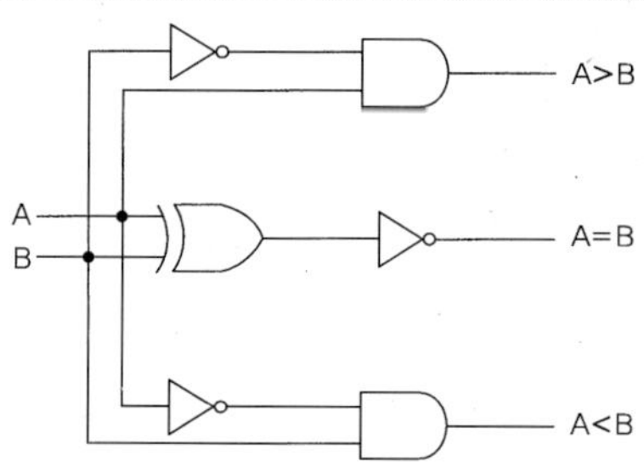

(a) 회로도

A	B	A>B	A=B	A<B
0	0	0	1	0
0	1	0	0	1
1	0	1	0	0
1	1	0	1	0

(b) 진리표

2.2.4 디코더(decoder)

디코더는 n개의 2진 입력 신호로부터 최대 2^n개의 출력 신호를 만드는 조합 회로로서 출력중 단지 한 개만이 논리적으로 1이 되고 나머지 출력은 모두 0이 되는 회로이다. $n \times m$디코더란 입력이 n개이고 출력이 m개임을 의미한다. 그림 2-19에는 2×4 디코더의 블록도, 회로도 및 진리표를 나타내었다.

그림 2-19 2×4 디코더의 블록도, 회로도 및 진리표

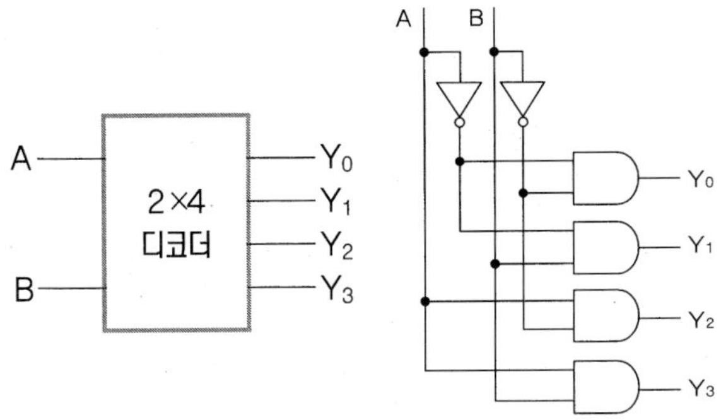

A	B	Y_0	Y_1	Y_2	Y_3
0	0	1	0	0	0
0	1	0	1	0	0
1	0	0	0	1	0
1	1	0	0	0	1

(a) 블록도 (b) 회로도 (c) 진리표

디코더의 응용 예는 BCD-10진 디코더, BCD-7 세그먼트 디코더 등이 있다. BCD-10진 디코더는 BCD 입력(4비트)에 대응하는 10진수의 0, 1, 2, …, 9중 하나에 출력이 나타나게 하는 것이다. 또한 BCD-7 세그먼트 디코더는 디지털 시계, 휴대용 계산기 등의 숫자를 표시하기 위하여 그림 2-20과 같이 배열된 a, b, c, d, e, f, g의 7개의 LED(light emit diode)중 몇 개의 다이오드에 순방향 전압을 걸어서 0, 1, 2, …, 9까지의 임의의 숫자를 표시한다. 예를 들어 5를 표시하려면 a, c, d, f, g에만 순방향 전압을 인가한다.

그림 2-20 7 세그먼트 표시기

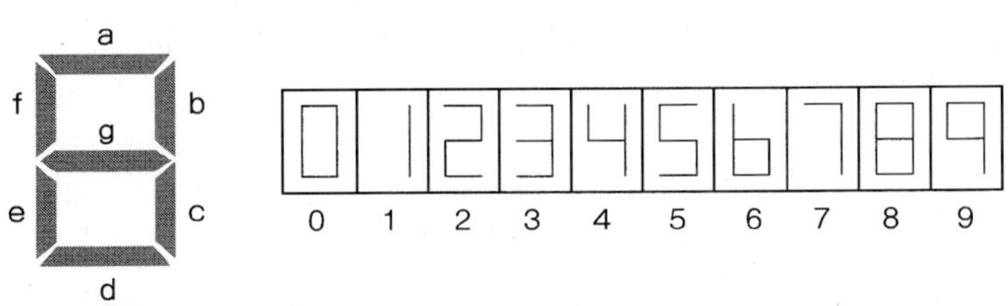

또한 BCD-10진 디코더에 드라이버 기능을 추가한 IC가 있는데 이를 BCD-10진 디코더/드라이버라고 하며 여기에는 TTL 7447과 7448이 있다. 7447은 공통 애노드형의 7 세그먼트 표시기와 연결하여 쓰도록 만들어진 것이며, 7448은 공통 캐소드형을 위한 것이다.

그림 2-21 7 세그먼트 표시기의 두 가지 형태

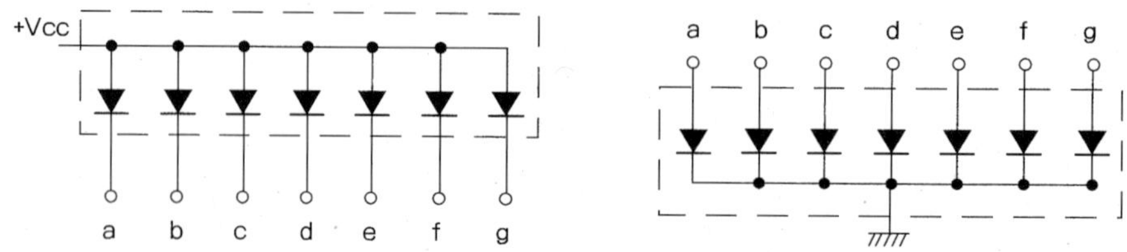

(a) 공통 애노드형 (b) 공통 캐소드형

2.2.5 인코더(encoder)

인코더는 디코더의 반대 기능을 가진 조합 회로로서 2^n개 또는 그 이하의 입력으로부터 n개의 출력을 만든다. 입력 조건중 나머지 조건은 임의항(don't care term)으로 처리된다. $m \times n$인코더란 입력이 m개이고 출력이 n개임을 의미한다. 그림 2-22에 4×2 인코더 회로를 나타내었다.

그림 2-22 4×2 인코더의 회로도 및 진리표

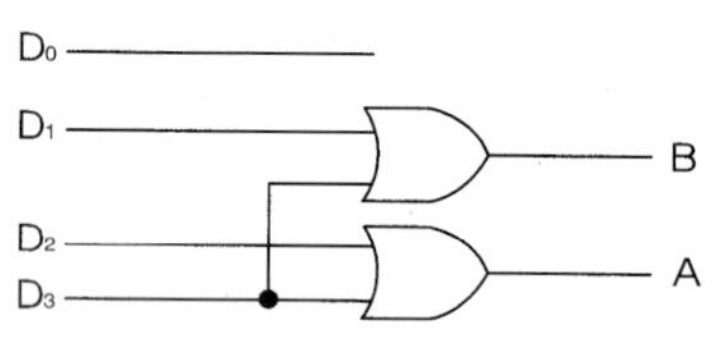

(a) 회로도

D_0	D_1	D_2	D_3	A	B
1	0	0	0	0	0
0	1	0	0	0	1
0	0	1	0	1	0
0	0	0	1	1	1

(b) 진리표

2.2.6 멀티플렉서(multiplexer)

멀티플렉서는 데이터 선택기라고도 불리우며 여러 개의 입력 신호선(채널) 중 하나를 선택하여 출력선에 연결하여 주는 조합 논리 회로이다. 입출력 단자 이외에 출력에 연결할 입력선을 선택하는 선택(select) 단자가 있다. 선택 단자가 n비트이면

2^n개의 입력 중에서 하나를 선택하여 출력에 연결하며 이것을 간단히 $2^n \times 1$ MUX 라고 표시한다. 그림 2-23에 4×1 멀티플렉서 회로를 나타내었다.

그림 2-23 4×1 MUX의 블록도, 진리표 및 회로도

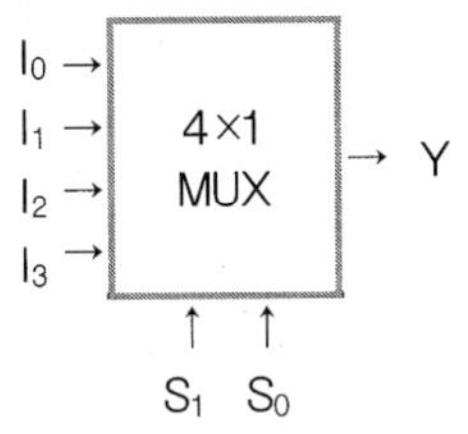

(a) 블록도

S_1 S_0	Y
0 0	I_0
0 1	I_1
1 0	I_2
1 1	I_3

(c) 진리표

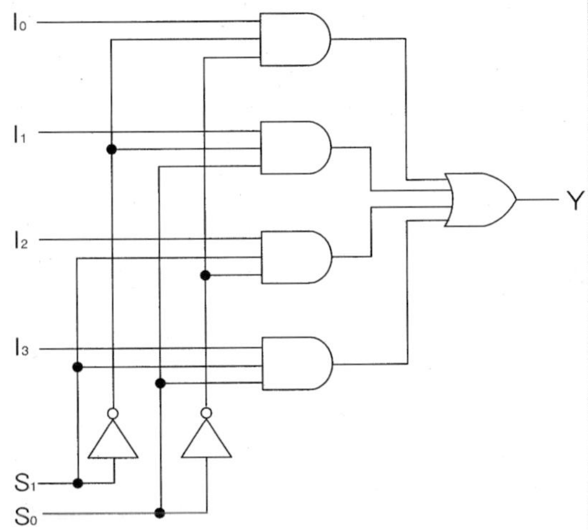

(b) 회로도

2.2.7 디멀티플렉서(demultiplexer)

디멀티플렉서는 멀티플렉서와 반대의 동작을 하는 조합 논리 회로로서 한 개의 입력선을 여러 개의 출력선 중에 하나를 선택하여 연결하여 준다. 입출력 단자 이외에 입력에 연결할 출력선을 선택하는 선택(select) 단자가 있다. 선택 단자가 n비트이면 2^n개의 출력 중에서 하나를 선택하여 입력에 연결하며 이것을 간단히 1×2^n DEMUX라고 표시한다. 그림 2-24에 1×4 디멀티플렉서 회로를 나타내었다.

그림 2-24 1×4 DEMUX의 블록도, 회로도 및 진리표

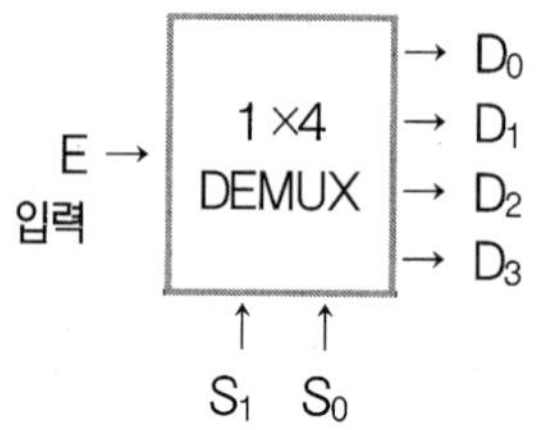

(a) 블록도

E	S_1	S_0	D_0	D_1	D_2	D_3
1	×	×	1	1	1	1
0	0	0	1	0	0	0
0	0	1	0	1	0	0
0	1	0	0	0	1	0
0	1	1	0	0	0	1

(c) 진리표

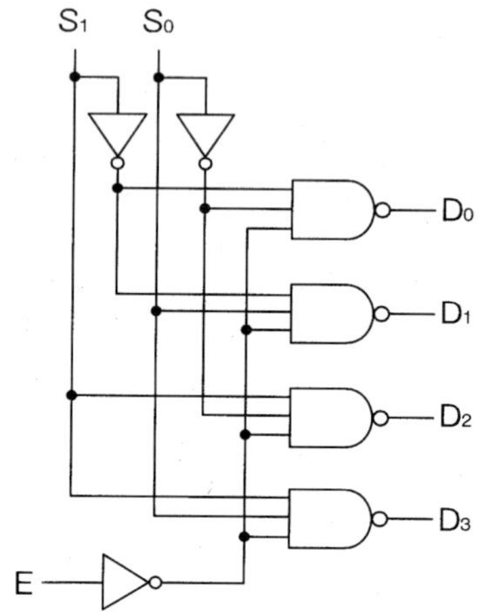

(b) 회로도

2.3 순서 논리 회로

순서 논리 회로는 플립플롭(flip-flop)과 조합 논리 회로로 구성된 논리 회로를 의미하며, 순서 논리 회로에서는 회로의 상태를 기억하는 기억 소자가 필요한데 가장 대표적인 기억 소자가 플립플롭이다.

순서 논리 회로는 동기식(synchronous)과 비동기식(asynchronous)으로 분류되는데, 동기식 순서 논리 회로는 클록(clock) 펄스를 사용해서 여러 개의 플립플롭을 동시에 동작시키며, 비동기식 순서 논리 회로는 클록 펄스를 사용하지 않고 플립플롭을 동작시킨다. 컴퓨터에서는 비동기식 논리 회로를 사용하지 않고 동기식 논리 회로를 사용한다. 동기식 논리 회로의 대표적인 예로서는 시프트 레지스터(shift register)가 있다.

일반적으로 순서 논리 회로를 작성하는 순서는 다음과 같다.

- 상태도(state diagram)를 그린다.

- 회로 동작을 기술한다.
- 사용할 플립플롭을 결정하고 입력조건을 결정하는 표를 만든다.
- 플립플롭 입력 조건에 따른 논리 대수식을 구하고 회로를 그린다.

2.3.1 기본적인 플립플롭(S-R 래치)

S-R 래치는 출력을 다른쪽의 입력에 피드백(feedback)시키며, S를 set 입력, R을 reset 입력이라고 한다. 출력은 Q와 $\overline{Q}$가 있는데 Q는 정상 출력이라 하고 $\overline{Q}$는 보수 출력이라고 한다. S-R 래치는 NOR 게이트를 이용하여 구성하기도 하며 또는 NAND 게이트를 이용하여 구성하기도 한다.

그림 2-25에 각각의 경우에 대한 진리표 및 회로도를 나타내었다.

그림 2-25 기본적인 플립플롭(래치)

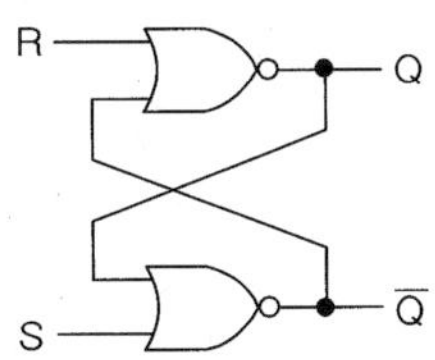

S R	Q(t+1)
0 0	Q(t)(불변)
0 1	0
1 0	1
1 1	부정

(a) S-R NOR 래치

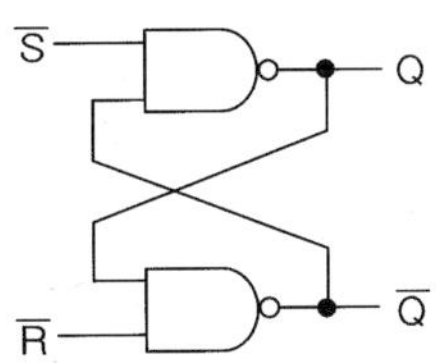

$\overline{S}$ $\overline{R}$	Q(t+1)
1 1	Q(t)(불변)
1 0	0
0 1	1
0 0	부정

(b) S-R NAND 래치

2.3.2 S-R 플립플롭

기본적인 래치의 입력에 게이트를 추가하여 클록 펄스가 입력된 순간에만 동작하도록 만든 회로를 S-R 플립플롭이라고 한다. 예로서 NAND 게이트를 이용한 S-R 래치의 앞단에 두 개 AND 게이트를 추가한 S-R 플립플롭을 그림 2-26에 나타내었다.

그림 2-26 S-R 플립플롭의 블록도, 회로도 및 진리표

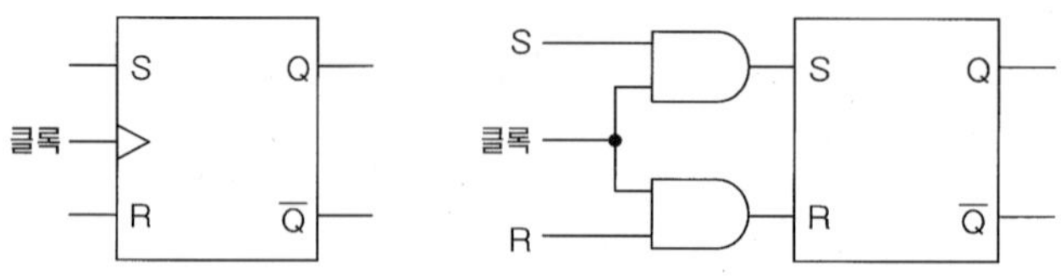

(a) 블록도 (b) 회로도

S	R	Q(t+1)
0	0	Q(t)(불변)
0	1	0
1	0	1
1	1	부정

(c) 진리표

플립플롭의 특성표는 현재상태와 입력값이 주어졌을 때, 차기상태가 어떻게 변하는가를 나타내는 표이며, 플립플롭의 여기표(excitation table)는 현재상태에서 차기상태로 변했을 때 플립플롭의 입력조건이 어떤 상태인가를 나타내는 표이다. 플립플롭의 여기표는 순서논리회로를 설계할 때 많이 사용된다.

그림 2-27은 S-R 플립플롭의 특성표를 이용하여 여기표를 얻는 과정을 나타내었다. 특성표는 왼쪽에 Q(t), S, R의 현재상태와 입력이 표시되고 오른쪽에는 Q(t+1)의 차기상태가 표시되어 있다. 이 특성표를 왼쪽에 Q(t)와 Q(t+1)을 표시하고 오른쪽에 각 플립플롭의 입력을 표시하는 표로 변환하면 플립플롭의 여기표가 된다. 여기서 × 는 무관조건(don't care)이다.

그림 2-27 S-R 플립플롭의 여기표 유도과정

특성표

입력		현재상태	차기상태
S	R	Q(t)	Q(t+1)
0	0	0	0
0	0	1	1
0	1	0	0
0	1	1	0
1	0	0	1
1	0	1	1
1	1	0	?
1	1	1	?

여기표

현재상태	차기상태	요구입력	
Q(t)	Q(t+1)	S	R
0	0	0	X
0	1	1	0
1	0	0	1
1	1	X	0

① Q(t)=0에서 Q(t+1)=0으로 변하는 경우

입력 S와 R은 두 가지 조건이 있다. 즉, 출력이 변하지 않았으므로 S=0, R=0인 경우와 Q(t+1)=0으로 되기 위한 S=0, R=1인 경우이다. 따라서 입력조건은 S=0, R=0 또는 S=0, R=1이며, 이것은 S=0, R=×로 표시한다.

② Q(t)=0에서 Q(t+1)=1로 변하는 경우

S=1, R=0인 경우만 변화가 가능하다.

③ Q(t)=1에서 Q(t+1)=0으로 변하는 경우

S=0, R=1인 경우만 변화가 가능하다.

④ Q(t)=1에서 Q(t+1)=1로 변하는 경우

출력이 변하지 않으므로 S=0, R=0인 경우와 Q(t+1)=1이므로 출력이 1이 되는 S=1, R=0인 경우가 가능하다. 이것은 S=×, R=0으로 표시한다.

2.3.3 D 플립플롭

D(data 또는 delay) 플립플롭은 클록 펄스가 인가될 때 입력 D에 인가된 신호가 출력 Q에 그대로 나타나게 되어 데이터를 전송하는 작용을 한다. D 플립플롭은 S-R 플립플롭에 NOT 게이트를 추가한 회로로 이를 그림 2-28에 나타내었다.

그림 2-28
D 플립플롭의 블록도, 회로도 및 진리표

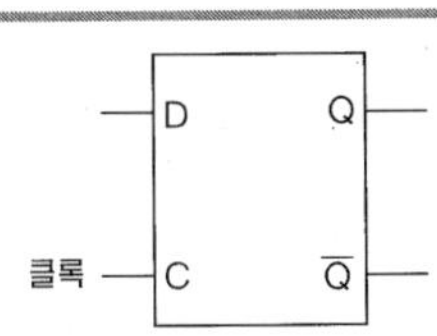

(a) 블록도

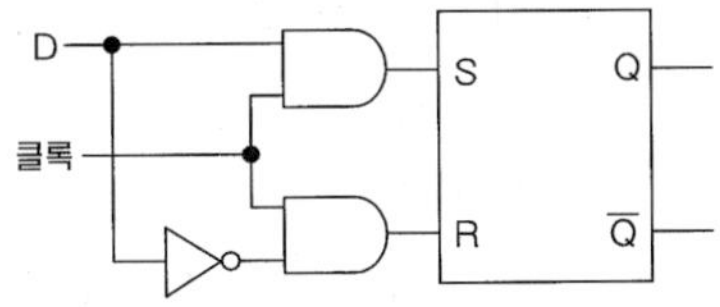

(b) 회로도

C(클록)	D	Q(t+1)
1	1	1
1	0	0
0	×	불변

(c) 진리표

그림 2-29는 D 플립플롭의 특성표를 이용하여 여기표를 얻는 과정을 나타내었다.

그림 2-29
D 플립플롭의 여기표 유도과정

특성표

입력	현재상태	차기상태
D	Q(t)	Q(t+1)
0	0	0
0	1	0
1	0	1
1	1	1

여기표

현재상태	차기상태	요구입력
Q(t)	Q(t+1)	D
0	0	0
0	1	1
1	0	0
1	1	1

현재 상태에 관계없이 차기상태는 항상 D 입력과 같다. 따라서 Q(t+1)=0이 되기 위해서는 Q(t)의 값에 관계없이 D=0이고 Q(t+1)=1이 되기 위해서는 D=1이 되어야 한다.

2.3.4 J-K 플립플롭

J-K 플립플롭은 S-R 플립플롭의 결점을 보완한 플립플롭이다. 즉, S-R 플립플롭에서 S=R=1인 경우는 불안정한 상태이므로 J-K 플립플롭은 이러한 입력도 안정된 상태로 천이가 가능하도록 만든 것이다. J-K 플립플롭의 블록도, 회로도 및 진리표를 그림 2-30에 나타내었다.

그림 2-30 J-K 플립플롭의 블록도, 회로도 및 진리표

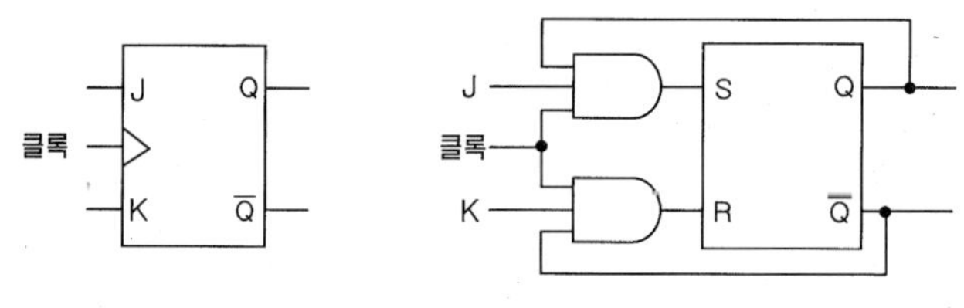

(a) 블록도 (b) 회로도

J	K	Q(t+1)
0	0	Q(t)(불변)
0	1	0
1	0	1
1	1	$\overline{Q}$(t)(토글)

(c) 진리표

그림 2-31은 J-K 플립플롭의 특성표를 이용하여 여기표를 얻는 과정을 나타내었다.

그림 2-31 J-K 플립플롭의 여기표 유도과정

특성표

입력		현재상태	차기상태
J	K	Q(t)	Q(t+1)
0	0	0	0
0	0	1	1
0	1	0	0
0	1	1	0
1	0	0	1
1	0	1	1
1	1	0	1
1	1	1	0

여기표

현재상태	차기상태	요구입력	
Q(t)	Q(t+1)	J	K
0	0	0	X
0	1	1	X
1	0	X	1
1	1	X	0

① Q(t)=0에서 Q(t+1)=0으로 변하는 경우

출력이 변하지 않았거나 Q(t+1)=0이 되었다고 생각할 수 있다. 변하지 않는 경우는 J=0, K=0의 입력신호가 필요하고 두 번째의 경우는 J=0, K=1의 입력이 필요하다. 따라서 J=0, K=×로 표시한다.

② Q(t)=0에서 Q(t+1)=1로 변하는 경우

출력이 반전되었으므로 J=1, K=1이고, Q(t+1)=1은 J=1, K=0인 입력이 필요하다. 따라서 J=1, K=×로 표시한다.

③ Q(t)=1에서 Q(t+1)=0으로 변하는 경우

출력이 반전되었으므로 J=1, K=1이고, Q(t+1)=0은 J=0, K=1인 입력이 필요하다. 따라서 J=×, K=1로 표시한다.

④ Q(t)=1에서 Q(t+1)=1로 변하는 경우

출력이 변하지 않으므로 J=0, K=0인 경우와 Q(t+1)=1이므로 출력이 1이 되는 J=1, K=0인 경우가 가능하다. 이것은 J=×, K=0으로 표시한다.

2.3.5 T 플립플롭

T(toggle) 플립플롭은 클록 펄스가 인가될 때마다 출력 신호의 상태가 바뀌는 작용을 하며, 출력 신호는 입력 신호 주파수의 반이 된다. T 플립플롭의 구현은 D 플립플롭 또는 J-K 플립플롭을 이용하며, 각각의 구성은 그림 2-32에 나타내었다.

그림 2-32 T 플립플롭 구현방법

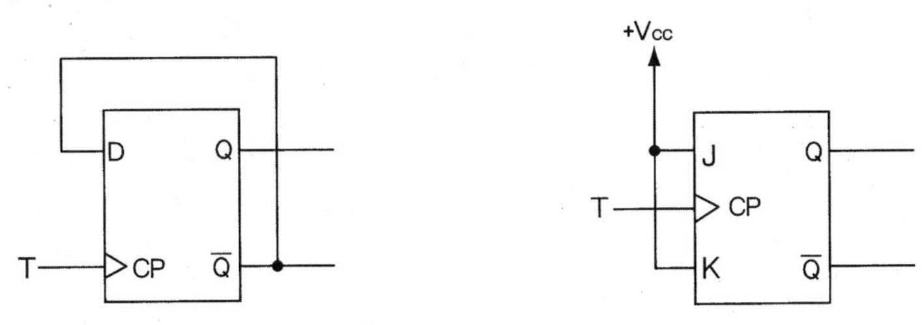

(a) D 플립플롭 이용 (b) J-K 플립플롭 이용

그림 2-33은 T 플립플롭의 특성표를 이용하여 여기표를 얻는 과정을 나타내었다.

그림 2-33 T 플립플롭의 여기표 유도과정

특성표

입력	현재상태	차기상태
T	Q(t)	Q(t+1)
0	0	0
0	1	1
1	0	1
1	1	0

여기표

현재상태	차기상태	요구입력
Q(t)	Q(t+1)	T
0	0	0
0	1	1
1	0	1
1	1	0

T=1인 경우 플립플롭은 보수를 취하며, T=0인 경우 플립플롭의 상태는 변하지 않는다. 그러므로 플립플롭의 상태가 변하지 않을 때는 T=0이어야 하고 플립플롭의 상태가 변할 때는 T=1이어야 한다.

2.3.6 마스터-슬레이브 플립플롭

J-K 플립플롭의 마스터-슬레이브(master-slave) 플립플롭의 구성은 그림 2-34에 나타낸 바와 같이 두 개의 J-K 플립플롭을 병렬로 연결하고 앞단을 마스터, 뒷단을 슬레이브라고 한다. 슬레이브에 인가되는 클록은 마스터에 인가되는 클록을 반전시켜 인가된다. 마스터-슬레이브 플립플롭은 J-K 플립플롭에서 발생하는 race 현상을 방지할 수 있는 플립플롭이다.

그림 2-34 마스터-슬레이브 플립플롭

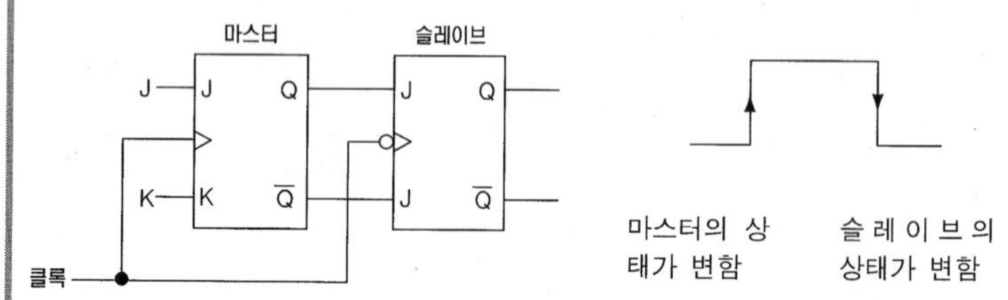

J K	Q(t+1)
0 0	Q(t)(불변)
0 1	0
1 0	1
1 1	$\overline{Q}$(t) (토글)

참고

디지털시스템에서는 멀티바이브레이터라는 파형 발생기가 필요한데, 이들은 다음과 같이 3가지로 나누어진다.

① 불안정 멀티바이브레이터(Astable Multivibrator; 구형파 발진기)
두 가지 불안정한 High, Low 상태를 가지며, 한 쪽 상태에 머무르지 못하고 두 상태를 왔다 갔다 하는 것으로서 일종의 발진기(Oscillator)이다. 이것은 입력 없이 스스로 구형파를 발생시킨다.

② 단안정 멀티바이브레이터(One Shot Multivibrator)
입력에 트리거 신호가 가해질 때마다 일정한 폭을 갖는 구형파 펄스를 발생시키는 회로이다. 트리거 신호에 의하여 일단 준 안정상태(Quasi-stable)를 유지하다가 곧 안정된 상태로 복귀한다.

③ 쌍안정 멀티바이브레이터(Bistable Multivibrator)
두 개의 안정한 상태를 가지며, 모든 플립플롭은 여기에 속한다.

2.4 레지스터

레지스터(register)는 2진 데이터를 저장하는데 사용되며 다수의 플립플롭으로 구성된다. n비트의 데이터를 저장하기 위해서는 n개의 플립플롭이 필요하며 이것을 n비트 레지스터라고 한다. n비트 레지스터에 데이터를 입출력시키는 방식에 따라 다음과 같이 네 가지 방식이 있으며 이 때문에 레지스터를 시프트 레지스터라고도 부르고, 직렬가산(Serial Addition)회로에 응용된다.

2.4.1 병렬 입력-병렬 출력 레지스터

그림 2-35는 병렬 입력-병렬 출력 레지스터의 블록도와 네 개의 D 플립플롭을 이용한 4비트 레지스터의 구성 예를 나타내었다. 데이터 입력을 제어하는 $\overline{WR}$는 입력 펄스의 부(−)에지에서 각각의 플립플롭이 트리거되어 입력 데이터 I_3, I_2, I_1, I_0가 병렬로 각각의 D 플립플롭에 저장되며 필요한 시점에서 출력시킬 수 있다.

그림 2-35 4비트 병렬 입력-병렬 출력 레지스터

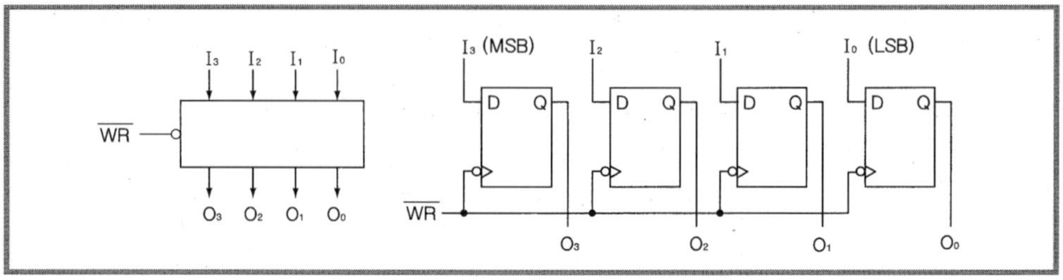

2.4.2 직렬 입력-직렬 출력 레지스터

그림 2-36은 직렬 입력-직렬 출력 레지스터의 블록도와 네 개의 D 플립플롭을 이용한 4비트 레지스터의 구성 예를 나타낸다. 클록 펄스가 인가되면 펄스의 정(+)에지에서 $Q_1 \rightarrow Q_2$, $Q_2 \rightarrow Q_3$, $Q_3 \rightarrow Q_4$로 시프트되며 입력 데이터는 첫단의 플립플롭에 입력되어 출력 Q_1에 나타난다.

그림 2-36 4비트 직렬 입력-직렬 출력 레지스터

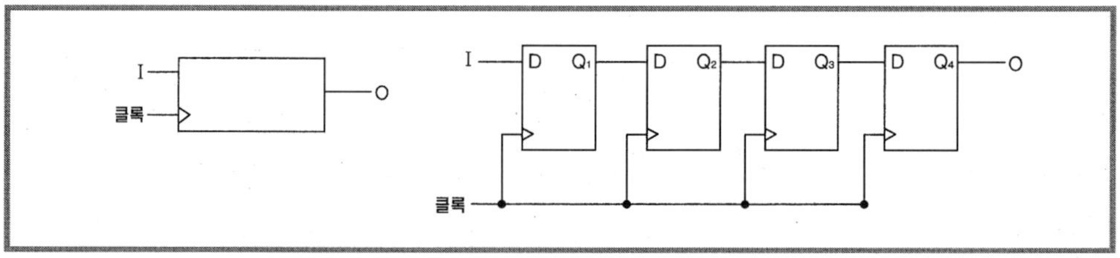

2.4.3 직렬 입력-병렬 출력 레지스터

그림 2-37은 직렬 입력-병렬 출력 레지스터의 블록도와 네 개의 D 플립플롭을 이용한 4비트 레지스터의 구성 예를 나타낸다. 이 레지스터는 직렬 입력-직렬 출력 레지스터와 동일한 구조이지만 데이터의 출력은 4의 배수의 클록 펄스마다 동시에 읽는다.

그림 2-37 4비트 직렬 입력-병렬 출력 레지스터

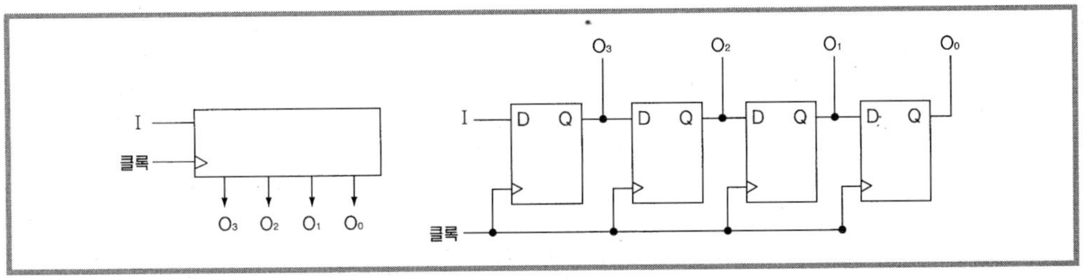

2.4.4 병렬 입력-직렬 출력 레지스터

그림 2-38은 병렬 입력-직렬 출력 레지스터의 블록도와 네 개의 D 플립플롭 그리고 세 개의 2×1 MUX를 이용한 4비트 레지스터의 구성 예를 나타낸다. 멀티플렉서(MUX)는 입력 데이터 I와 앞단에서의 출력 Q 중에서 하나를 선택하기 위해서 사용되었다. 즉 LOAD=1이면 I와 D가 연결되며, LOAD=0이면 Q와 D가 연결된다. 따라서 LOAD=1일 때 클록 펄스의 정에지에서 입력 데이터의 각 비트가 대응하는 플립플롭의 Q에 동시에 저장되며, 이제 LOAD=0으로 하면 클록 펄스의 정에지마다 레지스터의 내용이 우측으로 시프트되어 마지막 단의 플립플롭에 직렬로 출력된다. 여기서 입력 데이터는 4개의 클록 펄스마다 샘플해야 한다.

그림 2-38 4비트 병렬 입력-직렬 출력 레지스터

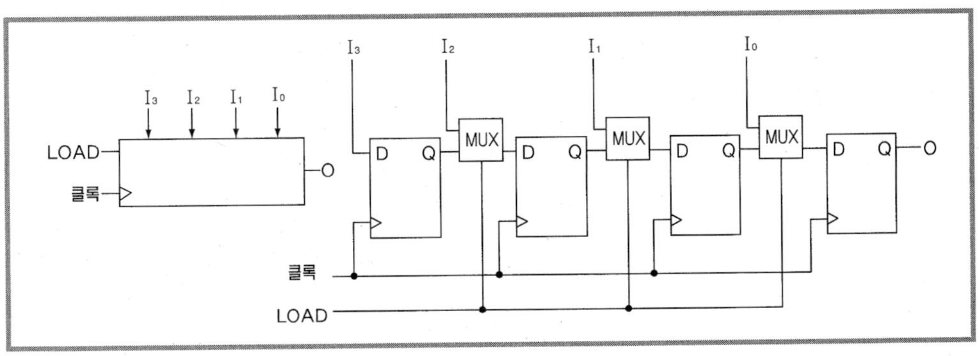

2.5 카운터

카운터(counter)는 클록 펄스가 인가될 때마다 수를 하나씩 증가시키거나(상향 카운터) 하나씩 감소시키는(하향 카운터) 논리 회로로서 보통 T 플립플롭을 사용하여 구성한다. 카운터는 보통 하나의 입력선과 n개의 출력선이 있는데 이것을 n비트 카운터라고 하며 최대 2^n개의 수를 셀 수 있다.

카운터 회로에는 클록 펄스의 동기 유무에 따라 크게 다음과 같이 두 가지가 있다.

- 동기식 카운터(synchronous counter) : 클록 펄스가 모든 플립플롭의 CP(Clock Pulse) 입력에 동시에 인가되어 모든 플립플롭이 동시에 동작되는 방식이다.
- 비동기식 카운터(asynchronous counter) : 여러 개의 플립플롭을 직렬로 연결한 구조로서 플립플롭은 클록 펄스에 동기되지 않으며 리플 카운터(ripple counter)라고도 한다.

그림 2-39 카운터 회로

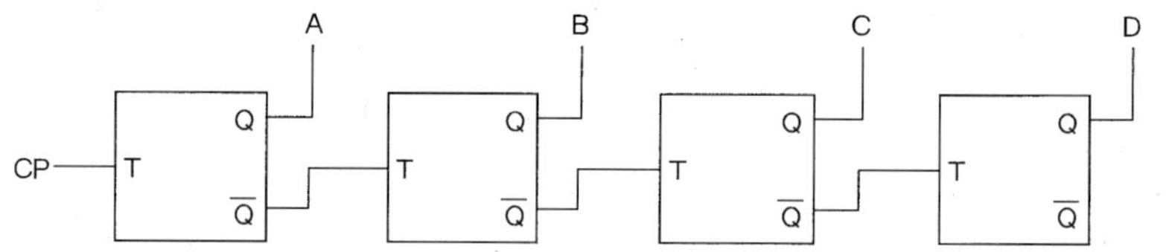

(a) 4단 2진 상향 카운터

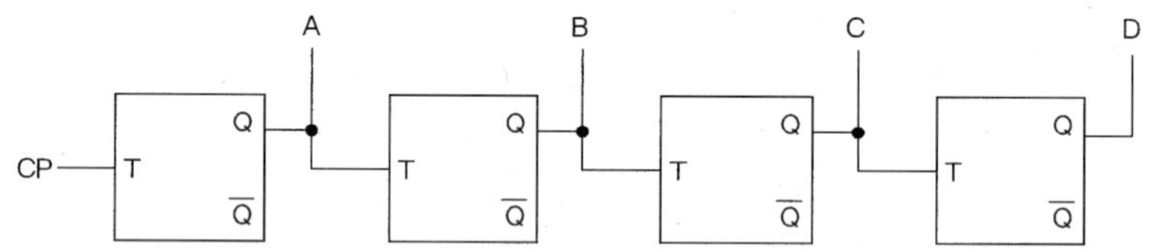

(b) 4단 2진 하향 카운터

카운터 회로는 계수 순서에 따라 분류하면 상향 2진 카운터와 하향 2진 카운터가 있다. 상향 2진 카운터는 출력 Q가 다음 단 입력으로 들어가며, 하향 2진 카운터는 출력 $\overline{Q}$가 다음 단 입력으로 들어간다. 그림 2-39에 비동기식 상향 2진 카운터와 하향 2진 카운터의 회로를 나타냈는데 T 플립플롭 대신에 J-K 플립플롭의 J-K 입력단에 1을 가한 형태의 J-K 플립플롭도 사용된다.

용어정의

1. 3-상태 버퍼(Tri-state Buffer)

3-상태라는 용어는 출력이 3개 레벨(HIGH, LOW, 부동) 중의 하나를 가질 수 있다는 사실에서 생겨난 것이다. 3-상태 출력버퍼에 대한 기호와 진리표를 아래 그림에 나타내었다. 그림에서 $\overline{E}$ 가 LOW이면 버퍼(출력=입력)처럼 동작함을 알 수 있다. $\overline{E}$ 가 HIGH이면 출력은 하이 임피던스 상태가 되어서 출력은 HIGH도 LOW도 아니다.

- 3-상태 버퍼의 논리기호 및 진리표

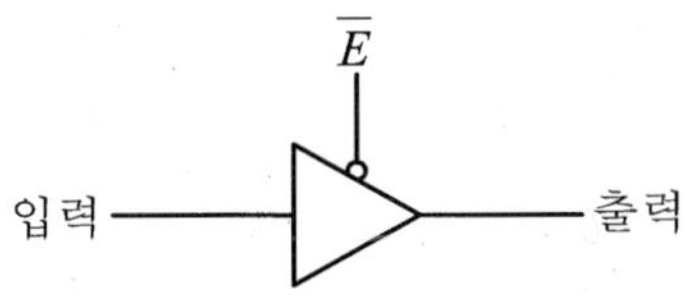

입력	$\overline{E}$	출력
0	0	0
1	0	1
0	1	하이 임피던스
1	1	하이 임피던스

기출문제 디지털 논리 회로

1. 하나의 AND 회로와 E-OR 회로를 조합한 회로는? (정보처리 2001.6)(정보처리 2002.9)

㉮ 반가산기　　㉯ 전가산기
㉰ 래치　　㉱ 플립플롭

☞ 2.2.1 참조

2. N개의 입력데이터에서 입력선을 선택하여 단일채널로 송신하는 것은? (정보처리 2006.3)

㉮ 인코더　　㉯ 감산기
㉰ 전가산기　　㉱ 멀티플렉서

☞ 2.2.6 참조

3. 하나의 전가산기를 구성하는데 필요한 최소의 반가산기 수는 몇 개인가? (정보처리 2006.3)

㉮ 5　　㉯ 4
㉰ 3　　㉱ 2

☞ 2.2.2 참조

4. 불 대수(Boolean algebra)가 옳지 않은 것은? (정보처리 2004.3)(조직응용 2004.3)

㉮ $A+A' \cdot B=A$　　㉯ $A \cdot A=A$
㉰ $A+A \cdot B'=A$　　㉱ $A \cdot (A+B)=A$

☞ 2.1.2의 1) 참조

5. micro 동작과 그 명칭 관계가 옳지 않은 것은? (전자계산 2003.5)

㉮ F : $A \leftarrow \overline{A}$ A의 보수　　㉯ F : $A \leftarrow A \oplus B$ exclusive AND
㉰ F : $A \leftarrow \overline{A \wedge B}$ NAND　　㉱ F : $A \leftarrow \overline{A \vee B}$ NOR

☞ 2.1.1의 6) 참조

---

1. ㉮ 2. ㉱ 3. ㉱ 4. ㉮ 5. ㉯

6. 다음 게이트의 출력은? (단, A=B=S=1) (정보처리 2004.5)

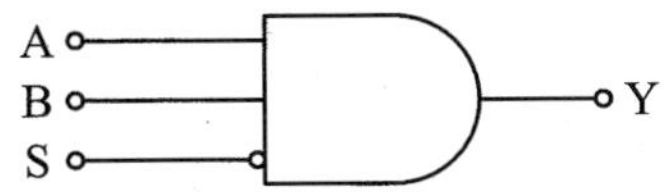

㉮ 0 ㉯ 1 ㉰ AB ㉱ S

☞ 2.1.1의 2) 참조

7. 다음 논리 회로를 한 개의 게이트로 표현하였을 때 옳은 것은?

(정보기술 2002.8)(정보처리 2005.5)

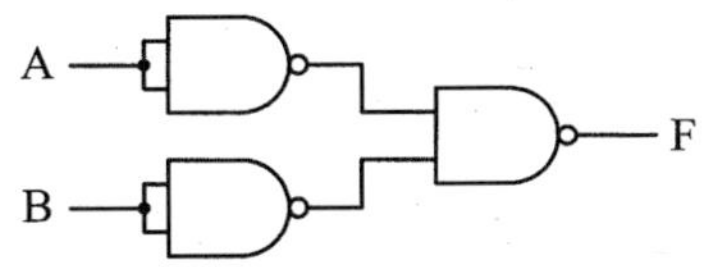

㉮ AND 게이트 ㉯ OR 게이트

㉰ NAND 게이트 ㉱ NOR 게이트

☞ 2.1.2의 2) 참조

8. 디코더(decoder)는 주로 어떤 게이트의 집합으로 구성되는가?

(정보처리 2006.3)(전자계산 2004.9)

㉮ NOT ㉯ XOR ㉰ OR ㉱ AND

☞ 2.2.4 참조

9. 산술연산에서 overflow가 발생했을 경우 이것을 검출해야 하는데 이 때 사용되는 논리 게이트는?

(조직응용 2005.3)

㉮ NOR ㉯ OR

㉰ Exclusive-OR ㉱ NAND

☞ 2.1.1의 6) 참조

10. 논리 게이트와 결선 회로만으로 만든 회로를 무엇이라 하는가? (전자계산 2004.5)

㉮ 플립플롭 ㉯ D-래치

㉰ 순서논리회로 ㉱ 조합논리회로

☞ 2.2 참조

---

6. ㉮ **7.** ㉯ **8.** ㉱ **9.** ㉰ **10.** ㉱

11. **조합논리회로와 순서논리회로를 설명한 것 중 옳지 않은 것은?** (정보기술 2003.8)

㉮ 조합 논리회로는 입력 값에 의해서만 출력이 결정되므로 기억 능력이 없다.
㉯ 순서논리회로는 입력 값과 내부 상태에 의해 출력이 결정되는 회로로 기억 능력이 있다.
㉰ 대표적인 조합논리회로에는 가산기, 디코더, 멀티플렉서 등이 있다.
㉱ 대표적인 순서논리회로에는 감산기, 인코더, 디멀티플렉서 등이 있다.
☞ 2.3 참조

12. **논리식 $Y = AB + A\overline{B} + \overline{A}B$를 최소화 시킨 것은?**
(정보처리 2002.3)(조직응용 2002.3)(정보처리 2003.8)

㉮ AB ㉯ A+B ㉰ $A + \overline{B}$ ㉱ $A\overline{B}$
☞ 2.1.3 참조

13. **다음 진리표에서 출력 논리식 F를 유도하면?** (정보처리 2006.5)

A	B	F
0	0	0
0	1	1
1	0	1
1	1	0

㉮ $A + B$ ㉯ $\overline{A}B + AB$
㉰ $\overline{A}B + A\overline{B}$ ㉱ $AB + \overline{AB}$
☞ 2.1.1의 6) 참조

14. **다음 논리식 중 옳지 않은 것은?** (조직응용 2003.8)

㉮ 0+A=A ㉯ 1·A=A
㉰ 1+A=A ㉱ 0·A=0
☞ 2.1.2의 1) 참조

15. **논리식 $Y = A + AB + AC$를 간략화 하면?** (조직응용 2005.3)

㉮ Y=A ㉯ Y=B
㉰ Y=A+B ㉱ Y=A+C
☞ 2.1.3 참조

---

11. ㉱ **12.** ㉯ **13.** ㉰ **14.** ㉰ **15.** ㉮

16. X = (A + B)(A · B)′와 같은 것은? (정보기술 2002.8)(정보처리 2004.9)

㉮ A + B′ ㉯ A′B + AB′

㉰ A + B ㉱ A′ + B

☞ 2.1.3 참조

17. 다음 logic diagram의 Boolean expression은? (전자계산 2002.5)(정보처리 2004.9)

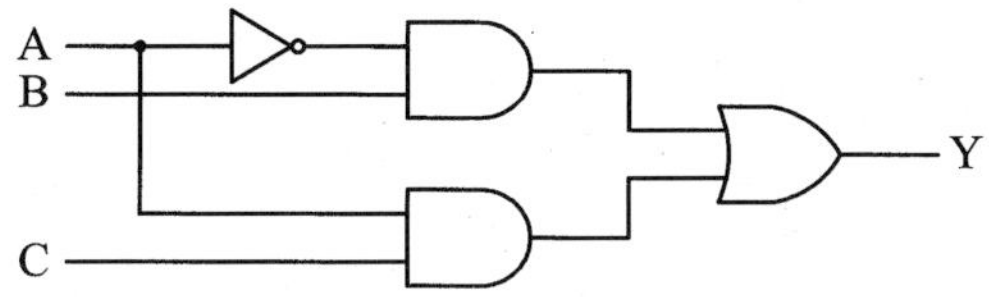

㉮ y = A′B + AC ㉯ y = A′BC

㉰ y = AB′ + C ㉱ y = A′ + B + C

☞ 2.1.3 참조

18. 그림과 같은 논리회로를 설명한 내용 중 옳지 않은 것은? (정보처리 2004.5)

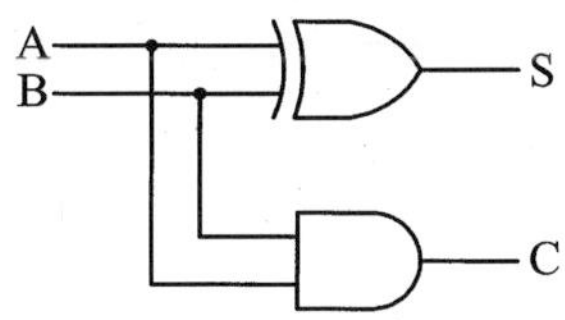

㉮ 반가산기를 나타내는 논리회로이다. ㉯ S=AB+A′+B′이다.

㉰ C=AB이다. ㉱ S=A⊕B로 표시할 수 있다.

☞ 2.2.1 참조

19. N개의 입력 데이터에서 1개의 입력을 선택하는 기능은? (조직응용 2002.8)

㉮ Multiplexer ㉯ Demultiplexer

㉰ Decoder ㉱ Encoder

☞ 2.2.6 참조

20. JK 플립플롭의 트리거 입력과 상태 전환 조건을 설명한 것 중 옳지 않은 것은? (정보처리 2002.9)(전자계산 2003.8)(정보처리 2006.5)

㉮ J=0, K=0 때는 반전치 않는다. ㉯ J=0, K=1 일 때 0으로 되돌아간다.

㉰ J=1, K=0 때는 1로 된다. ㉱ J=1, K=0 때는 반전된다.

☞ 2.3.4 참조

---

16. ㉯ **17.** ㉮ **18.** ㉯ **19.** ㉮ **20.** ㉱

21. 계산기에서 (a)______는 10진수를 2진수로 바꾸어 주며, 반면에 (b)______는 2진수를 10진수로 바꾸어 출력시켜 준다. (a), (b)에 옳은 답은? (정보기술 2003.8)

	(a)	(b)		(a)	(b)
㉮	encoder	decoder	㉯	decoder	encoder
㉰	encoder	encoder	㉱	decoder	decoder

☞ 2.2.4, 2.2.5 참조

22. 다음 중 조합 논리 회로는?
(정보처리 2002.3)(조직응용 2002.3)(조직응용 2002.8)(전자계산 2002.9)(전자계산 2005.5)

㉮ 멀티플렉서　㉯ 레지스터　㉰ 카운터　㉱ RAM

☞ 2.2 참조

23. 다음 회로의 출력 f가 0이 되기 위한 조건은? (정보처리 2003.8)(정보처리 2006.5)

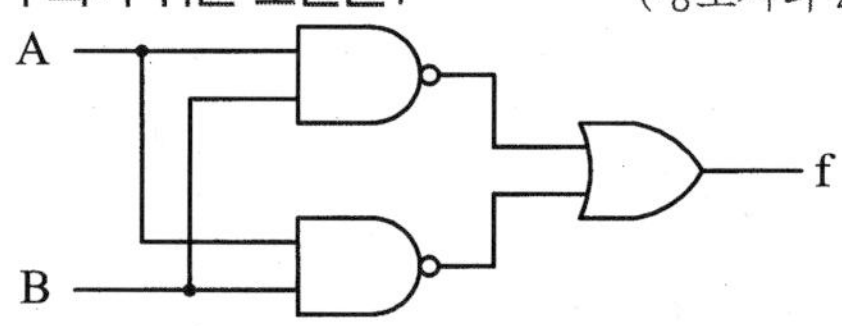

㉮ A=0, B=0　㉯ A=0, B=1　㉰ A=1, B=0　㉱ A=1, B=1

☞ 2.1.3 참조

24. 인에이블 또는 디스에이블 단자에 의하여 데이터의 전송 방향을 하드웨어적으로 제어하는데 사용되는 소자는? (정보처리 2004.3)(조직응용 2004.3)

㉮ multiplexer　㉯ tri-state buffer　㉰ decoder　㉱ 스태틱 RAM

☞ 용어정의 1. 참조

25. 다음은 RS 플립플롭의 여기표(Excitation Table)이다. 옳지 않은 것은? (단, ×는 무관 조건(Don't care 조건)임) (정보처리 2005.5)

Q(t)	Q(t+1)	R	S	
0	0	0	×	(1)
0	1	1	×	(2)
1	0	0	1	(3)
1	1	×	0	(4)

㉮ (1)　㉯ (2)　㉰ (3)　㉱ (4)

☞ 2.3.2 참조

---

21. ㉮　**22.** ㉮　**23.** ㉱　**24.** ㉯　**25.** ㉯

26. 다음 회로와 진리표를 갖는 가산기의 명칭은? (전자계산 2003.8)(정보처리 2005.9)

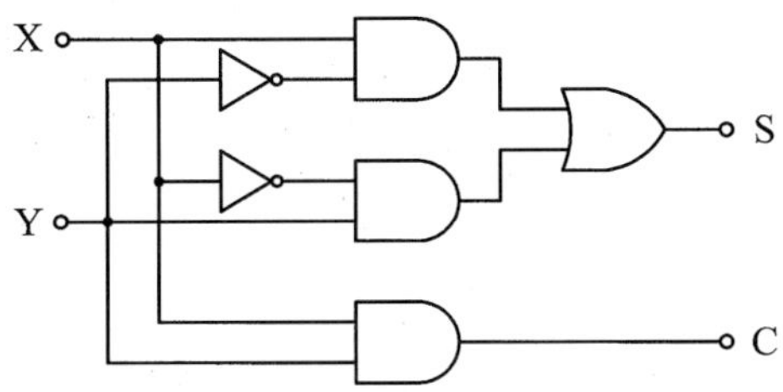

입력		출력	
X	Y	S	C
0	0	0	0
0	1	1	0
1	0	1	0
1	1	0	1

㉮ Full Adder ㉯ Half Adder
㉰ Full Multiplexer ㉱ Half Multiplexer

☞ 2.2.1 참조

27. 반감산기(half subtractor)에서 입력을 A, B, 자리내림수를 C, 차를 D라고 할 때, 다음 중 옳지 않은 것은? (정보기술 2004.8)

㉮ $C=\overline{A}\cdot B$ ㉯ $D=A\oplus B$
㉰ $D=AB+\overline{A}\,\overline{B}$ ㉱ 입력 A, B가 같으면 자리내림수 C는 0이다.

28. RS 플립플롭에서 $S_n=1$, $R_n=1$일 때 Q_{n+1}의 출력 상태는? (조직응용 2004.8)

㉮ 리셋 ㉯ 반전 ㉰ 세트 ㉱ 부정

☞ 2.3.2 참조

29. 레지스터의 기본 회로는? (전자계산 2002.5)(전자계산 2002.9)(전자계산 2003.8)

㉮ 증폭기 ㉯ 플립플롭
㉰ 변조기 ㉱ 발진기

☞ 2.4 참조

30. JK 플립플롭에서 $J_n=0$, $K_n=0$ 일 때, Q_{n+1}의 출력은?
(전자계산 2003.5)(정보처리 2006.3)

㉮ 0 ㉯ 1
㉰ Q_n ㉱ -1

☞ 2.3.4 참조

---

26. ㉯ **27.** ㉰ **28.** ㉱ **29.** ㉯ **30.** ㉰

31. 부호화된 데이터로부터 정보를 찾아내는 조합논리회로는? (전자계산 2002.5)

㉮ Flip-Flop ㉯ Decoder ㉰ Encoder ㉱ Adder

☞ 2.2.4 참조

32. 다음 그림은 무엇을 설명한 기능 블록인가? (전자계산 2002.9)

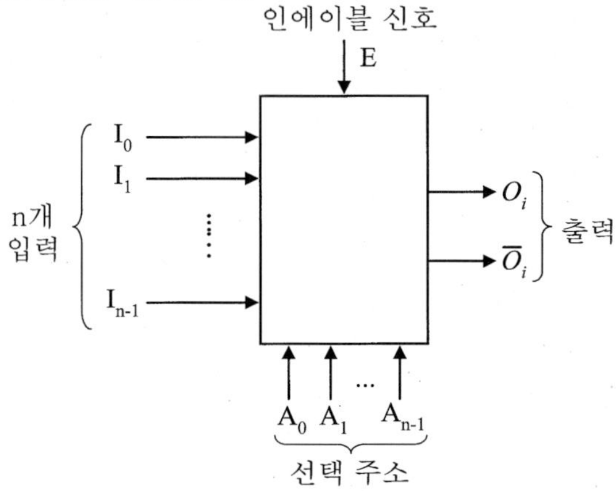

㉮ 디코더(decoder) ㉯ 디멀티플렉서(demultiplexer)

㉯ 카운터(counter) ㉱ 멀티플렉서(multiplexer)

☞ 2.2.6 참조

33. 2개의 6 bit word를 위한 comparator를 만들기 위하여 몇 개의 exclusive NOR gate가 필요한가? (전자계산 2002.9)

㉮ 2 ㉯ 3 ㉰ 6 ㉱ 12

☞ 2.2.3 참조

34. 그림과 같이 병렬가산기의 입력에 데이터를 인가하였을 때 이 회로의 출력 F는 어떻게 되겠는가? (전자계산 2003.8)

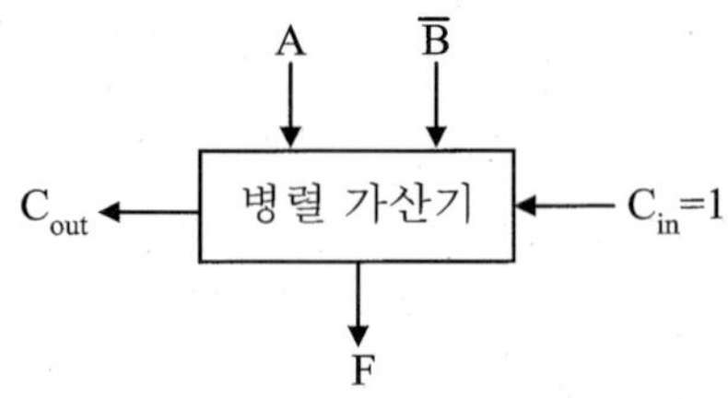

㉮ 가산 ㉯ A를 전송 ㉰ A를 1증가 ㉱ 감산

☞ 2.2.2 참조

---

31. ㉯ 32. ㉱ 33. ㉰ 34. ㉱

35. MOD-5카운터를 설계하려고 할 때, 최소한의 Flip-Flop의 개수는 몇 개인가?

(전자계산 2002.9)

㉮ 1　　㉯ 2　　㉰ 3　　㉱ 4

☞ 2.5 참조

36. 다음 ( )안에 알맞은 것은? (전자계산 2004.5)

"3×8 Decoder는 (　) 회로 8개로 만들 수 있다."

㉮ NOR　　㉯ OR　　㉰ NAND　　㉱ AND

☞ 2.2.4 참조

37. 다음 Karnaugh 도표를 간략화 하면? (정보기술 2002.8)(전자계산 2005.5)

z \ xy	00	01	11	10
0	0	0	0	0
1	1	1	0	0

㉮ $\overline{x}z$　　㉯ $\overline{x}\,\overline{z}y$

㉰ $x+\overline{y}+\overline{z}$　　㉱ $\overline{x}y+\overline{y}$

☞ 2.1.3 참조

38. 다음 회로를 불(Boolean) 대수로 표시하면? (정보기술 2003.8)

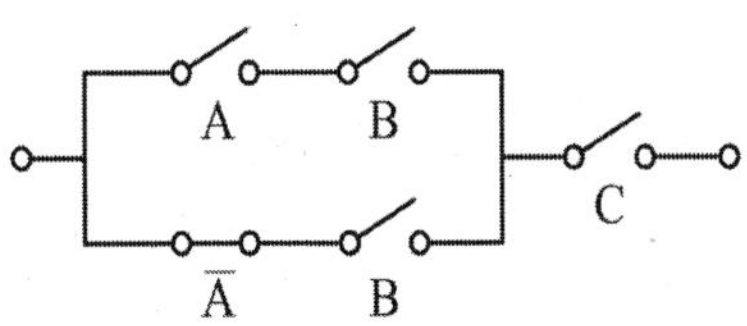

㉮ $\overline{B}C$　　㉯ $B\overline{C}$

㉰ BC　　㉱ $\overline{B}\,\overline{C}$

☞ 2.1.2 참조

39. 불 대수(Boolean algebra)의 결과가 A가 아닌 것은? (정보기술 2004.8)

㉮ A · A　　㉯ $A+\overline{A}$　　㉰ 0+A　　㉱ 1 · A

☞ 2.1.2 참조

---

35. ㉰　**36.** ㉱　**37.** ㉮　**38.** ㉰　**39.** ㉯

제 3 장

자료의 표현

3.1 자료 표현의 개요

인간이 사용하고 있는 언어나 숫자 또는 문자 등을 컴퓨터에서는 그대로 사용할 수 없으므로 인간과 컴퓨터간에 정보 교환을 위해서는 자료의 표현 방법이 있어야 한다. 인간은 10진법에 익숙해져 있지만 컴퓨터는 전기에 의해서 작동되는 기계이므로 스위치의 ON 혹은 OFF 등과 같은 두 가지 상태 즉, 0과 1로 표시되는 디지털 신호를 사용하고 있다. 따라서 컴퓨터의 자료를 표현하기 위해서는 이러한 2진 숫자(binary number)가 사용된다. 정보의 최소 단위인 2진수 표기에 사용되는 0과 1을 비트(bit)라고 하며, 8비트를 묶어서 바이트(byte)라고 한다. 일반적으로 정보 단위의 구성은 표 3-1과 같다.

표 3-1 정보 단위의 구성

순서	정보 단위	크기	순서	정보 단위	크기
1	bit	1 bit	7	double-word	64 bit
2	nibble	4 bit	8	field	
3	character	6 bit	9	record	
4	byte	8 bit	10	file	
5	half-word	16 bit	11	data base	
6	full-word	32 bit	12	data bank	

3.2 수의 표현

컴퓨터에서 사용하고 있는 수의 체계는 인간에게 익숙한 10진수 체제(decimal number system)를 비롯하여 2진수 체계(binary number system), 8진수 체계(octal number system) 그리고 16진수 체계(hexadecimal number system) 등이 있다.

3.2.1 10진수 체계

10진법에서는 0, 1, 2, …, 9의 10개의 숫자를 사용하므로 진수(radix 또는 base)는 10이다. 예를 들면 10진수 254.38은 다음과 같이 표현할 수 있다.

$$254.38 = 2\times10^{2}+5\times10^{1}+4\times10^{0}+3\times10^{-1}+8\times10^{-2}$$

3.2.2 2진수 체계

2진법에서는 0과 1의 두 개의 숫자만 사용하므로 진수는 2이다. 예를 들면 2진수 1011.01을 10진법으로 표현하면 다음과 같다.

$$(1011.01)_2 = 1\times2^3 + 0\times2^2 + 1\times2^1 + 1\times2^0 + 0\times2^{-1} + 1\times2^{-2} = (11.25)_{10}$$

3.2.3 8진수 체계

8진법에서는 0, 1, 2, …, 7의 8개의 숫자를 사용하므로 진수는 8이다. 예를 들면 8진수 254.37을 10진법으로 표현하면 다음과 같다.

$$(254.37)_8 = 2\times8^2 + 5\times8^1 + 4\times8^0 + 3\times8^{-1} + 7\times8^{-2} = (171.48438)_{10}$$

3.2.4 16진수 체계

16진법에서는 0, 1, 2, …, 9, A, B, C, D, E, F의 16개의 숫자를 사용하므로 진수는 16이다. 예를 들면 16진수 8D.3A를 10진법으로 표현하면 다음과 같다.

$$(8D.3A)_{16} = 8\times16^1 + 13\times16^0 + 3\times16^{-1} + 10\times16^{-2} = (141.22656)_{10}$$

3.3 진수의 변환

진수의 변환은 다음과 같이 세 가지의 경우로 나누어 생각할 수 있다.

- 2진수, 8진수, 16진수로 표현된 수를 10진수로 변환하는 경우
- 10진수로 표현된 수를 2진수, 8진수, 16진수로 변환하는 경우
- 2진수, 8진수, 16진수로 표현된 수를 상호 변환하는 경우

첫번째의 경우는 3.2절에서 설명하였으므로 두번째와 세번째의 경우를 살펴보면 다음과 같다.

3.3.1 10진수를 2진수, 8진수, 16진수로 변환하는 경우

10진수로 표현된 임의의 수 N은 다음과 같이 나타낼 수 있다.

$$N_{10} = (\text{정수 부분})_{10} \,.\, (\text{소수 부분})_{10} = I_{10} \,.\, F_{10}$$

위와 같은 수를 R진수로 변환하는 과정은 $(\text{정수 부분})_{10}$과 $(\text{소수 부분})_{10}$을 각각 변환하여 최종적으로 다음과 같은 R진수로 변환한다.

$$N_{R} = (\text{정수 부분})_{R} \,.\, (\text{소수 부분})_{R} = I_{R} \,.\, F_{R}$$

1) 정수 부분 변환 과정

정수 부분 I에 변환하고자 하는 진수 R로 나누어 몫 Q_0와 나머지 D_0를 구한 후, Q_0를 다시 R로 나누어 Q_1과 나머지 D_1을 구한다. 이러한 과정을 반복하여 몫이 0이 될 때까지 계속 나누고 난 후, 나머지를 그림 3-1과 같이 취하여 R진수의 정수 부분을 산출한다.

그림 3-1 10진수의 정수 부분을 R진수로 변환하는 과정

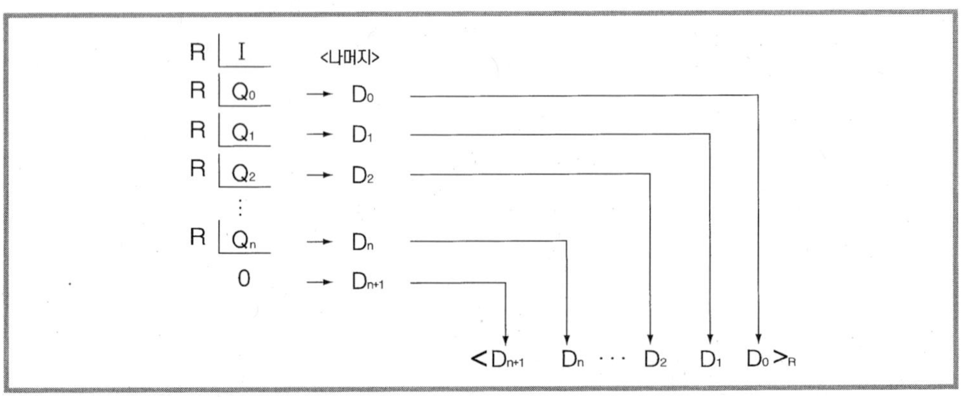

2) 소수 부분 변환 과정

정수 부분 F에 변환하고자 하는 진수 R을 곱하여 그 결과값에서 정수 부분 D_{-1}과 소수 부분 C_0를 구한 후, C_0를 다시 R로 곱하여 정수 부분 D_{-2}와 소수 부분 C_1을 구한다. 이러한 과정을 반복하여 소수 부분이 0이 될 때까지 계속 곱한 후, 정수 부분을 그림 3-2와 같이 취하여 R진수의 소수 부분을 산출한다.

그림 3-2 10진수의 소수 부분을 R진수로 변환하는 과정

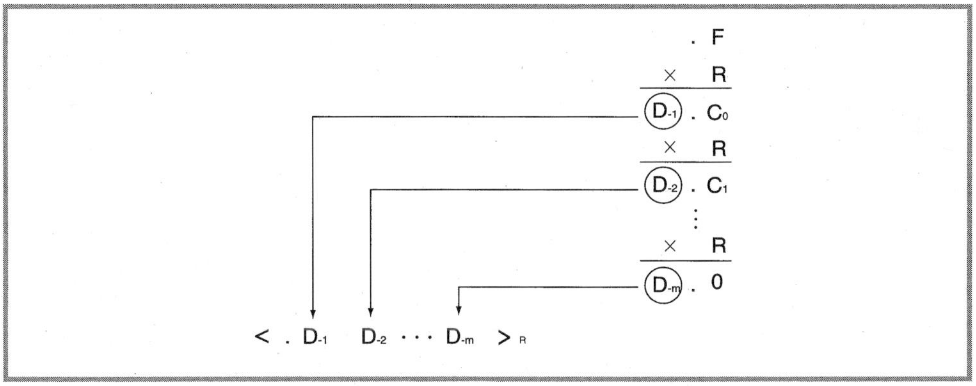

10진수를 2진수로 변환하는 경우의 예로서 $(53.4375)_{10}$을 2진수로 변환하는 경우는 다음과 같다.

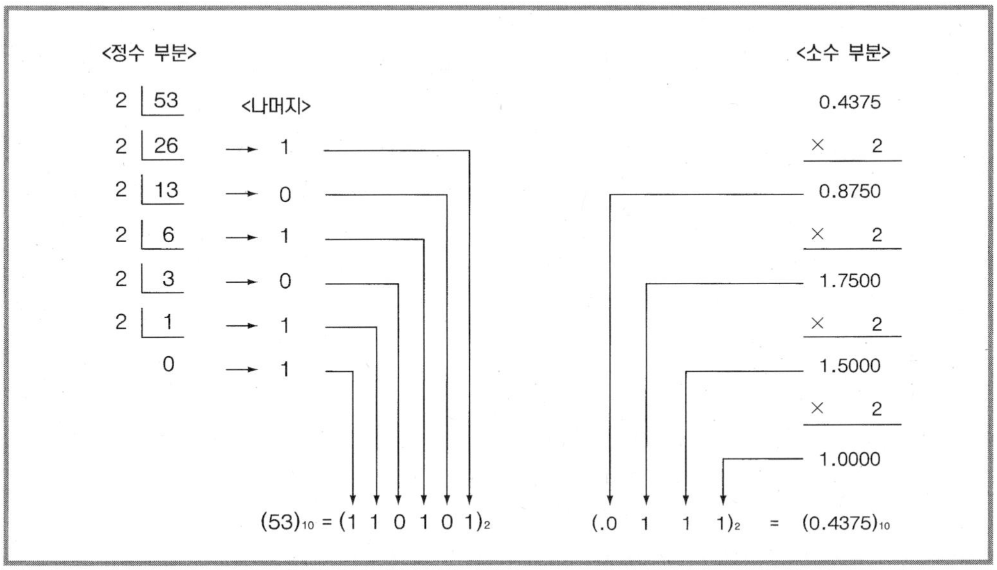

10진수를 8진수로 변환하는 경우의 예로서 $(53.125)_{10}$을 8진수로 변환하는 경우는 다음과 같다.

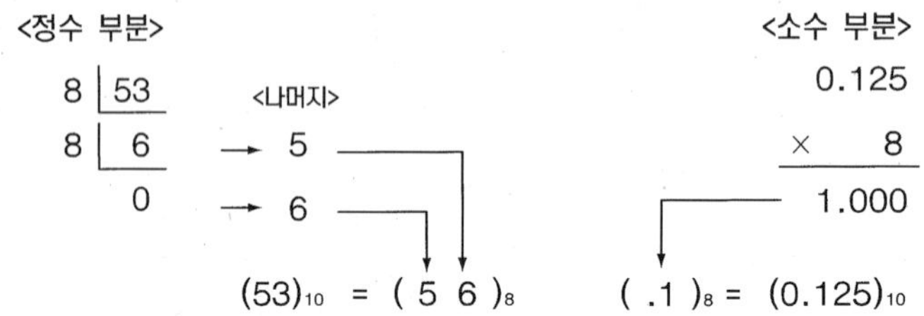

10진수를 16진수로 변환하는 경우의 예로서 $(28.125)_{10}$을 16진수로 변환하는 경우는 다음과 같다.

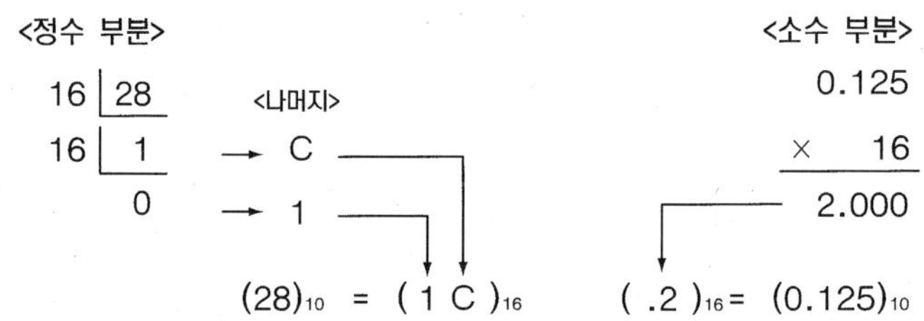

3.3.2 2진수, 8진수, 16진수의 상호 변환

1) 2진수를 8진수, 16진수로 변환

2진수를 8진수로 변환하기 위해서는 소수점을 중심으로 왼쪽으로 세 자리씩 묶어서 10진수로 고치고, 소수점 이하도 세 자리씩 오른쪽으로 묶어서 10진수로 고친다. 묶고 남은 수는 필요한 자리 만큼 0을 채워서 산출한다. 2진수를 16진수로 변환하기 위해서는 소수점을 중심으로 왼쪽으로 네 자리씩, 오른쪽으로 네 자리씩 묶어서 각각을 10진수로 고친다. 이와 같은 과정을 예를 들어 설명하면 다음과 같다.

- 2진수 $(1010111100.110101)_2$를 8진수와 16진수로 각각 변환하는 경우

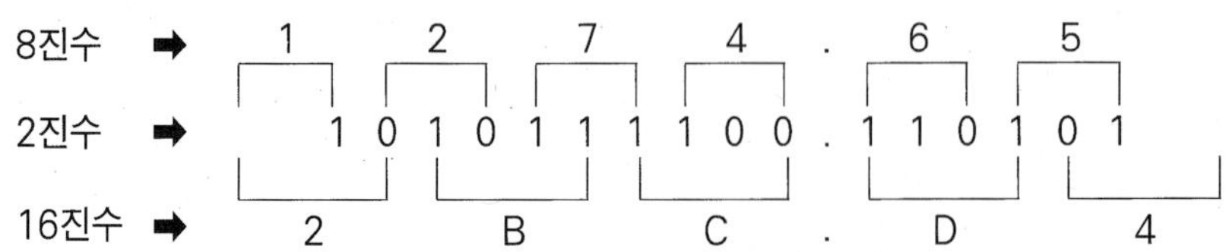

∴ $(1010111100.110101)_2=(1274.65)_8$, $(1010111100.110101)_2=(2BC.D4)_{16}$

2) 8진수, 16진수를 2진수로 변환

8진수, 16진수를 2진수로 변환하기 위해서는 8진수의 각각의 자리를 세 자리 2진수로 변환하면 되고, 16진수인 경우는 각각의 자리를 네 자리의 2진수로 변환하면 된다. 이때 정수 부분의 맨 왼쪽의 0이나 소수 부분의 맨 오른쪽의 0은 없애야 한다. 이와 같은 과정을 예를 들어 설명하면 다음과 같다.

- 8진수 $(5372.42)_8$을 2진수로 변환하는 경우

	5	3	7	2	.	4	2
8진수 ➡	5	3	7	2	.	4	2
	2^2 2^1 2^0	2^2 2^1 2^0	2^2 2^1 2^0	2^2 2^1 2^0		2^2 2^1 2^0	2^2 2^1 2^0
2진수 ➡	1 0 1	0 1 1	1 1 1	0 1 0	.	1 0 0	0 1 0

$$\therefore (5372.42)_8 = (101011111010.100010)_2$$

- 16진수 $(5B8.A4)_{16}$을 2진수로 변환하는 경우

16진수 ➡	5	B	8	.	A	4
	2^3 2^2 2^1 2^0	2^3 2^2 2^1 2^0	2^3 2^2 2^1 2^0		2^3 2^2 2^1 2^0	2^3 2^2 2^1 2^0
2진수 ➡	0 1 0 1	1 0 1 1	1 0 0 0	.	1 0 1 0	0 1 0 0

$$\therefore (5B8.A4)_{16} = (010110111000.10100100)_2$$

3) 8진수를 16진수로, 16진수를 8진수로 변환하는 경우

8진수와 16진수 사이의 상호 변환은 2진수로 변환한 후 세 자리씩 또는 네 자리씩 묶어서 변환하는 방법이 쉽다. 예를 들면 다음과 같다.

- 8진수 $(136.47)_8$을 16진수로 변환하는 경우

8진수 ➡	0	1	3	6	.	4	7	
2진수 ➡	0 0 0	0 0 1	0 1 1	1 1 0	.	1 0 0	1 1 1	0 0
16진수 ➡	0	5		E	.	9	C	

$$\therefore (136.47)_8 = (5E.9C)_{16}$$

• 16진수 $(7A.C5)_{16}$을 8진수로 변환하는 경우

16진수	➡	7 A . C 5
2진수	➡	0 0111 1010 . 1100 0101 0
8진수	➡	1 7 2 . 6 1 2

$$\therefore (7A.C5)_{16} = (172.612)_8$$

3.4 수치 자료의 표현

사칙 연산의 대상이 되는 데이터를 수치 데이터라고 하며 수치 데이터는 일반적으로 부호(sign), 크기(magnitude), 소수점(point) 등으로 표시되는데, n비트의 수치 데이터를 부호비트까지 표현하려면 n+1비트가 필요하다. 수치 데이터의 연산에 필요한 형식은 그림 3-3과 같다.

그림 3-3 수치 자료의 표현

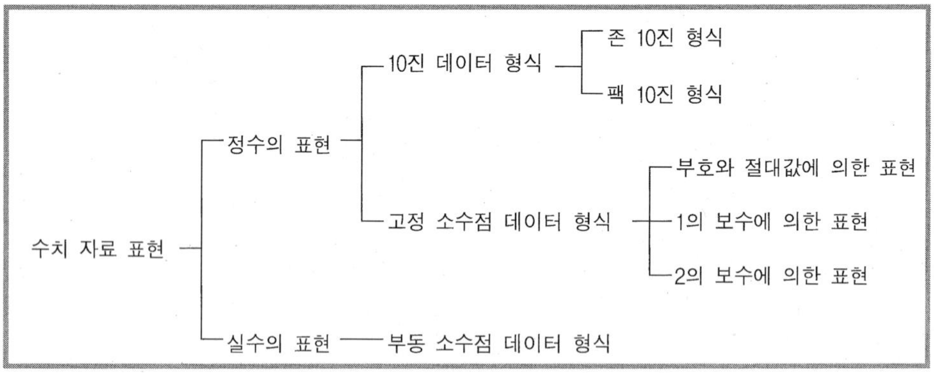

3.4.1 고정 소수점 표현 방식

고정 소수점은 소수점의 위치가 어느 한 곳에 고정되어 있는 것을 의미하는 것으

로서 수의 맨 오른쪽 끝에 소수점이 있다고 가정하면 정수로 취급하고, 맨 왼쪽 끝에 소수점이 있다고 가정하면 소수로 취급한다. 고정된 위치에 소수점을 갖는 수도 소수점을 중심으로 왼쪽을 정수 부분, 오른쪽을 소수 부분이라 한다. 고정 소수점 연산은 10진수 연산에 비해 처리 속도가 빠르다.

고정 소수점 방식은 주로 정수를 표현하는데 사용되며, 정수 표현은 2진수 고정 소수점 방식과 10진수 고정 소수점 방식으로 나누어 생각할 수 있다.

1) 2진수 고정 소수점 방식

임의의 정수가 n비트의 2진수로 표현될 때 이를 고정 소수점 방식으로 표현하면 그림 3-4와 같다.

그림 3-4 고정 소수점 표현

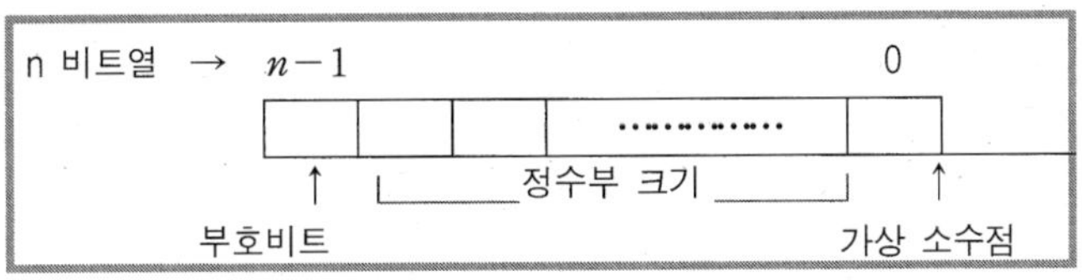

(1) 양의 정수 표현

표현하고자 하는 수가 양의 정수이면 그림 3-5와 같이 부호 비트는 0을 나타내고 정수부 크기는 양수를 2진수로 표현한 비트열로 나타낸다.

그림 3-5 양의 정수 표현

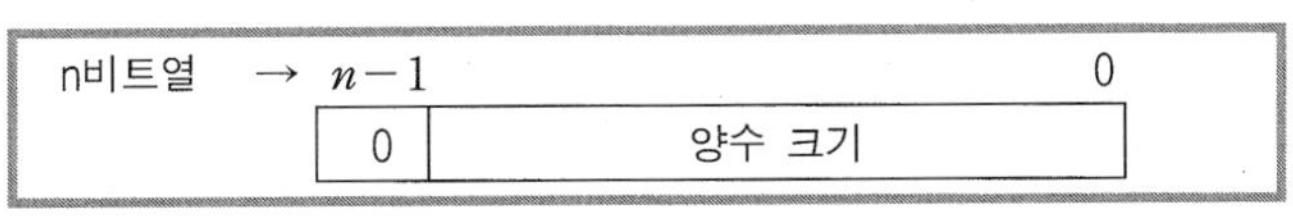

(2) 음의 정수 표현

표현하고자 하는 수가 음의 정수일 경우 그 표현 방법에는 다음과 같이 세 가지가 있다.

- 부호와 절대값(signed-magnitude)

- 부호와 1의 보수(signed-1′s complement)
- 부호와 2의 보수(signed-2′s complement)

여기서 보수를 이용하여 음수를 표현하는 것은 연산을 용이하게 할 수 있다. 진수가 R인 수의 체제에서 보수는 R의 보수와 (R−1)의 보수 두 가지 종류가 있다. 즉 10진수에서는 10의 보수와 9의 보수가 있고, 2진수에서는 2의 보수와 1의 보수가 있다.

> * (R−1)의 보수 : 보수를 취하는 수의 각 자리의 숫자를 (R−1)의 값에서 뺀다.
> * R의 보수 : (R−1)의 보수에서 가장 오른쪽 끝 낮은 자리에 1을 더한다.

예 10진수인 482의 9의 보수와 10의 보수를 구하여라.

9의 보수

$$\begin{array}{r} 999 \\ -\ 482 \\ \hline 517 \end{array}$$

10의 보수

$$\begin{array}{r} 517 \\ +\ \ \ 1 \\ \hline 518 \end{array}$$

예 2진수인 1011의 1의 보수와 2의 보수를 구하여라.

1의 보수

$$\begin{array}{r} 1111 \\ -\ 1011 \\ \hline 0100 \end{array}$$

2의 보수

$$\begin{array}{r} 0100 \\ +\ \ \ \ 1 \\ \hline 0101 \end{array}$$

- 부호와 절대값 표현 : 이 방법은 양의 정수 표현 방법과 같고 단지 부호 비트를 1로 바꾸면 된다. 예를 들면 정수를 8비트로 표현할 경우 −25의 부호와 절대값 표현 방법은 다음과 같다.

8비트열 →	7	6	5	4	3	2	1	0
	1	0	0	1	1	0	0	1
	↑ −	25						

- 부호와 1의 보수 표현 : 표현하고자 하는 수의 절대값을 2진수로 표현한 후, 1의 보수를 취하여 나타내고 부호 비트를 1로 한다.

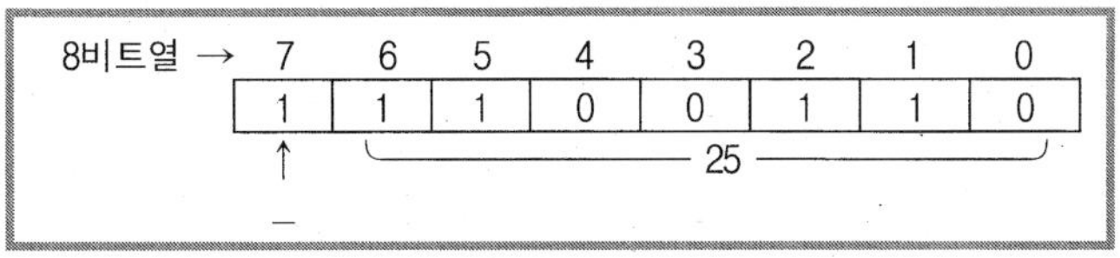

• 부호와 2의 보수 표현 : 표현하고자 하는 수의 절대값을 2진수로 표현한 후, 2의 보수를 취하여 나타내고 부호 비트를 1로 한다.

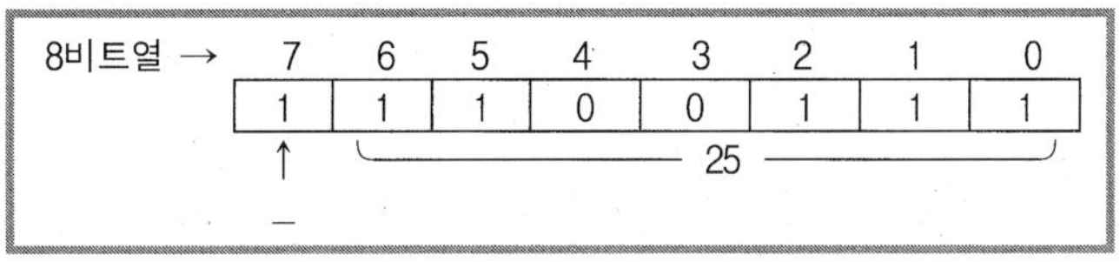

(3) 영(0)의 표현

0의 표현 방법은 음수를 표현하는 방법과 마찬가지로 표 3-2와 같이 세 가지로 나타낼 수 있다.

표 3-2 영의 표현 방법

구 분	+0	−0
부호와 절대값	000…………0	100…………0
부호와 1의 보수	000…………0	111…………1
부호와 2의 보수	000…………0	000…………0

(4) 수의 표현 범위

정수의 표현을 n비트로 하는 경우 표현 가능한 최대 정수는 그림 3-6과 같으며, 최대 정수값은 $2^{n-1}-1$이 된다.

그림 3-6 최대 정수 표현

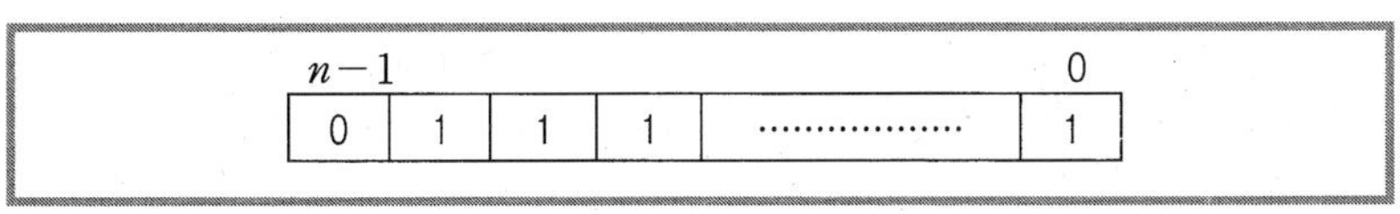

또한 최소 정수는 음수의 표현 방법에 따라 세 가지로 구분할 수 있다.

- 부호와 절대값 표현인 경우 : 부호 비트가 1이고 나머지 $n-1$ 비트가 모두 1인 수이며 최소 정수값은 $-(2^{n-1}-1)$이 된다.

그림 3-7 최소 정수 표현(부호와 절대값 표현)

$n-1$					0
1	1	1	1	………………	1

- 부호와 1의 보수 표현인 경우 : 부호 비트가 1이고 나머지 $n-1$ 비트가 모두 0인 수이며 최소 정수값은 $-(2^{n-1}-1)$이 된다.

그림 3-8 최소 정수 표현(부호와 1의 보수 표현)

$n-1$					0
1	0	0	0	………………	0

- 부호와 2의 보수 표현인 경우 : 부호 비트가 1이고 나머지 $n-1$ 비트가 모두 0인 수이며 최소 정수값은 $-(2^{n-1})$이 된다.

그림 3-9 최소 정수 표현(부호와 2의 보수 표현)

$n-1$					0
1	0	0	0	………………	0

최소 정수 표현에 있어서 부호와 절대값 표현 방식과 부호와 1의 보수 표현 방식은 같으나 부호와 2의 보수 표현 방식은 이들 방식에 비해서 최소 정수를 1 만큼 더 표현할 수 있다.

예 어떤 컴퓨터가 16비트를 사용하여 정수 표현을 할 때, 부호와 절대값, 1의 보수, 2의 보수 표현 방식에 대해 최소 정수와 최대 정수를 구하여라.

구 분	최소 정수	최대 정수
부호와 절대값	$-(2^{16-1}-1)=-32767$	$+(2^{16-1}-1)=+32767$
1의 보수	$-(2^{16-1}-1)=-32767$	$+(2^{16-1}-1)=+32767$
2의 보수	$-(2^{16-1})=-32768$	$+(2^{16-1}-1)=+32767$

2) 10진수 고정 소수점 방식

10진수 고정 소수점 방식은 BCD(binary coded decimal) 코드를 널리 이용한다. BCD 코드는 4비트로 구성되어 있으므로 10가지 모든 수를 표현할 수 있다.

10진수의 수를 BCD 코드를 이용하여 표현하는 방법에는 팩 10진수 형식(packed decimal format)과 언팩 10진수 형식(unpacked decimal format)의 두 가지 종류가 있으며, 수의 부호를 표현하기 위해서 4비트를 사용하는데 양수이면 $(1100)_2$, 음수이면 $(1101)_2$로 나타낸다.

(1) 팩 10진수 형식

이 형식은 8비트에 BCD 코드의 두 개의 숫자를 표현하는 방법으로서 기억 장치의 공간 이용도를 높일 수 있다. 따라서 이러한 형식의 표현은 10진수 연산을 할 때 주로 사용된다. 또한 부호 비트는 맨 오른쪽 4비트에 나타내며 예를 들어 −426을 표현하면 다음과 같다.

0100	0010	0110	1101
4	2	6	부호(−)

(2) 언팩 10진수 형식

이 형식은 10진수 한자리 숫자를 8비트로 표현하는 방법으로서 왼쪽 4비트를 존(zone)으로 취급하여 $(1111)_2$의 숫자를 나타내며, 부호 비트는 맨 오른쪽 8비트중 왼쪽 4비트에 나타낸다. 예를 들어 +426을 표현하면 다음과 같다.

1111	0100	1111	0010	1100	0110
존	4	존	2	부호(+)	6

3.4.2 부동 소수점 표현 방식

부동 소수점 표현 방식은 소수점의 위치를 움직일 수 있도록 함으로써 고정 소수점 방식보다 수의 표현에 있어서 정밀도를 높일 수 있다.

부동 소수점에 의한 수의 표현은 부호 비트(sign bit), 지수 부분(exponent part), 가수 부분(mentissa part)으로 구분하여 표현한다. 그림 3-10은 32비트 부동 소수점 표현 방식을 나타낸 것이다.

그림 3-10 부동 소수점 표현 방식

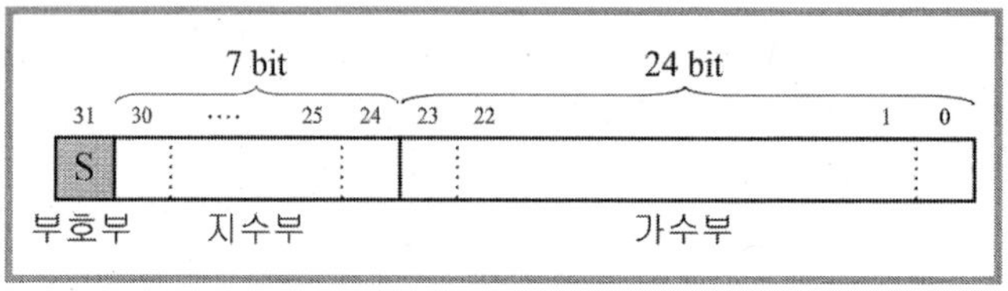

부동 소수점에 의한 표현은 여러 가지가 있는데 예를 들면 52.86의 표현은 0.5268×10^2, 0.05268×10^3, 5.268×10^1 등과 같다. 그러므로 숫자 표시를 하나의 통일된 방법으로 소수점의 위치를 최대 유효 숫자 앞에 위치하도록 지수값을 변화시키는데, 이러한 표현 방법을 정규형(normal form)이라 한다. 즉, 소수점의 위치를 최대 유효 숫자 앞에 위치하도록 하면 가수 부분의 비트들이 최대한으로 많아져서 정밀도가 증가한다. 예를 들어 실수 52.86을 정규형 부동 소수점 표현으로 나타내면 0.5268×10^2이다.

실수 −35.9를 부동 소수점으로 표현하는 경우 먼저 -0.359×10^2으로 정규화한다. 부호 비트는 음수이므로 1이고 지수 부분은 지수 2에 일정한 수 64를 합하여(64 바이어스법) −64~+63까지의 수를 0~+127까지의 지수로 표현하여 7비트 2진수값으로 나타내고, 가수 부분은 359를 취하여 24비트 2진수로 표현한다. 이를 도식화하면 다음 그림과 같다.

- 부호 비트=1
- 지수 부분=2+64=$(1000010)_2$
- 가수 부분=359=$(101100111)_2$

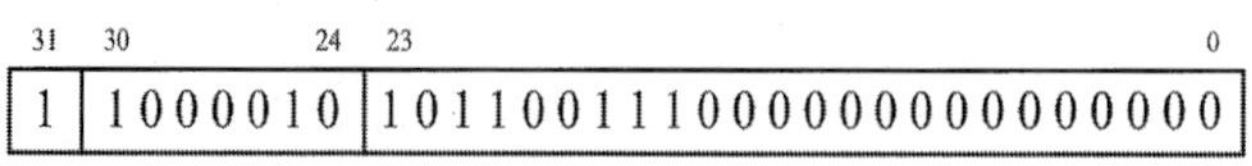

이것을 16진수로 표현하면 $(C2.B38000)_{16}$이다.

부동 소수점의 산술 연산은 고정 소수점 연산에 비하여 복잡하고 많은 시간이 소요되며 또한 하드웨어적으로 복잡하다. 그러나 큰 수와 작은 수를 표현하는데 매우 편리하므로 많은 컴퓨터에서는 부동 소수점 숫자의 산술 연산이 가능하도록 구현되어 있다.

3.5 비수치 자료의 표현

비수치 자료는 문장의 편집, 정보 검색, 고급 프로그래밍 언어의 번역 등과 같이 문자 처리에 사용된다.

컴퓨터에서 취급하는 영숫자(alphanumeric)는 영문자(26개), 숫자(10개) 그리고 특수 기호를 포함하여 총 36개 이상의 약속된 코드가 있어야 하고 한글의 경우도 자모음(24개), 복합 자모음 그리고 숫자들을 합하면 또한 영숫자의 개수와 비슷해진다. 따라서 이러한 다양한 문자를 표현하고 취급하기 위해서는 서로 구별할 수 있도록 약속된 코드 체제가 있어야 한다. 사용 목적에 따라 다양한 코드 체제가 있으며 대표적으로 BCD(binary coded decimal) 코드, 아스키(ASCII ; american standard code for information interchange) 코드, 에브시딕(EBCDIC ; extended binary coded decimal interchange code) 코드가 있다.

3.5.1 6비트 BCD 코드

BCD 코드에서는 문자를 표현하기 위해 6개의 비트를 사용하며 상위 두 개의 비트는 존 비트(zone bit)라고 하며, 하위 4개의 비트는 숫자 비트(digit bit)라고 한다. 6비트의 코드에서는 64개의 문자를 표현할 수 있다. 이러한 코드 체제에서 금지 코드는 1010, 1011, 1100, 1101, 1110, 1111이다.

그림 3-11 6비트 BCD 코드의 구성

BCD 코드는 10진수 체계보다 효율적인 것은 아니지만 0과 1로 표현되어 있으므로 컴퓨터 내부에서는 간편하게 사용할 수 있다. 그러나 BCD 코드에 의한 연산은 2진

수의 연산보다도 복잡하므로 BCD 코드를 연산하기 위해서는 이에 적합한 연산 장치가 필요하다.

3.5.2 ASCII 코드

ASCII 코드(아스키 코드)는 미국 표준 코드로서 한 개의 패리티 비트와 일곱 개의 데이터 비트로 구성되어 있다. 일곱 개의 데이터 비트는 세 개의 존 비트와 네 개의 숫자 비트로 구성되어 있고 총 128(=2^7)가지의 문자를 표현할 수 있다. ASCII 코드는 데이터 통신과 마이크로컴퓨터에 많이 채택되고 있으며 ASCII 코드의 구성은 그림 3-12와 같다. 이와같이 영문 ASCII 코드는 8비트이지만 한글/한자의 경우 16비트이다.

그림 3-12 ASCII 코드의 구성

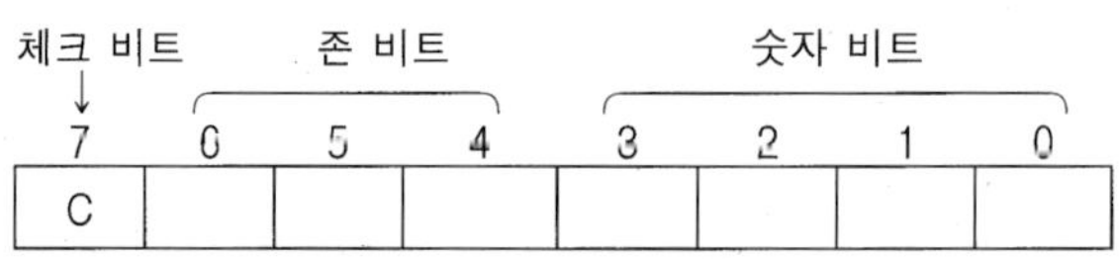

존 비트	숫자 비트	비 고
1 0 0	0001~1111	영문자 A~O
1 0 1	0000~1010	영문자 P~Z
0 1 1	0000~1001	숫 자 0~9

3.5.3 EBCDIC 코드

EBCDIC코드(에브시딕 코드)는 확장 2진화 10진 코드라고 하며 오늘날 대부분의 대형 컴퓨터에서 많이 사용하고 있는 코드이다. 이 코드는 한 개의 패리티(parity) 비트와 8개의 데이터 비트로 구성되어 있으며 9트랙 코드라고 한다. 8개의 데이터는 네 개의 존 비트와 네 개의 숫자 비트로 구성되어 있으며 총 256(=2^8)가지의 문자를 표현할 수 있기 때문에 영문자, 숫자, 특수 문자 등의 표현이 가능하다. EBCDIC 코드의 표현을 그림 3-13에 나타내었다.

예를 들어 존 비트가 1111이고 숫자 비트가 0000~1001은 숫자 0~9를 나타낸다.

그림 3-13
EBCDIC 코드의 구성

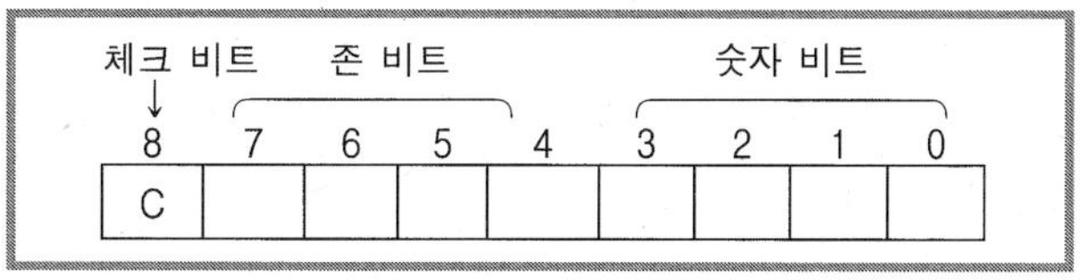

> **참고**
>
> 1. n개의 비트로는 2^n개의 서로 다른 정보를 표현할 수 있다. 예를 들어 $n=4$이면 $2^4=16$개의 정보를 표현할 수 있다.
> 2. n개의 서로 다른 정보를 코드로 부호화하기 위해서는 $\lceil \log_2 n \rceil$ 개의 비트가 필요하다. 예를 들어 $n=16$이면 $\lceil \log_2 16 \rceil = 4\log_2 2 = 4$비트가 필요하다.

3.5.4 가중치를 갖는 코드

가중치를 갖는 코드(weighted code)는 2진수를 코드화(BCD)했을 때 각각의 비트가 일정한 크기의 값을 갖는 코드를 말하며, 8421 코드, 7421 코드, 5421 코드, 2421 코드 등이 있다. 예를 들어 임의의 10진수 D를 8421 코드로 코드화했을 경우 다음과 같은 관계가 성립한다.

$$D = b_3W_3 + b_2W_2 + b_1W_1 + b_0W_0$$

여기서 $W_3=2^3$, $W_2=2^2$, $W_1=2^1$, $W_0=2^0$를 가중치 또는 자리값이라고 부른다.

1) 8421 코드

현재 사용되고 있는 가장 대표적인 가중치를 갖는 코드이며, 부호화(encoding)하는데 용이하지만 원래의 수와 보수 사이에 상호 변환이 없다는 단점이 있다.

2) 2421 코드

2421 코드는 2진수의 상호 교환에 의해서 얻을 수 있는 자기 보수 코드(self

comple- mentary code)로서 각 자리의 2진수 0을 1로, 1을 0으로 바꿈으로써 얻어진다. 표 3-3에 가중치를 갖는 코드들의 10진수에 대응하는 관계를 나타내었다.

표 3-3 가중치를 갖는 코드들의 대응 관계

10진수 \ 코드	8421	7421	5421	2421
0	0000	0000	0000	0000
1	0001	0001	0001	0001
2	0010	0010	0010	0010
3	0011	0011	0011	0011
4	0100	0100	0100	0100
5	0101	0101	1000	1011
6	0110	0110	1001	1100
7	0111	1000	1010	1101
8	1000	1001	1011	1110
9	1001	1010	1100	1111

3.5.5 가중치를 갖지 않는 코드

가중치를 갖지 않는 코드(non-weighted code)에는 그레이 코드(gray code), 3-초과 코드(excess-3 code) 등이 있다.

1) 그레이 코드(gray code)

그레이 코드는 A/D 변환기(analog/digital converter)나 I/O 장치를 제어하는 코드에 사용된다. 임의의 수를 그레이 코드로 변환하는 과정과 그 반대 과정은 다음과 같다.

(1) 2진수를 그레이 코드로 변환하는 방법

- 최상위 비트는 그대로 그레이 비트가 된다.
- 이웃하고 있는 두 비트의 배타적 논리합(XOR)을 취하여 그 결과를 그레이 비트로 한다.

예 2진수 1100을 그레이 코드로 변환하는 과정은 다음과 같다.

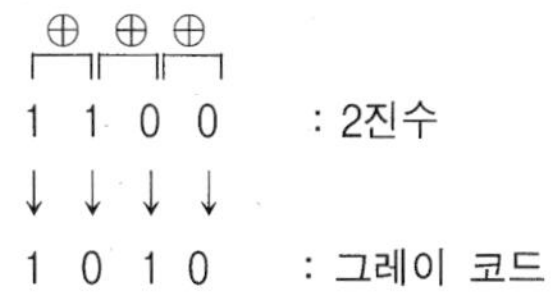

(2) 그레이 코드를 2진수로 변환하는 방법

- 그레이 코드의 최상위 비트는 그대로 둔다.
- 그대로 둔 최상위 비트와 그레이 코드의 두번째 비트와의 배타적 논리합(XOR)을 취하여 그 결과를 두번째 비트로 한다. 이와 같은 과정을 반복한다.

예 그레이 코드 10110을 2진수로 변환하는 과정은 다음과 같다.

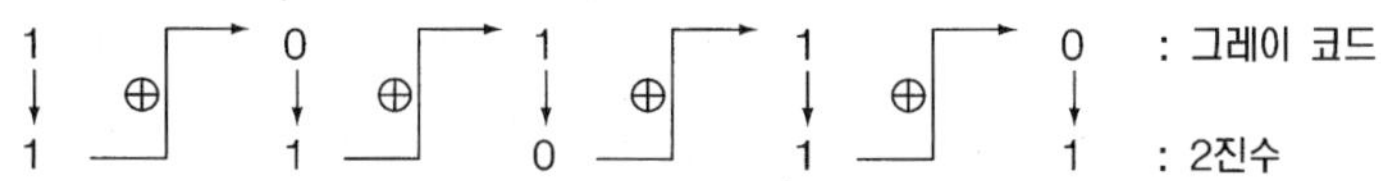

2) 3-초과 코드(excess-3 code)

3-초과 코드는 BCD 코드에 3(0011)을 더하여 얻어지는 코드로서 자기 보수의 특성을 갖고 있으므로 어떠한 경우에도 0000이 될 수 없기 때문에 신호가 없을 때는 0이고 신호가 있을 때는 어떤 값이 존재한다는 것을 알 수 있다.

3.5.6 에러 검출 코드

에러 검출 코드(error detecting code)는 데이터 전송시 수신된 데이터의 에러 비트를 검출하거나 교정할 수 있는 기능을 갖는 코드이다.

1) 패리티 체크(parity check)

이 방법은 데이터를 전송하거나 다량의 정보를 송수신 할 때 한 자리 여분의 비트를 추가해서 그 내용이 정확히 수신되었는지를 판단하는 방법이다. 이러한 패리티 체크에는 짝수(우수) 패리티 체크(even parity check) 방법과 홀수(기수) 패리티 체크(odd parity check) 방법이 있다. 패리티 체크 방법은 에러를 검출할 수는 있지만 에러를 교정할 수는 없으며, 동시에 두 개 이상의 에러가 발생하면 검출이 불가능하다.

(1) 짝수 패리티 체크

데이터에서 1의 값을 갖는 비트의 수를 짝수개로 만드는 방법이다. 따라서 1의 값을 갖는 비트의 개수가 짝수일 경우에는 체크 비트값을 0으로 하고, 홀수개일 경우에는 체크 비트값을 1로 한다.

(2) 홀수 패리티 체크

데이터에서 1의 값을 갖는 비트의 수를 홀수개로 만드는 방법이다. 따라서 1의 값을 갖는 비트의 개수가 짝수일 경우에는 체크 비트값을 1로 하고, 홀수개일 경우에는 체크 비트값을 0으로 한다.

2) 해밍 코드(Hamming code)

이 코드는 데이터 수신시 데이터 중에서 발생한 1비트의 에러를 검출하고 교정까지 가능한 코드이다. 해밍 코드에서는 1비트의 에러를 교정하기 위하여 여분으로 3비트를 추가해야 하며, 2비트 이상의 오류를 교정하려면 더 많은 여분의 비트를 추가해야 한다.

이 코드는 R. W. Hamming에 의하여 고안된 것이며, 이 때 데이터 비트에 따른 패리티 비트는 다음 수식에 의하여 구해진다.

$$2^P \geq m+P+1$$

단, m=데이터 비트 수, P=패리티 비트 수이다.
예를 들어, 데이터 비트 수가 4비트이면

$$2^P \geq 4+P+1$$

가 되므로 P=3이 되어 패리티 비트는 3비트이다.

3.6 자료의 내부적 표현

자료의 내부적인 표현은 자료의 구조 형태로 설명이 가능하다. 자료 구조는 선형 구조(linear structure), 축차 구조(sequential structure) 및 접속 구조(linked structure)로 나눌 수 있다.

3.6.1 선형 구조(linear structure)

1) 스택(stack)

선형 리스트 한쪽 끝에서만 노드(node)의 입력과 출력이 수행되는 것으로서 보통 컴퓨터의 주기억 장치의 일부를 스택 구조로 많이 사용하고 있다. 즉, 스택에서 자료의 입출력은 LIFO(last in first out) 혹은 FILO(first in last out)형태로 이루어지는데, 자료의 입력을 push라고 하며 출력을 pop이라고 한다.

2) 큐(queue)

선형 리스트의 한쪽 끝으로는 입력만 하고 다른 한쪽 끝으로는 출력만 수행하는 구조로 FIFO(first in first out), LILO(last in last out) 또는 대기 행렬이라고도 하며 대용량 컴퓨터의 기억 구조에 사용된다.

3) 데크(deque)

double ended queue의 약어로서 큐의 개념을 확장시켜 입력과 출력이 선형 리스트 양끝에서 수행하는 것으로서 스택과 큐를 합한 개념이다.

3.6.2 축차 구조(sequential structure)

선형 리스트를 컴퓨터의 기억 공간에 저장하는 간단한 방법으로 연속된 저장 공간에 데이터를 하나씩 차례로 저장하는 구조로서 선형 구조에서의 자료의 삽입과 제거 등을 수행한다.

3.6.3 접속 구조(linked structure)

선형 리스트에서 자료의 삽입과 제거를 수행할 때 자료의 이동이 발생하므로 이러한 불편을 해소하기 위하여 자료의 위치에 관계 없이 저장 공간의 유용 공간에 저장하기 위한 구조이므로 자료의 삽입이나 삭제가 매우 용이하다. 접속 구조의 종류로는 한 개의 자료에 한 개의 포인터를 갖는 단일 연결 구조(single linked structure), 한 개의 자료에 두 개의 포인터를 갖는 이중 연결 구조(double linked structure), 두 개 이상의 포인터를 갖는 다중 연결 구조(multiple linked structure)가 있다. 그림 3-14에 접속 구조의 종류를 나타내었다.

그림 3-14 접속 구조의 종류

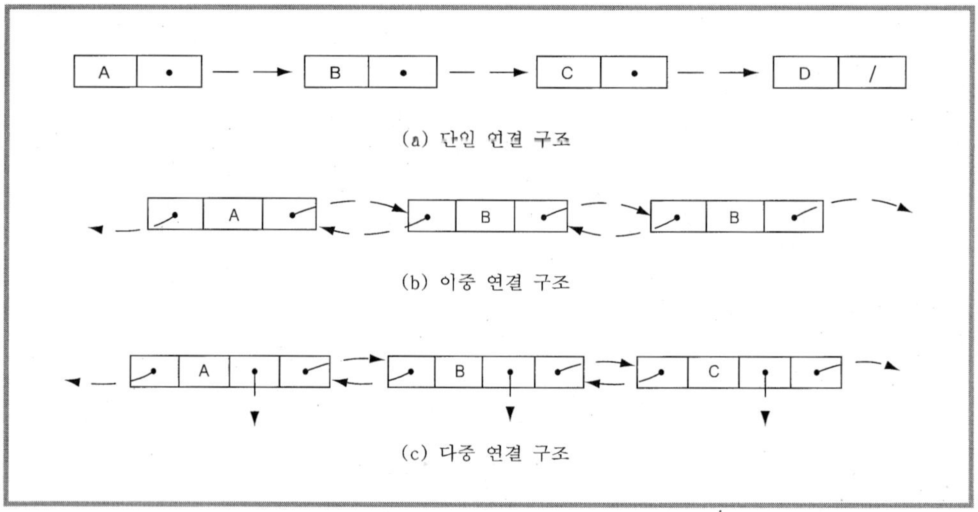

용어정의

1. 스택(stack) 및 큐(queue)

주기억 장치내에 한 영역을 할당하여 서브루틴(subroutine) 또는 인터럽트(interrupt) 발생시에 복귀 주소를 저장하는데 사용하는 메모리로서 일정한 규칙에 의하여 데이터를 저장(push)하고 꺼내어(pop) 사용할 수 있다.

- LIFO(last in first out)
  - 일반적인 스택(stack)의 메모리 구조이다.
  - 메모리 영역의 한쪽끝에서 데이터의 저장과 호출이 일어나는 순서 구조이다.
  - 즉, 마지막으로 저장된(push) 데이터가 처음으로 호출(pop)된다.
  - 인터럽트, 서브루틴 발생시에 복귀 주소를 저장・호출하는데 사용한다.
- FIFO(first in first out)
  - 일반적인 큐(queue)의 메모리 구조이다.
  - 메모리 영역의 처음과 끝의 양쪽 끝에서 데이터를 저장하고 꺼낸다.
  - 운영 체제(OS ; operating system)의 입출력 스케줄링, job 스케줄링(scheduling)에 사용된다.
- 리스트(list)
  - 메모리에 저장되어 있는 데이터가 소프트웨어적으로 구성된 스택을 리스트라 부른다.
  - 데이터를 유효 공간의 위치에 관계없이 저장이 가능하다.
  - 중간 영역의 메모리에서 데이터를 삽입・삭제가 가능하다.

2. 자기보수(Self-complement)

자기보수란 1의 보수가 10진수의 9의 보수와 같은 값을 가지는 코드를 말한다. 예를 들어, 2421 코드인 경우 0001의 1의 보수는 1110 이다. 0001의 10진수는 1이고, 1의 9의 보수는 8이므로 2421의 1110은 10진수 8이 되므로 자기보수가 되는 것이다.

51111 코드인 경우를 예를 들면, 십진수 3의 5111코드는 00111이고, 1의 보수는 11000 이다. 5111코드의 11000은 십진수 6이므로 십진수 3의 9의 보수는 6이 되어 5111코드도 자기보수 코드의 성질을 갖는다.

자기보수 코드의 성질을 갖는 코드의 종류에는 2421코드, 51111코드, 3초과 코드(Excess-3 code) 등이 있다.

• 자기보수 코드

10진수	2421 코드	84-2-1 코드	51111 코드	3초과 코드
0	0000	0000	00000	0011
1	0001	0111	00001	0100
2	0010	0110	00011	0101
3	0011	0101	00111	0110
4	0100	0100	01111	0111
5	1011	1011	10000	1000
6	1100	1010	11000	1001
7	1101	1001	11100	1010
8	1110	1000	11110	1011
9	1111	1111	11111	1100

3. 호프만 코딩(Huffman coding)

모든 문자가 동일한 빈도로 전송되지 않는 성질을 이용한 방법으로서 자주 사용되는 문자에 대해서는 적은 수의 비트를 사용하는 방식이다. JPEG, MPEG에서는 RLE와 호프만 코딩 방식을 사용하고 있다.

호프만 코딩방법은 다음의 네 가지를 거쳐서 이루어진다.

① 압축할 파일을 읽어 각 문자들의 출현 빈도수를 구한다.

② 이들 가운데서 가장 빈도수가 적은 문자들끼리 연결시켜 이진트리를 만든다.

③ 이진트리로부터 각 문자들을 대표하는 값을 얻는다.

④ 파일의 문자들을 대표값으로 변환시켜 압축 파일을 만든다.

호프만 코딩의 단점으로는 처음 파일내의 문자가 나오는 빈도를 계산할 때와 실제로 압축하기 위해 동작할 때 등 파일을 두 번 읽어야 하므로 처리 속도가 늦고, 트리에 대한 정보도 같이 저장해야 하므로 그만큼 압축 효율도 떨어지게 된다.

4. 기타 오류 검출 코드

(1) 2-out-of-5 코드

5개의 비트로 구성되며, 각 비트는 74210의 자리값을 가지고 5개의 비트 중 2 비트가 1로 구성되는 코드

(2) 비퀴너리 코드(Biquinary code)

7개의 비트로 구성되며, 각 비트는 5043210의 자리값을 가지고 7개의 비트 중 2 비트가 1로 구성되는 코드

(3) 링 카운터 코드(Ring counter code)

10개의 비트로 구성되어 있으며, 그 중 1을 가지는 비트는 1개 뿐 인 코드

• 기타 오류 검출 코드

10진수	2-out-of-5 코드 74210	바이퀴너리 코드 (biquinary code) 5043210	링 카운터 (ring counter) 9876543210
0	11000	0100001	0000000001
1	00011	0100010	0000000010
2	00101	0100100	0000000100
3	00110	0101000	0000001000
4	01001	0110000	0000010000
5	01010	1000001	0000100000
6	01100	1000010	0001000000
7	10001	1000100	0010000000
8	10010	1001000	0100000000
9	10100	1010000	1000000000

기출문제 자료의 표현

1. 각각의 문자에 대하여 8개의 비트와 1개의 패리티 비트로 구성되는 코드는?
(정보처리 2005.3)(조직응용 2005.3)

㉮ EBCDIC 코드 ㉯ BCD 코드
㉰ 하모니 코드 ㉱ 액세스(Excess) 3 코드

☞ 3.5.3 참조

2. 패리티 비트(parity bit)에 관한 설명 중 옳지 않은 것은? (정보처리 2006.5)

㉮ 기수(odd) 체크에 사용될 경우도 있다.
㉯ 우수(even) 체크에 사용될 경우도 있다.
㉰ 정보 표현의 단위에 여유를 두기 위한 방법이다.
㉱ 정보가 맞고, 틀림을 판별하기 위해 사용된다.

☞ 3.5.6의 1) 참조

3. 해밍 코드 방식에 의하여 구성된 코드가 16 비트인 경우 데이터 비트의 수 및 패리티 비트의 수는 각각 몇 개씩인가? (정보처리 2001.3)

㉮ 데이터비트 : 11비트, 패리티비트 : 5비트 ㉯ 데이터비트 : 10비트, 패리티비트 : 6비트
㉰ 데이터비트 : 12비트, 패리티비트 : 4비트 ㉱ 데이터비트 : 15비트, 패리티비트 : 1비트

☞ 3.5.6의 2) 참조

4. EBCDIC 코드로 10진 숫자 5를 표현한다면? (정보처리 2003.5)

㉮ 11101010 ㉯ 11110101
㉰ 00000101 ㉱ 00100101

☞ 3.5.3 참조

5. 에러 검출과 자동 정정이 가능한 코드는? (전자계산 2004.5)

㉮ Gray 코드 ㉯ ASCII 코드
㉰ 8421 코드 ㉱ Hamming 코드

☞ 3.5.6의 2) 참조

---

1. ㉮ **2.** ㉰ **3.** ㉮ **4.** ㉯ **5.** ㉱

6. 011001의 1의 보수(One's Complement)는? (정보처리 2004.3)(조직응용 2004.3)

㉮ 011000 ㉯ 011010 ㉰ 100110 ㉱ 011001

☞ 3.4.1의 1)의 (2) 참조

7. 2의 보수 표현 방식으로 8비트의 기억 공간에 정수를 표현할 때 표현 가능 범위는?

(정보처리 2001.6)(정보처리 2002.9)(정보처리 2004.3)(조직응용 2004.3)

㉮ $-2^7 \sim +2^7$ ㉯ $-2^8 \sim +2^8$

㉰ $-2^7 \sim +(2^7-1)$ ㉱ $-2^8 \sim +(2^8-1)$

☞ 3.4.1의 1)의 (4) 참조

8. 컴퓨터 내부에서 음수를 표현하는 방법에 속하지 않는 것은? (정보처리 2004.5)

㉮ 부호-크기(절대치) 표현법 ㉯ 크기-부호-크기 표현법

㉰ 부호-1의 보수 표현법 ㉱ 부호-2의 보수 표현법

☞ 3.4.1의 1)의 (2) 참조

9. 다음은 십진수를 표현하는 이진코드(binary code)들이다. 이들 중 자체 보수화(self – complementary)가 불가능한 코드는? (정보처리 2004.9)

㉮ BCD(8421) 코드 ㉯ Excess-3 코드

㉰ 51111 코드 ㉱ 2421 코드

☞ 용어정의 2. 참조

10. 수치를 표현하는데 있어서 0의 판단이 가장 쉬운 방법은? (정보처리 2005.3)(조직응용 2005.3)

㉮ 1의 보수 ㉯ 2의 보수

㉰ 부호와 절대치 ㉱ 부동 소수점

☞ 3.4.1의 1)의 (3) 참조

11. 10진법의 수 $274_{(10)}$의 9의 보수는?

(조직응용 2004.8)(정보처리 2005.3)(조직응용 2005.3)

㉮ 726 ㉯ 725 ㉰ 626 ㉱ 625

☞ 3.4.1의 1)의 (2) 참조

---

6. ㉰ **7.** ㉰ **8.** ㉯ **9.** ㉮ **10.** ㉯ **11.** ㉯

12. 고정소수점에서 음수를 표현하는 방법 중 거리가 먼 것은? (정보처리 2006.9)

㉮ 언팩(unpack) 형식의 십진법
㉯ 부호와 1의 보수
㉰ 부호와 2의 보수
㉱ 부호와 절대치

☞ 3.4.1의 1)의 (2) 참조

13. 10진수 5를 1의 보수와 2의 보수로 각각 표시하면? (정보처리 2006.9)

㉮ 1의 보수 : 1010, 2의 보수 : 1011
㉯ 1의 보수 : 1010, 2의 보수 : 1100
㉰ 1의 보수 : 1011, 2의 보수 : 1001
㉱ 1의 보수 : 1010, 2의 보수 : 1101

☞ 3.4.1의 1)의 (2) 참조

14. 자기 보수(self complementing) 코드인 것은? (정보처리 2002.5)(조직응용 2004.8)

㉮ 3-초과 코드
㉯ BCD(8421) 코드
㉰ 패리티 코드
㉱ 그레이 코드

☞ 용어정의 2. 참조

15. 16비트로 2의 보수법을 사용하여 표현할 때 최대로 표현할 수 있는 정수(N)의 범위는? (전자계산 2002.5)(전자계산 2003.5)

㉮ $-2^{16} \leq N \leq 2^{16}-1$
㉯ $-2^{15} \leq N \leq 2^{15}-1$
㉰ $0 \leq N \leq 2^{32}$
㉱ $0 \leq N \leq 2^{32}-1$

☞ 3.4.1의 1)의 (4) 참조

16. 11110001을 2의 보수로 나타내고 이것을 10진수로 표시하면? (전자계산 2002.5)

㉮ 00001111 및 +15
㉯ 00001111 및 -15
㉰ 00001110 및 -13
㉱ 00001110 및 +13

☞ 3.4.1의 1)의 (2) 참조

17. 컴퓨터에서 음수를 표현하는 방법으로 옳지 않은 것은? (전자계산 2003.5)

㉮ 부호와 절대값 표시
㉯ 부호화된 1의 보수 표시
㉰ 부호화된 2의 보수 표시
㉱ 부호화된 16의 보수 표시

☞ 3.4.1의 1)의 (2) 참조

---

12. ㉮ **13.** ㉮ **14.** ㉮ **15.** ㉯ **16.** ㉮ **17.** ㉱

18. 패리티 비트의 사용은 몇 개의 오류까지 정확히 검출이 가능한가? (조직응용 2003.8)

㉮ 2개의 오류
㉯ 4개의 오류
㉰ 1개의 오류
㉱ 검출할 수 없다.

☞ 3.5.6의 1) 참조

19. 음수를 표시하는 방법이 아닌 것은?
(정보처리 2002.5)(정보처리 2003.8)(전자계산 2004.5)

㉮ 1의 보수(1′s Complement)
㉯ 부호 및 크기(Signed Magnitude)
㉰ 2의 보수(2′s Complement)
㉱ 10의 보수(10′s Complement)

☞ 3.4.1의 1)의 (2) 참조

20. 음수를 표현하는 방법 중 거리가 먼 것은? (조직응용 2004.8)

㉮ 팩 형식의 십진법
㉯ 부호와 1의 보수
㉰ 부호와 절대치
㉱ 부호와 2의 보수

☞ 3.4.1의 1)의 (2) 참조

21. 3의 1의 보수 표현과 값이 같은 것은? (전자계산 2004.9)

㉮ 1의 2의 보수
㉯ 2의 2의 보수
㉰ 4의 2의 보수
라. 8의 2의 보수

☞ 3.4.1의 1)의 (2) 참조

22. 2진수 $(1001011)_2$의 2의 보수(2′ s Complement)는? (정보처리 2001.9)(정보처리 2002.9)

㉮ 0110100
㉯ 1110100
㉰ 1110101
㉱ 0110101

☞ 3.4.1의 1)의 (2) 참조

23. −14를 부호화된 2의 보수 표현법으로 표현된 것은?(단, 8bit로) (정보처리 2002.9)

㉮ 10001110
㉯ 11100011
㉰ 11110010
㉱ 11111001

☞ 3.4.1의 1)의 (2) 참조

---

18. ㉰ 19. ㉱ 20. ㉮ 21. ㉰ 22. ㉱ 23. ㉰

24. 정수 표현에서 음수를 나타내는데 부호화된 2의 보수법이 1의 보수법에 비해 장점은?

(정보처리 2003.5)

㉮ 산술 연산 속도가 빠른 점과 양수 표현이 좋다.
㉯ 2의 보수에서는 carry가 발생하면 무시한다.
㉰ 양수 표현이 유리하다.
㉱ 보수 취하기가 쉽다.

☞ 3.4.1의 1)의 (2) 참조

25. 오류를 검출하여 교정까지 할 수 있는 Code는? (조직응용 2002.8)(정보처리 2004.5)

(정보처리 2006.9)

㉮ Gray Code　　㉯ Excess-3 Code
㉰ EBCDIC Code　　㉱ Hamming Code

☞ 3.5.6의 2) 참조

26. 16진수 $(BC.D)_{16}$를 8진수로 표현한 것은? (정보처리 2006.3)

㉮ $(274.15)_8$　　㉯ $(274.45)_8$　　㉰ $(274.61)_8$　　㉱ $(274.64)_8$

☞ 3.3.2의 3) 참조

27. 2진수 $(1010)_2$을 그레이 코드로 변환하면? (정보처리 2001.3)(정보처리 2001.6)
(조직응용 2002.8)(정보처리 2003.3)(조직응용 2003.3)(조직응용 2004.8)(정보처리 2004.9)
(정보처리 2006.3)

㉮ (1010)　　㉯ (0101)　　㉰ (1111)　　㉱ (0000)

☞ 3.5.5의 1) 참조

28. 그레이 코드 10111을 2진수로 변환한 것은? (전자계산 2004.5)

㉮ 11000　　㉯ 11010　　㉰ 11011　　㉱ 11001

☞ 3.5.5의 1) 참조

29. 2진수 1001을 그레이 코드로 변환하면? (정보처리 2002.5)

㉮ 1101　　㉯ 1110　　㉰ 1100　　㉱ 1111

☞ 3.5.5의 1) 참조

---

24. ㉯　**25.** ㉱　**26.** ㉱　**27.** ㉰　**28.** ㉯　**29.** ㉮

30. 패리티 검사를 하는 이유로 적합한 것은? (정보처리 2006.9)

㉮ 전송된 부호의 오류를 검출하기 위하여
㉯ 기억 장치의 여유도를 검사기 위하여
㉰ 전송된 부호의 속도를 높이기 위하여
㉱ 중계 전송로의 여유도를 검사하기 위하여

☞ 3.5.6의 1) 참조

31. 사용되는 문자의 빈도수에 따라서 코드의 길이가 달라지는 코드는? (정보처리 2001.9)

㉮ 그레이(gray) ㉯ $74\overline{2}\,\overline{1}$
㉰ 허프만(huffman) ㉱ 비퀴너리(biquinary)

☞ 용어정의 3. 참조

32. 16진수 $(7C.D)_{16}$를 8진수로 변환하면? (정보처리 2005.3)(조직응용 2005.3)

㉮ $(174.61)_8$ ㉯ (174.64)s
㉰ $(176.61)_8$ ㉱ $(176.64)_8$

☞ 3.3.2의 3) 참조

33. EBCDIC의 비트 구성에서 존 비트(zone bit)는 몇 비트로 구성되는가? (정보처리 2005.5)

㉮ 1비트 ㉯ 3비트 ㉰ 4비트 ㉱ 6비트

☞ 3.5.3 참조

34. EBCDIC 부호에서 숫자를 나타내는 경우 존(Zone) 비트는? (조직응용 2004.8)

㉮ 0000 ㉯ 1111 ㉰ 0101 ㉱ 1110

☞ 3.5.3 참조

35. 8개의 bit로 표현 가능한 정보의 최대 가지 수는? (정보처리 2001.3)(전자계산 2002.9)

㉮ 8 ㉯ 64 ㉰ 255 ㉱ 256

☞ 3.5.3 참조

---

30. ㉮ **31.** ㉰ **32.** ㉯ **33.** ㉰ **34.** ㉯ **35.** ㉱

36. 10진수 9를 Excess-3 code로 변환하면?

(정보처리 2001.3)(정보처리 2005.3)(조직응용 2005.3)

㉮ 1001(E) ㉯ 1110(E) ㉰ 1101(E) ㉱ 1100(E)

☞ 3.5.5의 2) 참조

37. 영문자(alphanumeric) 코드에 해당하는 것은? (정보처리 2001.6)

㉮ Gray Code ㉯ BCD Code

㉰ ASCII Code ㉱ Excess-3 Code

☞ 3.5.2 참조

38. 정보의 단위로 가장 적은 것은? (정보처리 2001.9)

㉮ Byte ㉯ Word ㉰ Bit ㉱ Record

☞ 3.1 참조

39. 정보의 전송 중에 생기는 오류를 검출하기 위하여 첨가하는 것은? (조직응용 2003.8)

㉮ ASCII 코드 ㉯ 패리티 비트

㉰ Track 정보 ㉱ 8421 코드

☞ 3.5.6의 1) 참조

40. 음수를 2의 보수로 표현할 때, 8비트로 나타낼 수 있는 정수의 범위는?

(전자계산 2002.9)(전자계산 2003.8)(정보처리 2004.9)(정보처리 2006.3)

㉮ $-2^7 \sim +2^7$ ㉯ $-2^8 \sim +2^8$

㉰ $-2^7 \sim +2^7-1$ ㉱ $-2^7-1 \sim +2^7$

☞ 3.4.1의 1)의 (4) 참조

41. 비수치적 자료의 사용 분야에 해당되지 않는 것은? (정보처리 2001.9)

㉮ 문장의 해석 및 분류

㉯ 문헌정보 검색

㉰ 과학적인 응용 및 상업적인 응용

㉱ 고급 프로그래밍 언어를 기계어로 번역하는 처리

☞ 3.5 참조

---

36. ㉱ **37.** ㉰ **38.** ㉰ **39.** ㉯ **40.** ㉰ **41.** ㉰

42. 2진법의 수 1101.11을 10진법으로 표시하면? (정보처리 2002.5)(정보처리 2004.5)

㉮ 11.75　㉯ 13.55　㉰ 13.75　㉱ 15.3

☞ 3.2.2 참조

43. 2 바이트로 나타낼 수 있는 수의 표현 범위는? (정보처리 2002.5)

㉮ 2^8-1　㉯ 64K　㉰ 128K　㉱ 1M

☞ 3.5.3 참조

44. 자료에 관한 설명 중 옳은 것은? (정보처리 2002.9)

㉮ EBCDIC코드는 데이터 통신용으로 널리 쓰이며, 특히 소형 컴퓨터 용으로 쓰인다.
㉯ ASCII코드는 IBM사에서 개발한 것으로 대형컴퓨터용에 쓰인다.
㉰ 자료의 가장 작은 단위를 bit라 하며, bit는 binary digit의 약자이다.
㉱ 부동 소수점 방식의 특징은 적은 bit를 차지함과 동시에 정밀도가 낮다는 것이다.

☞ 3.1 참조

45. 디지털 코드 중에서 에러 검출 및 교정이 가능한 코드는? (정보처리 2001.6)

㉮ 그레이(Gray) 코드　㉯ 해밍(Hamming) 코드
㉰ 3초과(Excess-3) 코드　㉱ BCD 코드

☞ 3.5.6의 2) 참조

46. 선형 구조가 아닌 것은? (정보처리 2002.9)

㉮ stack　㉯ queue
㉰ deque　㉱ link

☞ 3.6.1 참조

47. parity bit의 기능으로 옳은 것은? (정보처리 2003.3)(조직응용 2003.3)

㉮ error 검출용 비트이다.　㉯ bit 위치에 따라 weight 값을 갖는다.
㉰ BCD code에서만 사용한다.　㉱ error bit이다.

☞ 3.5.6의 1) 참조

---

42. ㉰ **43.** ㉯ **44.** ㉰ **45.** ㉯ **46.** ㉱ **47.** ㉮

48. 다음 BCD code 중 어느 것이 Hardware error를 최소로 하는데 적합한가?

(정보처리 2003.3)(조직응용 2003.3)

㉮ Excess-3 ㉯ Gray ㉰ ASCII ㉱ 8421

☞ 3.5.5의 1) 참조

49. BCD 코드를 사용할 때 십진수의 각 자리값은 어떤 코드에 해당하는가?

(정보기술 2002.8)(정보처리 2003.5)

㉮ 8421 코드 ㉯ 2421 코드

㉰ Gray 코드 ㉱ Excess-3 코드

☞ 3.5.4의 1) 참조

50. $74\overline{2}\,\overline{1}$ 코드 표현에 의한 십진수 6의 값은? (정보처리 2003.5)(정보처리 2005.5)

㉮ 0110 ㉯ 1100 ㉰ 1001 ㉱ 1011

☞ 3.2 참조

51. 10진수 456을 BCD 코드로 변환한 것은? (정보처리 2003.5)(전자계산 2004.9)

㉮ 0101 1101 0110 ㉯ 0100 0101 0110

㉰ 1101 1011 0111 ㉱ 0100 0110 0101

☞ 3.5.1 참조

52. 십진수 956에 대한 BCD 코드(Binary Coded Decimal)는?

(정보처리 2002.5)(정보처리 2004.3)(조직응용 2004.3)

㉮ 1001 0101 0110 ㉯ 1101 0110 0101

㉰ 1000 0101 0110 ㉱ 1010 0110 0101

☞ 3.5.1 참조

53. ASCII 코드를 사용하여 통신을 할 때 몇 개의 패리티 비트를 추가하여 통신하는가?

(정보처리 2003.8)

㉮ 1 비트 ㉯ 2 비트

㉰ 3 비트 ㉱ 0 비트

☞ 3.5.2 참조

---

48. ㉯ **49.** ㉮ **50.** ㉰ **51.** ㉯ **52.** ㉮ **53.** ㉮

54. STACK에 관하여 올바르게 설명한 것은? (정보처리 2004.3)(조직응용 2004.3)

㉮ 복귀 번지를 저장하기 위한 메모리이다.
㉯ PUSH 명령으로 의해 데이터를 꺼낸다.
㉰ 1-address구조를 갖는다.
㉱ FIFO구조를 갖는다.

☞ 용어정의 1. 참조

55. 자료구조 중 먼저 입력된 자료가 먼저 출력되는 형태로 헤드(Head)와 태일(Tail)을 입·출력 포인터로 사용하는 자료구조 형태는?

(조직응용 2002.8)(정보처리 2004.3)(조직응용 2004.3)

㉮ 스택(Stack)
㉯ 큐(Queue)
㉰ 데큐(Deque)
㉱ 포인터(Pointer)

☞ 3.6.1 참조

56. 8진수 23.32를 십진수로 변환하면?(단, 소수점 4째 자리 이하 생략)

(정보처리 2004.3)(조직응용 2004.3)

㉮ 18.406 ㉯ 18.102 ㉰ 19.406 ㉱ 19.102

☞ 3.2.3 참조

57. 패리티 bit는 몇 개의 착오까지 검출이 가능한가?

(정보처리 2001.9)(조직응용 2004.8)(정보처리 2005.9)

㉮ 2bit의 숫자만큼 ㉯ 1 bit ㉰ 2 bit ㉱ 4 bit

☞ 3.5.6의 1) 참조

58. 3초과 부호(Excess-3 code)의 설명으로 옳지 않은 것은?

(정보처리 2004.3)(조직응용 2004.3)

㉮ 가중치 부호이다.
㉯ BCD 부호에 3을 더한 것과 같다.
㉰ 10진수를 표현하기 위한 부호이다.
㉱ 부호를 구성하는 어떤 비트 값도 0이 아니다.

☞ 3.5.5의 2) 참조

59. 고정 소수점(Fixed Point Number) 표현 방식이 아닌 것은? (정보처리 2005.5)

㉮ 1의 보수에 의한 표현
㉯ 2의 보수에 의한 표현
㉰ 9의 보수에 의한 표현
㉱ 부호와 절대값에 의한 표현

☞ 3.4.1의 1)의 (2) 참조

---

54. ㉮ **55.** ㉯ **56.** ㉰ **57.** ㉯ **58.** ㉮ **59.** ㉰

60. Gray code $(011011)_G$을 binary number로 변환시키면? (정보처리 2004.5)

㉮ $(110010)_2$ ㉯ $(010110)_2$

㉰ $(010010)_2$ ㉱ $(111000)_2$

☞ 3.5.5의 1) 참조

61. 이웃하는 코드가 한 비트만 다르기 때문에 코드 변환이 용이해서 A/D 변환에 주로 사용되는 코드는? (정보처리 2004.9)(정보처리 2006.5)

㉮ Gray code ㉯ Hamming code

㉰ Excess-3 code ㉱ Alphanumeric code

☞ 3.5.5의 1) 참조

62. 넌웨이티드 코드(Non-weighted code)는? (정보처리 2004.9)

㉮ 51111 코드 ㉯ 2421 코드

㉰ 8421 코드 ㉱ 3초과 코드

☞ 3.5.5 참조

63. 데이터 통신 및 마이크로컴퓨터에서 많이 채택되고 있는 코드는? (정보처리 2004.9)

㉮ BCD 코드 ㉯ Hamming 코드

㉰ EBCDIC 코드 ㉱ ASCII 코드

☞ 3.5.2 참조

64. 10진수 12와 같지 않은 것은? (정보처리 2005.9)

㉮ 2진수 1100 ㉯ 5진수 22

㉰ 8진수 14 ㉱ 16진수 B

☞ 3.2 참조

65. 10진수 634를 BCD code로 표현하였을 때 옳은 것은? (정보처리 2003.8)(정보처리 2005.9)

㉮ 0110 0011 0100 ㉯ 0110 0011 0011

㉰ 0011 0011 0100 ㉱ 0011 0011 0011

☞ 3.5.1 참조

---

60. ㉰ **61.** ㉮ **62.** ㉱ **63.** ㉱ **64.** ㉱ **65.** ㉮

66. 십진수 6을 4bit excess-3 Gray 코드로 표현한 것은? (정보처리 2005.9)

㉮ 0110 ㉯ 1101 ㉰ 1100 ㉱ 1001

☞ 3.5.5 참조

67. 10진법의 데이터를 표현하기 위한 Packed나 Unpacked format의 일반적인 용도가 가장 올바르게 연결된 것은? (정보처리 2005.9)

㉮ Unpacked format - 10진수 입 · 출력 형식
Packed format - 10진수 입 · 출력 형식

㉯ Unpacked format - 10진수 연산 형식
Packed format - 10진수 연산 형식

㉰ Unpacked format - 10진수 입 · 출력 형식
Packed format - 10진수 연산 형식

㉱ Unpacked format - 10진수 연산 형식
Packed format - 10진수 입 · 출력 형식

☞ 3.4.1의 2) 참조

68. 데이터를 4비트 단위로 나타내는 정보단위는?
(정보처리 2001.3)(조직응용 2003.8)(정보처리 2006.5)

㉮ nibble ㉯ character
㉰ full-word ㉱ double-word

☞ 3.1 참조

69. ASCII 문자에 해당 되지 않는 것은? (정보처리 2006.5)

㉮ 제어 문자 ㉯ 영문자
㉰ 로마 숫자 ㉱ 아라비아 숫자

☞ 3.5.2 참조

70. 에러(error)를 검출 및 교정을 할 수 있는 코드는?
(정보처리 2002.3)(조직응용 2002.3)(정보처리 2003.8)

㉮ BCD ㉯ ASCII
㉰ Hamming Code ㉱ Excess-3 Code

☞ 3.5.6의 2) 참조

---

66. ㉯ **67.** ㉰ **68.** ㉮ **69.** ㉰ **70.** ㉰

71. $(396)_{10}$을 8421 Code로 변환하면? (정보처리 2006.5)

㉮ 0011 1001 0110 ㉯ 0101 1001 1000
㉰ 0011 1001 0011 ㉱ 0101 0010 1000

☞ 3.5.4의 1) 참조

72. 패리티 비트는 몇 개의 착오까지 정확히 검출이 가능한가? (정보기술 2002.8)

㉮ 2개의 착오 ㉯ 3개의 착오
㉰ 1개의 착오 ㉱ 검출할 수 없다.

73. $(101110.1101)_2$ 를 10진수로 표현 하면? (정보처리 2006.9)

㉮ 22.8125 ㉯ 46.8125
㉰ 2.28125 ㉱ 4.68125

☞ 3.2.2 참조

74. 영문자를 표현할 수 없는 코드는? (조직응용 2002.8)

㉮ 알파뉴메릭 코드 ㉯ 표준 BCD 코드
㉰ ASCII 코드 ㉱ BIQUINARY 코드

☞ 3.5 참조

75. 부 프로그램 (Sub program)에서 주 프로그램 (Main program)으로 복귀할 때 필요한 주소를 기억시키든지 혹은 산술 연산을 할 때 변수와 연산자를 기억시키는데 적합한 것은? (조직응용 2003.8)

㉮ Queue ㉯ Dequeue
㉰ Stack ㉱ Buffer

☞ 용어정의 1. 참조

76. $(11001010)_2$ 2진수에 대한 8진수 값은? (조직응용 2003.8)

㉮ 301 ㉯ 312
㉰ 401 ㉱ 412

☞ 3.3.2의 1) 참조

---

71. ㉮ **72.** ㉰ **73.** ㉯ **74.** ㉱ **75.** ㉰ **76.** ㉯

77. 정보 전송 시에 발생하는 오류의 검색 및 정정이 용이하도록 된 코드는?

(정보처리 2004.3)(조직응용 2004.3)

㉮ 해밍 코드 ㉯ 3-초과 코드

㉰ 2421 코드 ㉱ 8-4-2-1 코드

☞ 3.5.6의 2) 참조

78. 정보 전송시 발생하는 오류의 검색이 용이한 코드는? (조직응용 2004.8)

㉮ BCD code ㉯ 2421 code

㉰ EBCDIC code ㉱ Biquinary code

☞ 용어정의 4. 참조

79. 코드에 오류가 발생하면 이를 검출하고, 자체적으로 교정이 가능한 코드는?

(정보기술 2003.8)

㉮ 그레이 코드 ㉯ 3초과 코드

㉰ 해밍 코드 ㉱ EBCDIC 코드

☞ 3.5.6의 2) 참조

80. CPU에서 연산 처리된 데이터를 출력하기 위한 데이터의 형식은? (조직응용 2005.3)

㉮ pack된 10진법 형식 ㉯ pack된 2진법 형식

㉰ unpack된 10진법 형식 ㉱ unpack된 2진법 형식

☞ 3.4.1의 2) 참조

81. Excess-3 코드로 표현된 4비트 수 1000을 Gray 코드로 표현하면? (전자계산 2003.5)

㉮ 0101 ㉯ 0110

㉰ 0111 ㉱ 1001

☞ 3.5.5의 1) 참조

82. 2진수 1110.110을 10진수로 변환하면? (전자계산 2003.5)

㉮ 14.05 ㉯ 14.25

㉰ 14.55 ㉱ 14.75

☞ 3.2.2 참조

---

77. ㉮ **78.** ㉱ **79.** ㉰ **80.** ㉰ **81.** ㉰ **82.** ㉱

83. 데이터가 오직 list에 첨가되는 순서로만 처리되는 것을 무엇이라 하는가? (전자계산 2003.8)

㉮ 스택 ㉯ 큐
㉰ 데크 ㉱ 링크

☞ 3.6.1의 1) 참조

84. 다음 코드 중 그 특성이 다른 것은? (전자계산 2004.5)

㉮ BCD ㉯ 2421
㉰ Excess-3 ㉱ ASCII

☞ 3.5 참조

85. 패리티 비트의 최대 오차 검출 능력은? (전자계산 2005.5)

㉮ 1개 ㉯ 2개
㉰ 5개 ㉱ 8개

☞ 3.5.6의 1) 참조

86. 8진수 265를 16진수로 나타내면? (전자계산 2004.5)

㉮ D5 ㉯ C3
㉰ A5 ㉱ B5

☞ 3.3.2의 3) 참조

87. 7bit ASCII 코드로 숫자 31을 나타내면? (전자계산 2004.9)

㉮ 0110011 0110001 ㉯ 1000011 1000001
㉰ 1110011 1110001 ㉱ 0000011 0000001

☞ 3.5.2 참조

88. 2진수 0.101을 십진수로 나타내면? (전자계산 2005.5)

㉮ 0.2 ㉯ 0.35
㉰ 0.5 ㉱ 0.625

☞ 3.2.2 참조

---

83. ㉯ **84.** ㉱ **85.** ㉮ **86.** ㉱ **87.** ㉮ **88.** ㉱

89. 고정 소수점 숫자가 기억 장치 내에 있을 때 다음 4가지 정보 중에서 비트를 차지하지 않아도 되는 것은? (정보처리 2005.3)(조직응용 2005.3)

㉮ 소수점　　㉯ 소수
㉰ 지수　　㉱ 부호

☞ 3.4.1 참조

90. FLOATING POINT NUMBER에서 저장 비트가 필요 없는 것은? (조직응용 2003.8)(정보처리 2005.5)

㉮ 부호　　㉯ 지수
㉰ 소수점　　㉱ 소수(가수)

☞ 3.4.2 참조

91. 컴퓨터에서 수치 자료에 대한 부동소수점(floating point)표현 방식의 일반적인 형식으로 사용되는 것은? (정보처리 2005.9)

㉮ | 부호 | 지수부 | 가수부 |

㉯ | 부호 | 가수부 | 지수부 |

㉰ | 지수부 | 부호 | 가수부 |

㉱ | 가수부 | 지수부 | 부호 |

☞ 3.4.2 참조

92. 10진수 +16925를 단정도 부동 소수점 표현 방식으로 올바른 것은? (정보처리 2006.9)

㉮ 지수부 = 16진수 44(부호 +), 소수부 = 3A4D(부호 +)
㉯ 지수부 = 16진수 43(부호 +), 소수부 = 3A4B(부호 +)
㉰ 지수부 = 16진수 42(부호 +), 소수부 = 3A4C(부호 +)
㉱ 지수부 = 16진수 41(부호 +), 소수부 = 3A4E(부호 +)

☞ 3.4.2 참조

93. 컴퓨터 내부에서 2진수로 음수를 표시하는 방법이 아닌 것은? (전자계산 2004.9)

㉮ 부호와 절대값　　㉯ 부호와 코드
㉰ 1의 보수　　㉱ 2의 보수

☞ 3.4.1의 1)의 (2) 참조

---

89. ㉮　**90.** ㉰　**91.** ㉮　**92.** ㉮　**93.** ㉯

94. 다음에서 수치 자료에 대한 부동 소수점 표현(floating point representation)의 특징이 아닌 것은? (전자계산 2005.5)

㉮ 고정 소수점 표현보다 표현의 정밀도를 높일 수 있다.
㉯ 아주 작은 수와 아주 큰 수의 표현에는 부적합하다.
㉰ 수 표현에 필요한 자리수에 있어서 효율적이다.
㉱ 과학이나 공학 또는 수학적인 응용에 주로 사용되는 수 표현이다.

☞ 3.4.2 참조

95. 실수는 부동 소숫점 표현 방법으로 나타낼 때, 두 부분으로 나누어서 표시된다. 지수 부분과 다른 한 부분은? (정보기술 2003.8)

㉮ 가수 부분 ㉯ 부호 부분
㉰ 소숫점 부분 ㉱ 정규 부분

☞ 3.4.2 참조

96. 10진수 7을 4자리의 2진수로 변환한 뒤 이를 2의 보수로 표현하면? (정보기술 2004.8)

㉮ 0010 ㉯ 1001
㉰ 1000 ㉱ 1111

☞ 3.4.1의 1)의 (2) 참조

97. 35를 2진화 10진수(BCD)로 나타낸 것은? (정보기술 2004.8)

㉮ $(00110011)_{BCD}$ ㉯ $(00100000)_{BCD}$
㉰ $(00110101)_{BCD}$ ㉱ $(00100101)_{BCD}$

☞ 3.5.1 참조

98. 다음 중 에러 검출용 코드가 아닌 것은? (정보기술 2004.8)

㉮ Gray Code ㉯ Biquinary Code
㉰ 2out-of 5 Code ㉱ Hamming Code

---

94. ㉯ **95.** ㉮ **96.** ㉯ **97.** ㉰ **98.** ㉮

제 4 장

자료의 연산

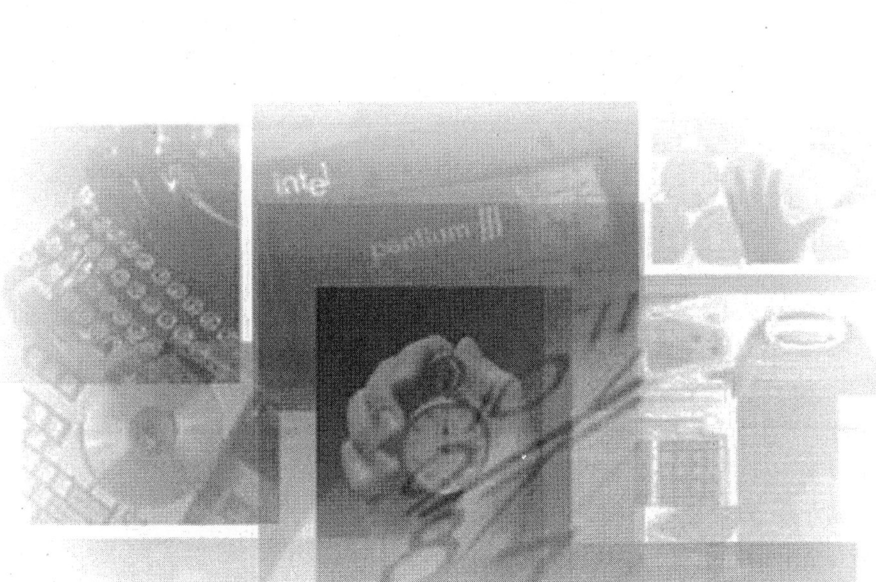

4.1 자료 연산의 개요

연산이란 외부로부터 들어오는 입력 자료, 기억 장치 내에 있는 자료 또는 CPU 내의 레지스터(register)에 있는 자료를 ALU(arithmetic and logic unit ; 산술 논리 연산 장치)를 이용해서 병렬로 처리하는 것을 의미한다. ALU의 입력은 보통 범용 레지스터들로 쓰이고, 출력은 보통 누산기(accumulator)로 사용한다.

일반적으로 수식에서 3가지의 연산자(operator)가 혼합되어 나오는데 이들 연산자의 시행 순서는 산술 연산자 → 관계 연산자 → 논리 연산자이다.

사용 자료의 성질에 따라 연산의 종류를 분류하면 논리적 연산(비수치적 연산)과 산술적·연산으로 나누어지며, 논리적 연산은 연산에 사용되는 데이터의 개수에 따라 단항(unary) 연산과 2진(binary) 연산으로 나뉘어진다.

그림 4-1 자료의 연산

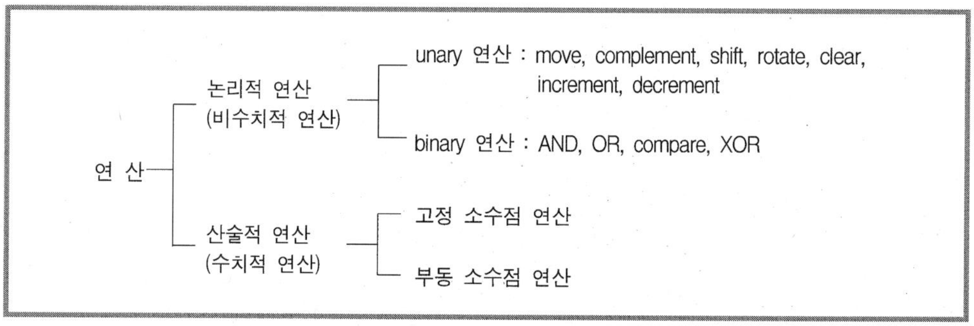

- 단항(unary) 연산은 하나의 입력 자료를 ALU가 처리하는 연산을 의미하며 move, shift, rotate, complement 등이 있다.
- 2진(binary) 연산은 두 개의 입력 자료를 ALU가 처리하는 연산을 의미하며 사칙 연산(+, −, *, /), 논리 연산(AND, OR) 등이 있다.

4.2 논리적 연산(비수치적 연산)

4.2.1 unary(단항) 연산

1) move(이동)

입력 데이터를 그대로 출력하는 것으로 다음과 같은 경우에 이용된다.

- 컴퓨터 내부에 있는 레지스터에 기억된 데이터를 다른 레지스터에 옮길 때.
- 주기억 장치에서 데이터를 읽어 레지스터로 옮길 때(load ; 로드).
- 레지스터에 있는 데이터를 주기억 장치로 옮길 때(store ; 저장).

그림 4-2 move 연산

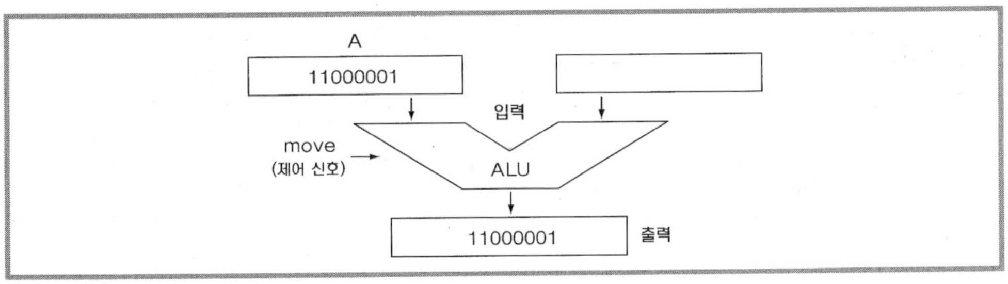

2) complement(보수)

입력 자료가 ALU를 통하여 출력에 보수 형태로 나타나는 연산으로서 논리 회로에서 인버터(inverter)와 같은 논리 연산을 수행하기 위한 연산자로 이용된다.

그림 4-3 complement 연산

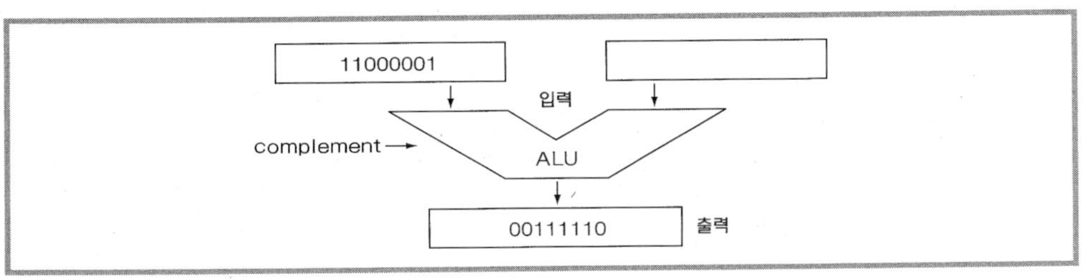

3) shift(자리 이동)

shift 연산은 한 비트씩 좌우로 자리 이동을 해서 ALU의 출력측에 나타나는 연산으로 각종 연산시 소수점을 다른 것과 맞추거나 소수점 이하의 값을 없애려는 경우에 사용된다. 좌측 시프트는 최상위 비트(MSB)가 빠져 나오고 최하위 비트(LSB)에 새로운 비트가 들어오며, 우측 시프트는 최하위 비트가 빠져 나오고 최상위 비트에 새로운 비트가 들어온다.

그림 4-4 shift 연산

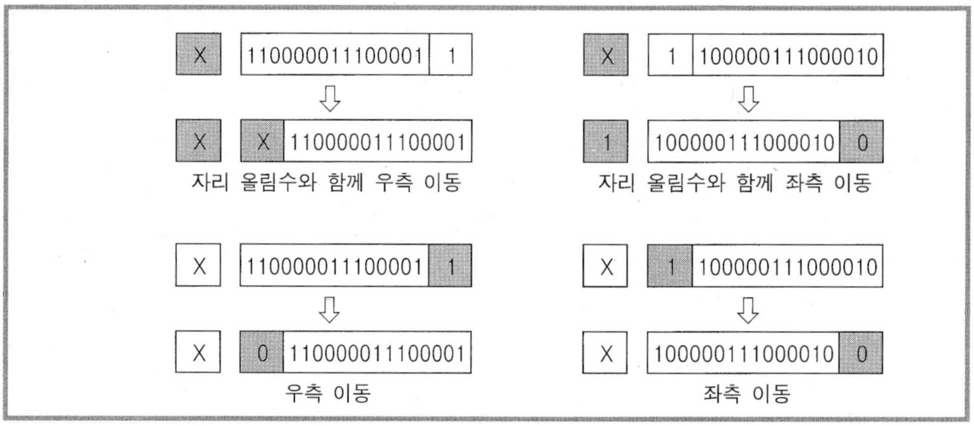

4) rotate(회전)

shift 연산과 비슷한 연산으로서 한쪽 끝에서 빠져나가는 비트가 다시 반대편 끝으로 들어오는 연산으로, 특정 위치의 비트를 시험하고 또한 문자의 위치를 교환하는 경우에 이용되며, 좌측 회전과 우측 회전이 있다.

그림 4-5 rotate 연산

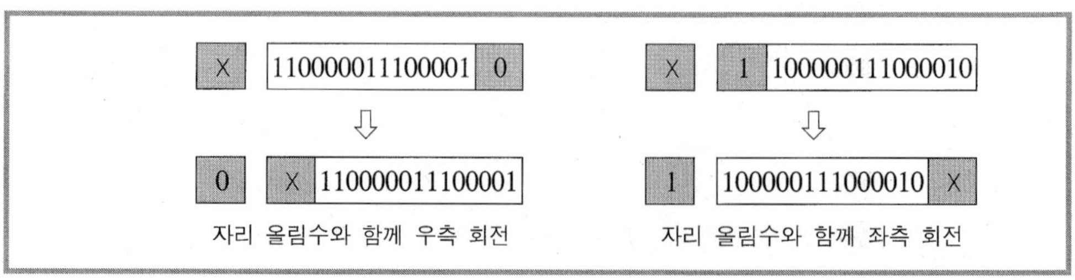

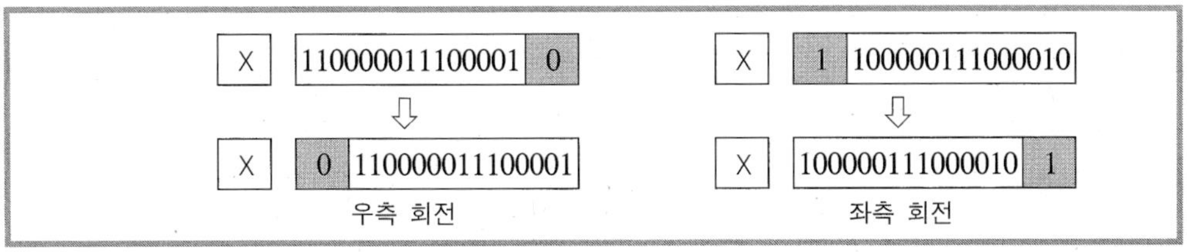

5) clear

입력 자료의 내용이 ALU를 통해서 모든 비트를 0으로 지우는 연산이다.

6) increment(증가)

입력 자료의 내용이 ALU를 통해서 1만큼 증가되는 연산으로 프로그램 카운터(PC ; program counter)나 스택 포인터(stack pointer) 등의 내용을 증가시킬 때 사용된다.

7) decrement(감소)

입력 자료의 내용이 ALU를 통해서 1만큼 감소되는 연산으로 레지스터가 초기치로부터 하향 계수되는 프로그램에 사용된다.

4.2.2 binary(2진) 연산

1) AND 연산

두 개의 입력에 대한 논리적 AND로 연산하는 것으로서 불필요한 비트나 문자를 제거할 때 사용하며 이때 삭제되는 비트를 마스크(mask)라 한다.

그림 4-6 AND 연산

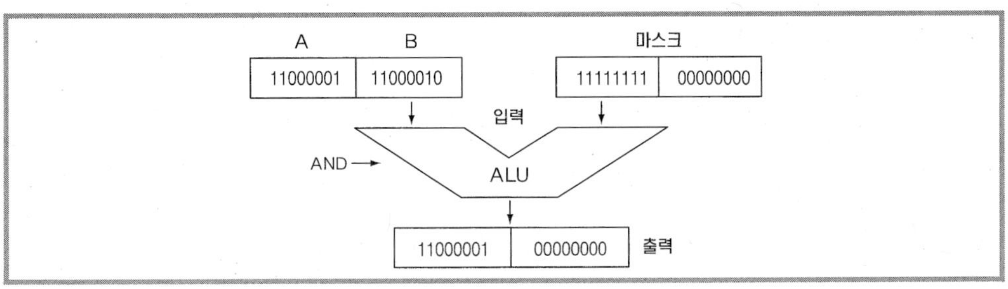

2) OR 연산

두 개의 입력에 대한 논리적 OR로 연산하는 것으로서 필요한 비트나 문자를 삽입할 때 사용한다.

그림 4-7 OR 연산

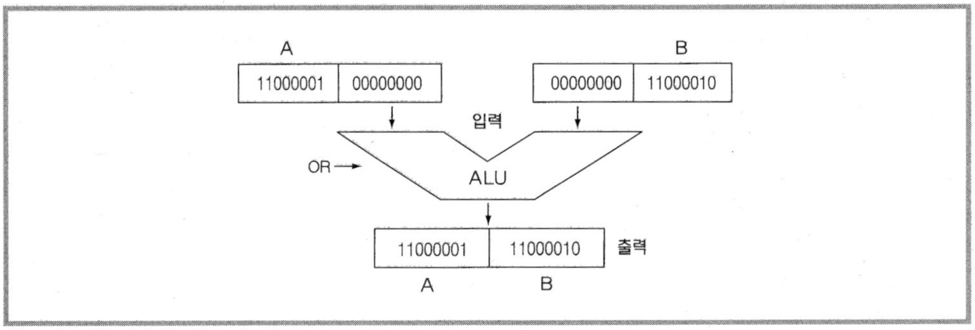

3) compare(비교) 연산

두 개의 입력이 비교되어서 출력에 나타나는 연산으로서 그 결과가 양수, 음수 또는 0인지에 따라 여러 조건 플래그(flag)에 영향을 미친다.

4) exclusive-OR 연산

두 개의 입력을 exclusive-OR 연산한 후 그 결과가 출력에 나타나는 연산이다. exclusive-OR 연산은 두 개의 입력을 비교하는 경우 또는 특정 비트의 값을 선택적으로 반전시키는 경우에 효율적으로 이용되는 연산이다.

4.3 산술적 연산(수치적 연산)

산술 연산(arithmetic operation)은 4칙 연산의 기본이 되는 것으로 자료의 표현 방식에 따라 10진수 연산과 2진수 연산으로 나뉘어진다. 또한 산술적 이동을 포함하는 2진수 연산은 고정 소수점 연산과 부동 소수점 연산으로 분류된다.

4.3.1 산술적 이동(shift)

산술적 이동에는 좌측 이동(left shift)과 우측 이동(right shift)이 있는데, 이것은 수를 나타내는 모든 비트를 지정된 방향에 따라 각각 서로 이웃한 자리로 한 자리씩 이동하는 것을 말한다. 우측 이동은 나눗셈 연산시 사용되며, 좌측 이동은 곱셈 연산시 사용된다. 8비트로 이루어진 양의 정수인 경우에 대해 살펴보면 다음과 같다.

1) 우측 이동의 경우

① 잃어버리는 비트인 LSB가 0이고, 새로 들어온 비트인 MSB가 0인 경우 우측 이동 한 결과값은 이동하기 전의 값을 2로 나눈 것과 같다.

예 $34=(00100010)_2$를 1비트 우측 이동하면, $34÷2=17=(00010001)_2$이 된다.

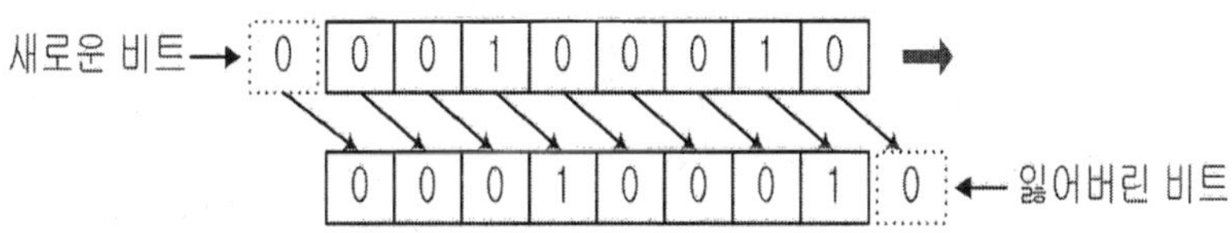

따라서 N비트 우측 이동한다면 그 결과값은 다음과 같이 표현할 수 있다.

이동한 결과값 = 이동하기 전의 값 ÷ 2^N

② 잃어버리는 비트인 LSB가 1이면, 이동하기 전의 값은 홀수이므로 2로 나누면 소수점 이하는 절단(truncation)되어 정확한 값을 얻지 못한다.

예 $137=(10001001)_2$를 1비트 우측 이동하면 $137÷2=68.5$인데, 결과는 $68=(01000100)_2$이 된다.

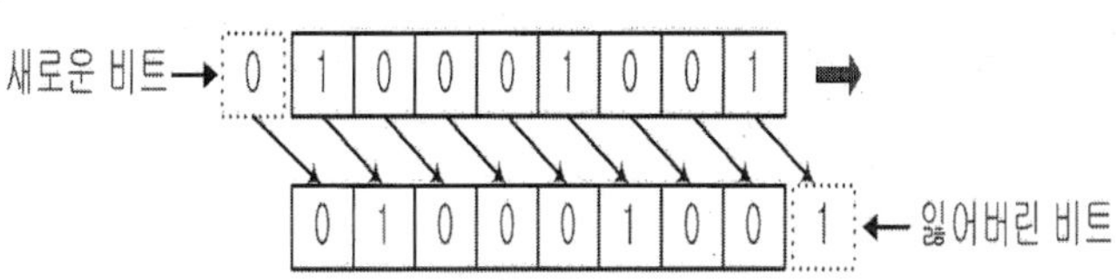

2) 좌측 이동의 경우

① 잃어버리는 비트인 MSB가 0이고, 새로 들어온 비트인 LSB가 0인 경우 좌측 이동한 결과값은 이동하기 전의 값을 2로 곱한 것과 같다.

예 34=$(00100010)_2$를 1비트 좌측 이동하면, 34×2=68=$(01000100)_2$이 된다.

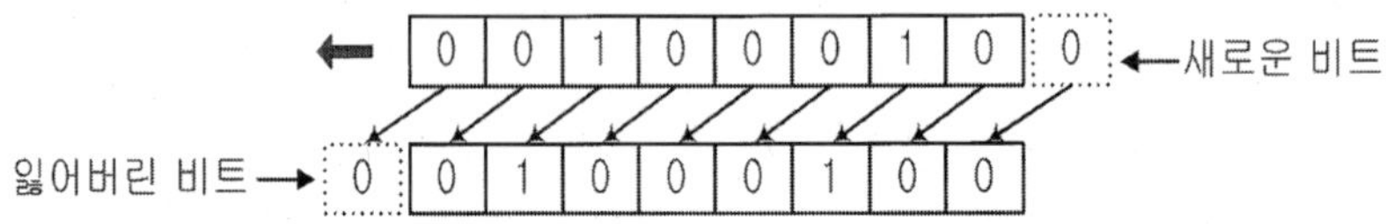

따라서 N비트 좌측 이동한다면 그 결과값은 다음과 같이 표현할 수 있다.

이동한 결과값 = 이동하기 전의 값 × 2^N

② 잃어버리는 비트인 MSB가 1이면, 곱셈 결과는 틀리게 된다.

예 137=$(10001001)_2$를 1비트 좌측 이동하면 137×2=274인데, 결과는 18= $(00010010)_2$이 된다.

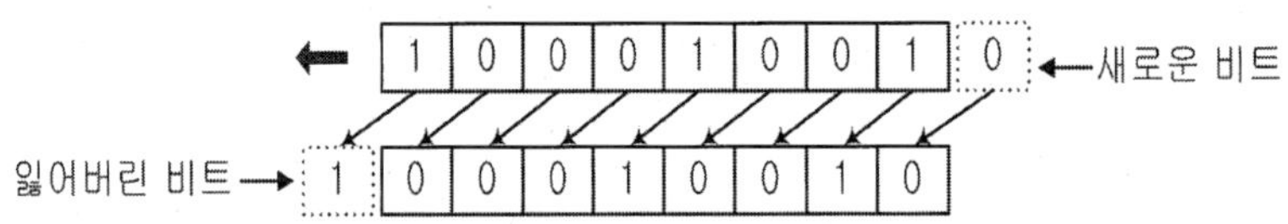

4.3.2 10진수 연산

10진수 연산은 주로 상업용 계산에 이용되며, 부호가 있는 10진수의 연산은 팩 10진수 형식의 데이터가 사용된다. 또한 10진수 연산에서는 레지스터를 사용하지 않으며 주기억 장치와 직접 연산을 행하고 그 결과도 주기억 장치에 보내어 저장한다.

4.3.3 2진수 연산

1) 고정 소수점 연산

고정 소수점 표현 방식은 소수점의 위치가 어느 특정한 위치에 고정되어 있는 것을 의미한다. 고정 소수점 연산에는 보통 범용 레지스터(general purpose register)가 필요하며, 10진수 연산에 비해 처리 속도가 빠르다.

고정 소수점 표현 방식에서는 부호와 절대값, 1의 보수 그리고 2의 보수에 의한 방법이 있는데 이들 각각의 연산 방법은 다음과 같다.

(1) 덧 셈

2진수의 덧셈은 보통의 덧셈과 같이 합하는 두 수의 서로 대응하는 비트끼리 합하는 것이다. 즉 2진수 덧셈에서의 규칙은 0+0=0, 0+1=1, 1+0=1, 1+1에서는 합은 0이고 자리올림수 1이 발생한다. 주의할 사항은 덧셈 결과가 레지스터에 나타낼 수 있는 최대수보다 큰 값이 되는 경우인데 이러한 현상을 범람(overflow) 현상이라고 한다.

범람 현상은 (양수)+(양수)의 결과가 음수로 나타나거나 (음수)+(음수)의 결과가 양수로 나타나며, (양수)+(음수)의 경우와 (음수)+(양수)의 경우에는 발생하지 않는다.

① 부호와 절대값인 경우

이 경우의 합산은 합하고자 하는 두 수의 부호가 동일한 경우에만 합한다. 최대 유효 비트(MSB)를 합한 결과 자리 올림수가 발생하면 범람 현상이 발생한다.

예 1. 18+6의 연산

```
    0 0010010     (18)
+ | 0 0000110     ( 6)
  ---------------
    0 0011000     (24)
```

2. −18+(−6)의 연산

```
    1 0010010     (−18)
+ | 1 0000110     ( −6)
  ---------------
    1 0011000     (−24)
```

3. 70+65의 연산

```
    0 1000110     (70)
+ | 0 1000001     (65)
  ---------------
    1 0000111     (−7)
    ↑          ↖ 범람 현상으로 인해 틀린 결과값
 자리 올림수 발생
```

② 부호와 1의 보수인 경우

계산 결과가 양수인 경우	계산 결과가 음수인 경우
• 부호 비트에서 자리 올림수가 발생하면 최소 유효 비트에 1을 더한다.	• 부호 비트에서 자리 올림수가 발생하면 최소 유효 비트에 1을 더한 후 1의 보수로 환원한다. • 부호 비트에서 자리 올림수가 발생하지 않으면 1의 보수로 환원한다.

예 1. 18+5의 연산

```
    0 0010010   (18)
+ | 0 0000101   ( 5)
    0 0010111   (23)
```

2. −18+66의 연산

```
      1 1101101   (−18)  ← 1의 보수를 취한 값
  + | 1 1000010   ( 66)
(1)   0 0101111
   ↘
  + |         (1)
      0 0110000   ( 48)
```

③ 부호와 2의 보수인 경우

계산 결과가 양수인 경우	계산 결과가 음수인 경우
• 부호 비트에서 자리 올림수가 발생하면 자리 올림수를 무시한다.	• 부호 비트에서 자리 올림수가 발생하면 자리 올림수를 무시하고 2의 보수로 환원한다. • 부호 비트에서 자리 올림수가 발생하지 않으면 2의 보수로 환원한다.

예 1. 18+5의 연산

```
    0 0010010   (18)
+ | 0 0000101   ( 5)
    0 0010111   (23)
```

2. −18+(66)의 연산

```
      1 1101110   (−18)  ← 2의 보수를 취한 값
  + | 1 1000010   ( 66)
  1   0 0110000   ( 48)
  ↑
올림수 무시
```

(2) 뺄 셈

2진수 뺄셈에서의 규칙은 0-0=0, 1-0=1, 1-1=0이고 0-1에서는 차는 1이고 자리 내림수 1이 발생한다. 그러나 컴퓨터 내부에서 2진수 감산은 보수(complement)를 이용하여 감산을 행한다. 여기에는 1의 보수를 이용하는 방법과 2의 보수를 이용하는 방법이 있다. $(01010110)_2$에 대한 보수를 구하는 방법은 모든 0을 1로 바꾸고, 1은 0으로 바꾸면 1의 보수 10101001이 되고 이것에 1을 더하면 2의 보수 10101010가 된다.

① 부호와 절대값인 경우

두 수의 부호가 다를 경우, 즉 (양수)−(음수)와 (음수)−(양수)의 경우에는 2진수에서의 뺄셈과 동일한 방법으로 하며, 그 이외의 경우에는 절대값이 큰 수를 앞에 놓이도록 하여 감산하고 부호는 큰 수의 부호를 따른다.

예 1. 18−5의 연산은 18−(+5)와 같이 수행한다.

```
    0 0010010   (18)
−   0 0000101   ( 5)
    ---------
    0 0001101   (13)
```

2. −18+5의 연산은 −18−(−5)와 같이 수행한다.

```
    1 0010010   (−18)
−   1 0000101   ( −5)
    ---------
    1 0001101   (−13)
```

② 부호와 1의 보수인 경우

빼는 수(감수)의 1의 보수를 취해서 피감수에 합한다.

예 1. 18−5의 연산은 18+(−5)와 같이 수행한다.

```
     0 0010010   ( 18)
+    1 1111010   ( −5)   ← 1의 보수를 취한 값
     ---------
(1)  0 0001100
 ↘
+          (1)
     ---------
     0 0001101   ( 13)
```

2. −18−5의 연산은 −18+(−5)와 같이 수행한다.

```
     1 1101101   (−18)   ← 1의 보수를 취한 값
+    1 1111010   ( −5)   ← 1의 보수를 취한 값
     ---------
(1)  1 1100111
 ↘
+          (1)
     ---------
     1 1101000   (−23)   ← 1의 보수를 취한 값
```

③ 부호와 2의 보수인 경우

감수의 2의 보수를 취해서 피감수에 합한다.

예 1. 18−5의 연산은 18+(−5)와 같이 수행한다.

```
     0 0010010   ( 18)
+    1 1111011   ( −5)   ← 2의 보수를 취한 값
     ---------
1    0 0001101
↑
올림수 무시
```

2. −18−5의 연산은 −18+(−5)와 같이 수행한다.

```
     1 1101110   (−18)   ← 2의 보수를 취한 값
+    1 1111011   ( −5)   ← 2의 보수를 취한 값
     ---------
1    1 1101001   (−23)   ← 2의 보수를 취한 값
↑
올림수 무시
```

(3) 곱 셈

2진수 곱셈에서의 규칙은 0×0=0, 1×0=0, 0×1=0, 1×1=1이다. 곱셈은 왼쪽으로의 자리 이동(left shift)으로 연산된다. 예를 들면 다음과 같다.

```
      101
  ×   110
  -------
      000
     101    ← 한 자리 이동
  + 101     ← 두 자리 이동
  -------
    11110
```

곱셈은 승수 만큼의 덧셈을 반복한 것으로서 가산기와 시프트 동작에 의해 수행된다.

일반적으로 2^N을 곱한 것은 산술적 이동을 N 비트 좌측 이동한 것과 같으므로 LSB 비트 다음부터 승수의 비트가 0인지 또는 1인지를 검사하여 피승수를 좌측으로 산술적으로 이동하면 된다. 곱셈의 알고리즘을 도식화하면 그림 4-8과 같다.

그림 4-8 곱셈 알고리즘

X∗Y = Z

[단계 1] Z ← 0 (초기화)

[단계 2] Y=0 이면 끝. 아니면 [단계 3]을 수행

[단계 3] Z ← Z+X, Y ← Y−1, [단계 2]를 수행

(4) 나눗셈

2진수 나눗셈은 나누는 수(피제수)와 나누어지는 수(제수)를 맞춘 후 감산과 오른쪽으로의 자 이동(right shift)의 반복에 의하여 산출된다. 예를 들면 다음과 같다.

```
    6              110
5 ⟌30        101 ⟌11110
    30              101
    --              -----
     0               101
                     101
                    -----
                     0000
```

제수를 피제수에서 계속 빼어 피제수가 제수보다 작아지거나 1이 될 때, 뺀 횟수가 몫이 되고 빼고 남은 피제수가 나머지가 된다. 나눗셈의 알고리즘을 도식화하면 그림 4-9와 같다.

그림 4-9 나눗셈 알고리즘

```
           X/Y ⇨ 몫 : Q, 나머지 : R
[단계 1]  Q ← 0
[단계 2]  X≥Y이면 X ← X−Y, Q ← Q+1, [단계 2]를 반복 수행
          X<Y이면 [단계 3]을 수행
[단계 3]  R ← X, 끝.
```

2) 부동 소수점 연산

부동 소수점 표현 방식은 부호, 지수 부분, 가수 부분으로 구성되어 있으므로 부동 소수점 연산은 지수 부분과 가수 부분의 각각에 대해서 연산하여야 한다.

(1) 덧셈과 뺄셈

두 개의 수의 지수 부분을 일치시키고, 이에 따른 가수 부분을 조정한 후 연산을 한다. 즉 지수의 비교 → 가수의 정렬 → 가수의 덧셈 → 정규화 순으로 연산한다. 이때 지수 부분의 일치는 지수가 큰 쪽에 일치시킨다.

(2) 곱셈과 나눗셈

가수 부분은 고정 소수점 연산 방법을 따르고 지수 부분은 곱셈의 경우 곱하는 수들의 지수 부분을 더하여 곱셈의 지수 부분을 연산하고, 나눗셈의 경우는 피제수의 지수 부분에서 제수의 지수 부분을 뺀 것이 된다. 즉 곱셈순서는 0인지 조사 → 지수의 가산 → 가수의 곱셈 → 정규화 순으로 하고, 나눗셈 순서는 0인지 조사 → 지수의 감산 → 가수의 나눗셈 → 정규화 순으로 한다.

4.3.4 8진수, 16진수 연산

1) 덧셈 · 뺄셈

8진수 · 16진수 덧셈, 뺄셈은 10진수의 덧셈, 뺄셈과 동일한 방법으로 수행한다. 예를 들면 다음과 같다.

$$\begin{array}{lr} & 1A1D_{16} \\ - & A7E_{16} \\ \hline & A7E_{16} \end{array} \qquad \begin{array}{lr} & 256_8 \\ + & 542_8 \\ \hline & 1020_8 \end{array}$$

2) 곱셈 · 나눗셈

8진수 · 16진수 곱셈과 나눗셈은 10진수로 변환한 후 곱셈과 나눗셈을 수행하여 이를 다시 8진수, 16진수로 변환한다.

요약

10진수 연산, 2진수 연산의 고정 소수점 연산과 부동 소수점 연산에서 부호와 절대값 표현에서의 4칙 연산은 가산기와 감산기가 있어야 되지만, 1의 보수와 2의 보수의 표현에서는 가산기와 산술적 이동만으로 4칙 연산을 수행할 수 있다.

기출문제 자료의 연산

1. 단항 연산자(Unary operation)가 아닌 것은? (정보처리 2004.9)

㉮ ROTATE ㉯ COMPLEMENT
㉰ AND ㉱ SHIFT

☞ 4.2.1 참조

2. 다음 중 바이너리(binary)연산자는? (정보처리 2005.9)

㉮ ROTATE ㉯ COMPLEMENT
㉰ OR ㉱ SHIFT

☞ 4.2.2 참조

3. 다음 연산자 중 연산의 성격상 기능이 다른 하나는? (정보기술 2004.8)

㉮ COMPLEMENT ㉯ OR
㉰ AND ㉱ EXCLUSIVE OR

☞ 4.2.1 참조

4. 부동소수점 표현의 수들 사이의 곱셈 알고리즘 과정에 해당되지 않는 것은? (정보처리 2001.6)

㉮ 0인지 여부를 조사한다. ㉯ 가수의 위치를 조정한다.
㉰ 가수를 곱한다. ㉱ 결과를 정규화한다.

☞ 4.3.3의 2) 참조

5. A 레지스터 내용이 [11010100] 이고, B 레지스터 내용이 [10101100] 일 때 A와 B의 AND 연산 결과는? (정보처리 2003.3)(조직응용 2003.3)

㉮ 11010100 ㉯ 10101100
㉰ 10000100 ㉱ 11111100

☞ 4.2.2의 1) 참조

---

1. ㉰ 2. ㉰ 3. ㉮ 4. ㉯ 5. ㉰

6. 다음 중 기능이 다른 연산자는? (정보처리 2004.3)(조직응용 2004.3)

㉮ COMPLEMENT ㉯ OR
㉰ AND ㉱ EXCLUSIVE OR

☞ 4.2.1 참조

7. 비수치적 연산을 설명한 것으로 옳은 것은? (정보처리 2005.3)(조직응용 2005.3)

㉮ AND 연산은 레지스터 내에 특정 비트를 삽입하기 위한 연산으로 주로 사용된다.
㉯ X-OR 연산은 레지스터 내의 모든 비트를 0으로 클리어(clear)할 때 사용하는 연산이다.
㉰ COMPLEMENT 연산은 자료의 특정 비트 혹은 문자를 삭제하고자 할 때 사용된다.
㉱ MOVE 연산은 특정 레지스터의 내용을 다른 레지스터로 옮기고자 하는 경우 사용한다.

☞ 4.2 참조

8. 논리 연산만으로 짝지어진 것은? (정보처리 2005.5)

㉮ MOVE, AND, COMPLEMENT ㉯ ROTATE, ADD, SHIFT
㉰ MOVE, EXCLUSIVE OR, SUBTRACT ㉱ MULTIPLY, AND, DIVIDE

☞ 4.2 참조

9. 2개 이상의 자료를 섞을 때(문자삽입 등)의 사용에 편리한 연산자는? (정보처리 2006.3)

㉮ MOVE 연산 ㉯ 보수연산
㉰ AND 연산 ㉱ OR 연산

☞ 4.2.2의 2) 참조

10. 고정 소수점 방식으로 가산이나 감산을 하려고 한다. 가장 처음 수행되는 것은? (정보처리 2006.9)
(단, 큰 수는 A, 작은 수를 B라 가정)

㉮ A와 B의 크기를 비교한다. ㉯ A - B를 수행한다.
㉰ B - A를 수행한다. ㉱ 두 수의 부호를 판단한다.

☞ 4.3.3의 1) 참조

11. 비트 스트링의 일부분 또는 전체를 마스킹 할 때, 사용하는 연산은? (조직응용 2003.8)

㉮ Move ㉯ AND
㉰ OR ㉱ Complement

☞ 4.2.2의 1) 참조

---

6. ㉮ **7.** ㉱ **8.** ㉮ **9.** ㉱ **10.** ㉱ **11.** ㉯

12. 단항(Unary) 연산을 행하는 것은? (정보처리 2005.3)(조직응용 2005.3)

㉮ SHIFT ㉯ AND
㉰ OR ㉱ 4칙 연산

☞ 4.2.1 참조

13. Shift, Complement는 연산자 기능 중 어디에 해당되나? (조직응용 2004.8)

㉮ 함수 연산 기능 ㉯ 제어 기능
㉰ 전달 기능 ㉱ 입・출력 기능

☞ 4.2.1 참조

14. 8 비트로 나타낸 부호와 2의 보수 표현 -36_{10}을 좌측으로 한 비트 산술 시프트 하면 그 결과는? (전자계산 2002.5)

㉮ 11011100 ㉯ 10111000
㉰ 01000111 ㉱ 11101100

☞ 4.3.1의 2) 참조

15. 하나의 입력 자료를 ALU가 처리하는 연산을 의미하는 것은? (전자계산 2002.5)

㉮ unary 연산 ㉯ floating-point 연산
㉰ binary 연산 ㉱ fixed-point 연산

☞ 4.1 참조

16. 비수치적 연산(논리 연산) 방식에 속하지 않는 것은? (전자계산 2002.9)(전자계산 2004.9)

㉮ MOVE ㉯ Shift
㉰ Rotate ㉱ ADD

☞ 4.2.1 참조

17. 논리적 연산에 사용되는 연산자가 아닌 것은? (전자계산 2003.8)

㉮ AND ㉯ Shift
㉰ NOT ㉱ OR

☞ 4.2.2 참조

---

12. ㉮ **13.** ㉮ **14.** ㉯ **15.** ㉮ **16.** ㉱ **17.** ㉯

18. binary 연산을 표시하는 것은? (전자계산 2005.5)

㉮ Complement ㉯ shift
㉰ AND ㉱ Rotate

☞ 4.2.2 참조

19. 다음 출력 결과는? (정보기술 2003.8)

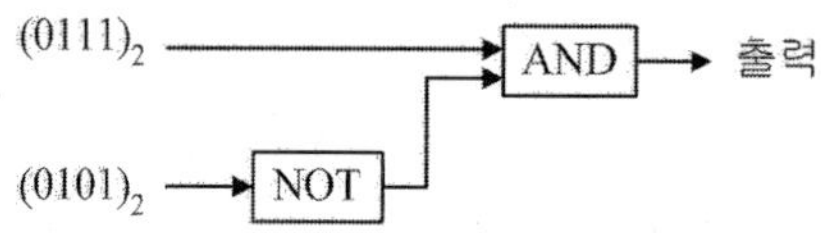

㉮ (0000)2 ㉯ (0101)2
㉰ (1111)2 ㉱ (0010)2

☞ 4.2.2의 1) 참조

20. 곱셈과 나눗셈에 보조적으로 이용되거나 그 자체로써 특수한 곱셈과 나눗셈을 수행하는 연산은? (전자계산 2003.8)

㉮ 산술적 Shift ㉯ 로테이트
㉰ 논리적 Shift ㉱ ADD

☞ 4.2.1의 3) 참조

21. 이항연산을 하는 연산자가 아닌 것은? (정보처리 2006.9)

㉮ Complement ㉯ AND
㉰ OR ㉱ XOR

☞ 4.2.2 참조

22. 어느 자료의 일부분 또는 자료 전체를 지울 때 사용하는 연산은? (정보기술 2002.8)(전자계산 2004.5)

㉮ Move ㉯ AND
㉰ OR ㉱ Complement

☞ 4.2.2의 1) 참조

---

18. ㉰ **19.** ㉱ **20.** ㉮ **21.** ㉮ **22.** ㉯

23. 비수치 데이터에서 마스크를 이용하여 불필요한 부분을 제거하는데 사용되는 연산은?
(전자계산 2004.9)

㉮ OR ㉯ AND
㉰ NOR ㉱ XOR

☞ 4.2.2의 1) 참조

24. 다음과 같은 알고리즘이 나타내는 연산은? (정보기술 2002.8)(전자계산 2004.9)

① N ← 0
② Y=0이면 끝, 아니면 ③을 수행
③ N ← N+X, Y=Y-1하고 ②로 점프(jump)

㉮ 덧셈 ㉯ 뺄셈
㉰ 곱셈 ㉱ 나눗셈

☞ 4.3.3의 1)의 (3) 참조

25. A=01010101, B=10101010 일때 A와 B의 불곱(boolean product)은? (전자계산 2005.5)

㉮ 00000000 ㉯ 01010101
㉰ 10101010 ㉱ 11111111

☞ 4.2.2의 1) 참조

26. 레지스터에 있는 내용을 왼쪽으로 2비트 시프트 시키는 기능과 관계있는 것은?
(정보처리 2001.3)(조직응용 2005.3)

㉮ 제어 기능 ㉯ 연산 기능
㉰ 전송 기능 ㉱ 레지스터 기능

☞ 4.3.1의 2) 참조

27. 일반적으로 수식에서 3가지의 연산자(operator)가 혼합되어 나오는데 이들 연산자의 시행 순서가 옳은 것은? (정보처리 2005.3)(조직응용 2005.3)

㉮ 산술 연산자 → 관계 연산자 → 논리 연산자
㉯ 산술 연산자 → 논리 연산자 → 관계 연산자
㉰ 관계 연산자 → 산술 연산자 → 논리 연산자
㉱ 논리 연산자 → 관계 연산자 → 산술 연산자

☞ 4.1 참조

---

23. ㉯ **24.** ㉰ **25.** ㉮ **26.** ㉯ **27.** ㉮

28. 컴퓨터의 연산장치에서 2개의 자료 11011101, 01101101을 Exclusive-OR 연산하였을 때의 결과는? (정보처리 2001.9)(정보처리 2004.3)(조직응용 2004.3)

㉮ 01001111 ㉯ 10110000
㉰ 11111101 ㉱ 01001101

☞ 4.2.2의 4) 참조

29. 레지스터에 저장되어 있는 몇 개의 비트를 1로 하기 위해서는 그 장소에 x를 가진 데이터를 y 연산을 하면 된다. 이 때 x와 y는? (정보처리 2002.3)(조직응용 2002.3)

㉮ x=0, y→AND ㉯ x-1, y→AND
㉰ x=1, y→OR ㉱ x=0, y→OR

☞ 4.2.2의 2) 참조

30. 컴퓨터의 연산에서 Unary 연산에 속하는 것은? (조직응용 2004.8)

㉮ Complement ㉯ Subtract
㉰ Exclusive OR ㉱ Multiply

☞ 4.2.1 참조

31. 비교(compare) 동작과 같은 동작을 하는 논리 연산은?
(정보처리 2001.3)(정보처리 2003.3)(조직응용 2003.3)

㉮ 마스크(mask) 동작 ㉯ OR 동작
㉰ 배타적(exclusive) ㉱ AND 동작

☞ 4.2.2의 4) 참조

32. 부동소수점 표현의 수치 자료 2개에 대하여 합산을 할 때, 두 자료의 지수 베이스(base)는 같고, 지수 크기가 다르다면 지수를 어느 쪽에 일치시켜 계산해야 하는가?
(정보처리 2002.3)(조직응용 2002.3)(조직응용 2005.3)

㉮ 지수가 큰 쪽에 일치시킨다.
㉯ 지수가 작은 쪽에 일치시킨다.
㉰ 어느 쪽에 일치시켜도 상관없다.
㉱ 큰 쪽과 작은 쪽의 평균값에 일치시킨다.

☞ 4.3.3의 2) 참조

---

28. ㉯ 29. ㉰ 30. ㉮ 31. ㉰ 32. ㉮

33. 다음 세 가지 연산자가 혼합되어 나오는 식에서 시행(연산) 순서가 옳은 것은?

(전자계산 2003.5)

① : 관계연산자　② : 산술연산자　③ : 논리연산자

㉮ ①-③-②　㉯ ②-③-①

㉰ ②-①-③　㉱ ①-②-③

☞ 4.1 참조

34. 연산의 종류를 unary 연산과 binary 연산으로 구별할 때 binary 연산을 하는 연산자가 아닌 것은?

(조직응용 2002.8)(정보처리 2005.5)

㉮ Complement　㉯ OR

㉰ AND　㉱ Exclusive OR

☞ 4.2.2 참조

35. 아래 그림과 같이 A, B 레지스터에 있는 2개의 자료에 대해 ALU에 의한 OR 연산이 이루어 졌을 때 그 결과가 출력되는 C 레지스터의 내용은?

(정보기술 2002.8)

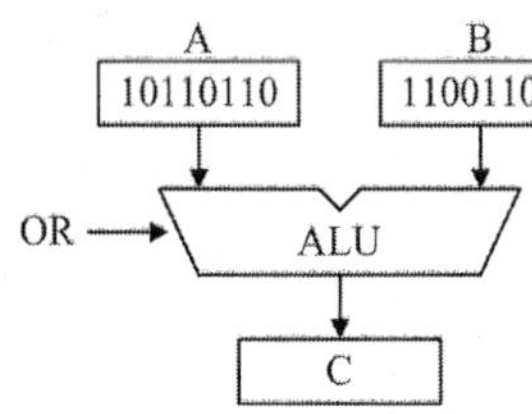

㉮ 10000000　㉯ 10110110

㉰ 11111110　㉱ 11101110

☞ 4.2.2의 2) 참조

36. 8비트 데이터 11011010에 11110000을 논리적으로 AND(즉, MASK)하면 그 결과는?

(정보기술 2004.8)

㉮ 11010000　㉯ 00001010

㉰ 00100101　㉱ 00000000

☞ 4.2.2의 1) 참조

---

33. ㉰　34. ㉮　35. ㉰　36. ㉮

제 5 장

중앙 처리 장치

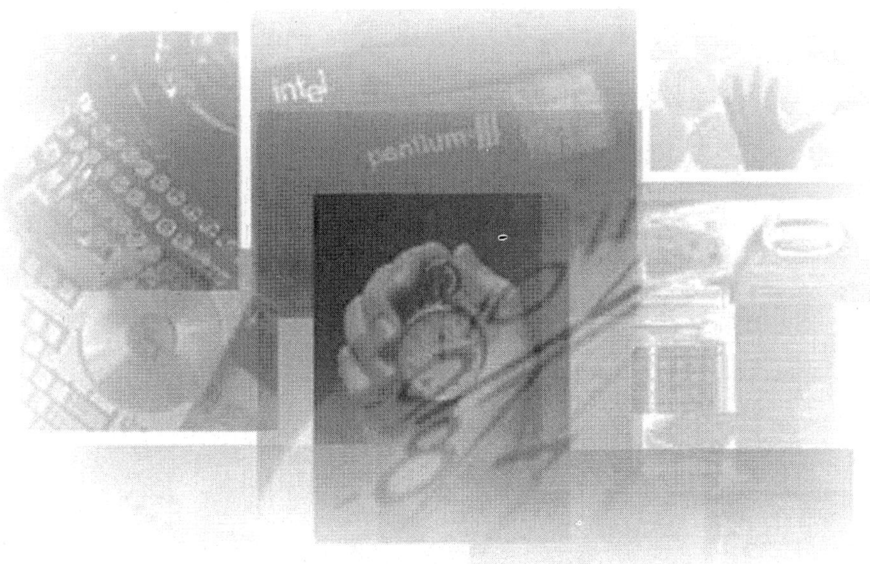

5.1 중앙 처리 장치의 구성

컴퓨터의 가장 중추적인 기능을 수행하는 중앙 처리 장치(CPU ; centural processing unit)는 크게 연산 장치, 제어 장치, 기억 기능을 갖는 레지스터부, 중앙 처리 장치내 데이터의 이동 및 제어 기능의 버스(bus)들로 구성된다.

그림 5-1 중앙 처리 장치(CPU)의 내부 구조

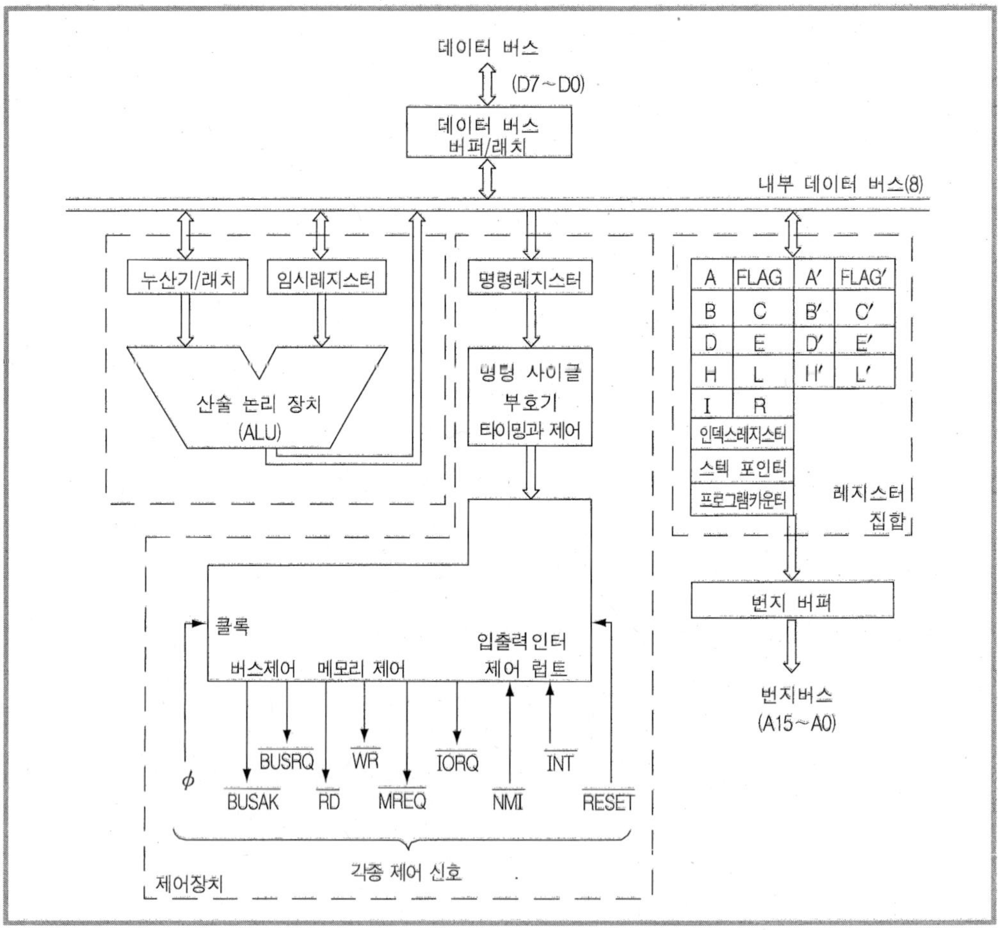

연산 장치는 산술 및 논리 연산을 수행하는 장치로서 산술 논리 장치(ALU ; arithmetic logic unit)라고도 부르며, 레지스터, 플립플롭(flip-flop) 등으로 구성된다.

제어 장치는 중앙 처리 장치의 모든 기능을 제어하는 시스템으로서 명령 레지스터,

기계 사이클(machine cycle) 부호기, 타이밍과 제어기 등으로 구성된다.

레지스터부는 중앙 처리 장치 내의 각종 데이터를 임시로 저장하는 기억 기능과 프로그램 또는 데이터를 주기억 장치에 저장·호출하는 주소 및 연산을 위한 임시 데이터 등을 저장하는 레지스터로 구성된다.

내부 버스(bus)는 중앙 처리 장치와 기억 장치, 주변의 입출력 장치 사이에서 정보를 전송하기 위한 통로로서 그 전송 속도는 중앙 처리 장치의 기능과 더불어 컴퓨터의 성능을 좌우하는 중요한 기능을 수행한다.

Zilog사의 Z-80 마이크로프로세서에 대한 중앙 처리 장치(CPU)의 구성을 표시하면 그림 5-1과 같다. 이 그림의 중앙 처리 장치의 내부 구조는 제1세대 컴퓨터인 IAS (institute for advanced study)의 전형적인 구조로서 폰 노이만(Von Neumann)과 그의 동료들이 제안하였다고 하여 폰 노이만 컴퓨터라고 부른다.

그림 5-2
폰 노이만형 컴퓨터의 기본 동작

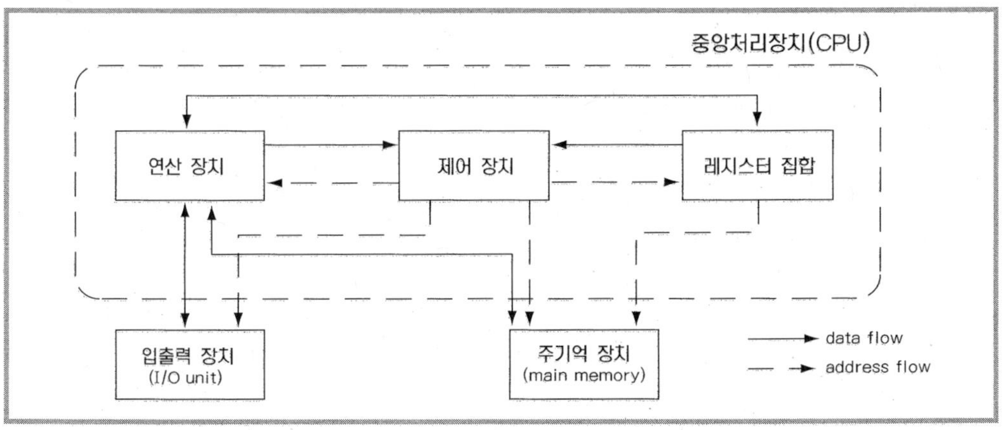

데이터, 제어 흐름을 통하여 중앙 처리 장치 내부 구조의 기본 동작을 살펴 보면 다음과 같다.

① 중앙 처리 장치의 제어 장치는 입력 장치로부터 사용자의 컴퓨터를 처리하기 위한 명령을 받는다.
② 제어 장치는 명령을 분석하여 산술 또는 논리 연산을 연산 장치에 지시한다.
③ 연산 장치에서 얻어진 연산 결과를 레지스터에 일시 저장한 후에 레지스터에서 가리키는 주기억 장치의 저장 공간을 찾는다.
④ 주기억 장치의 해당 공간에 저장함과 동시에 연산 결과를 프린터 또는 터미널

(CRT) 등의 출력 장치에 출력한다.

⑤ 중앙 처리 장치는 다시 ①로 되돌아가 다음 명령을 받아서 위의 과정을 반복한다.

5.2 연산 논리 장치

중앙 처리 장치에서 실제로 데이터를 연산(arithmetic) 처리하고, 데이터의 크기를 비교・판단하는 논리(logical) 기능을 수행하는 요소는 연산 논리 장치(ALU ; arithmetic logical unit)이다.

연산 장치는 가산, 감산 등의 4칙 연산(+, −, *, /), 비교 및 판단의 논리 연산(OR, AND, XOR 등) 기능을 수행하기 위하여 누산기(accumulator), 가산기(adder), 계수기(counter), 보수기(complementor), 상태 레지스터(flag flip-flop 또는 PSW; Program Status Word)와 몇 개의 레지스터로 구성된다.

누산기(①, accumulator)는 연산될 내용 즉, 피연산자(operand)를 기억 장치로부터 읽어와서 데이터를 우선 저장하는 임시 보관 레지스터들로서 산술 또는 연산에 사용된다. 이 누산기에 저장된 데이터와 임시 레지스터(②)에 저장된 데이터를 갖고 연산 논리 장치(③, ALU)에서 연산 및 논리를 수행하고, 그 결과를 내부 데이터 버스를 통해 기억 장치 또는 누산기(①, A 레지스터라고도 부름)에 송출한다.

그림 5-3 연산 논리 장치의 내부 구조

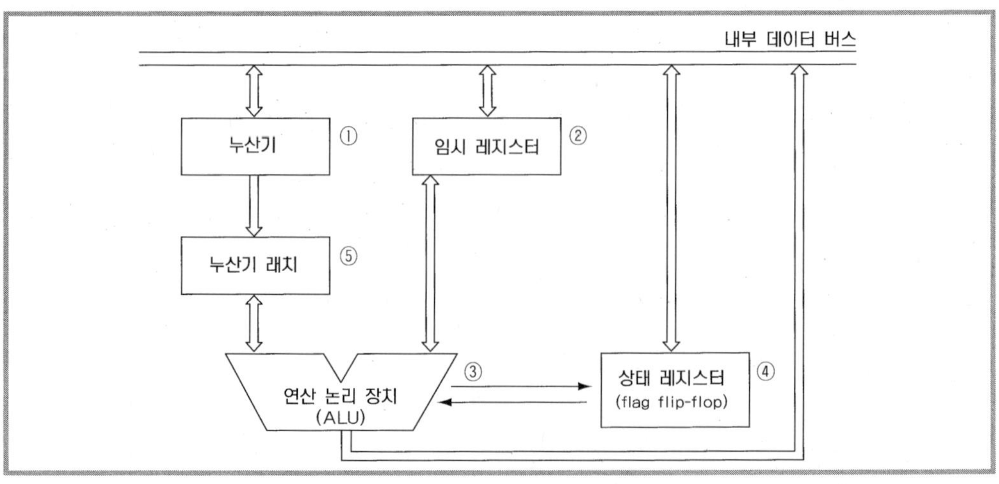

누산기는 다른 일반적인 레지스터와 구별되며, 누산기 래치(⑤, accumulator latch)는 누산기의 내용을 임시 기억하는 곳으로서 새로운 값이 들어오기 전까지 현재의 값을 보관한다.

상태 레지스터(④, flag flip-flop)는 연산 논리 장치에서 연산 결과의 상태를 나타내는 레지스터로 산술 논리 장치가 수행될 때마다 그 계산 결과에 따라 값이 변한다.

상태 레지스터의 각 비트(bit)는 각각의 계산 결과를 나타내는 조건 플래그(flag)로서 그 상태에 따라 세트('1')와 리셋('0')으로 표시된다.

그림 5-4 상태 레지스터(flag flip-flop)의 구성

D7	D6	D5	D4	D3	D2	D1	D0
S	Z		AC		P/V		C

- C(carry) : 자리 올림 플래그
- Z(zero) : 결과값의 제로(0) 플래그
- S(sign) : 부호 플래그
- P(parity) : 패리티 플래그, V(overflow) : 오버플로우 플래그
- AC(auxiliary carry) : 보조 자리 올림 플래그(네번째 bit(D3))의 자리 올림

- ADD A, B 경우의 상태 레지스터의 변화
  - A=00100001, B=11111111이다.
  - A+B의 결과는 00100000 이며 MSB에서 한 bit의 자리 올림이 발생한다.
  - 상태 레지스터는 C=1, Z=0, S=0, AC=1로 변한다.

5.3 중앙 처리 장치의 내부 버스

중앙 처리 장치의 내부에서 연산, 제어 등의 기능과 입출력 장치와의 상호 접속(interface)을 하기 위해서는 다음과 같은 신호들이 요구된다.

- 각 장치들 및 구성 시스템들을 제어하기 위한 제어 신호(control signal)
- 메모리에 있는 데이터를 호출하거나 입력 장치로부터 데이터를 읽어와서 저장·연산하는 데이터 신호(data signal)
- 메모리에 데이터를 저장·호출할 때 그 데이터의 저장·호출 장소를 가리키는

어드레스 신호(address signal)

컴퓨터 내부에 있는 위의 많은 신호들을 같은 기능의 신호별로 묶어 버스(bus)를 만든다. 이와 같이 버스를 구성하는 것은 신호선(signal line)의 수를 줄이므로 같은 시간에 많은 양의 신호를 동시에 빠른 속도로 전송하며 배선의 구조를 간단히 하기 위함이다.

> **예** 8bit인 네 개의 레지스터가 있을 경우 레지스터 간을 병렬로 연결할 때와 직렬로 연결할 때의 전송선의 수는 각각 8bit, 32bit가 된다. 이에 따라 병렬로 연결하는 경우에는 전송선을 공유하므로 전송선의 수가 줄어지고, 전송 속도가 빠르게 된다.

5.3.1 어드레스 버스(address bus)

데이터가 저장된 또는 저장될 기억 장치의 장소를 지정하기 위한 신호선이다.
신호는 단방향(중앙 처리 장치 ⇨ 기억 장치)으로 전송한다.

- 어드레스 버스 회선이 16개인 경우
  - 중앙 처리 장치(CPU)가 직접 액세스 가능한 메모리 공간 : 64K(=2^{16})
  - 최상위 주소(어드레스) : FFFFH(모든 회선이 high(1))

5.3.2 데이터 버스(data bus)

중앙 처리 장치와 기억 장치, 입출력 장치 간의 데이터를 주고받기 위한 신호선이다. 신호는 상호 주고받을 수 있으므로 양방향(중앙 처리 장치 ↔ 기억 장치 또는 입출력 장치)으로 전송된다.

- 마이크로프로세서가 8bit 인 경우 : 데이터 버스 회선이 8개
- 마이크로프로세서가 16bit 인 경우 : 데이터 버스 회선이 16개

즉, 한 번에 취급하는 데이터의 길이에 따라 몇 bit 컴퓨터(8bit 컴퓨터, 16bit 컴퓨터)라고 부른다.

> **예** 386PC, 32bit : PC의 CPU가 80386이며, 데이터 버스 회선이 32개인 것을 가리킨다.

- 중앙 처리 장치(CPU : 마이크로프로세서)가 16개의 데이터 버스, 20개의 어드레스 버스를 가지고 있는 경우 기억할 수 있는 최대 메모리 용량은 1Mwords(=1024 Kwords=2048Kbytes)이다.

표 5-1 데이터 버스에 따른 마이크로프로세서의 종류

구 분	마이크로프로세서
4bit	Intel : 4004
8bit	Intel : 8080, 8085 Zilog : Z-80 Motorola : 6800
16bit	Intel : 8086, 8088, 80286 Zilog : Z-8000 Motorola : 68000
32bit	Intel : 80386, 80486, Pentium(80586) Zilog : Z-80000 Motorola : 68020, 68030 , 68060

5.3.3 제어 버스(control bus)

기억 장치, 입출력 장치와 중앙 처리 장치가 데이터를 교환할 때 사용되는 여러 제어 신호선을 가리킨다.

제어 신호선의 신호는 단방향으로 전송한다.

- 제어 신호선의 종류
  - 중앙 처리 장치 ⇨ 기억 장치, 입출력 장치
  - 입출력 장치 ⇨ 중앙 처리 장치

5.4 레지스터(register)부

중앙 처리 장치(CPU) 내에서 각종 연산 및 제어, 기억 장치의 데이터 액세스(access)를 위해 어드레스, 명령, 피연산자(operand) 등의 데이터들을 일시적으로 기억하는데, 이때 플립플롭(flip-flop)이나 래치(latch)들로 구성된 몇 개의 레지스터(register)를 사용한다.

마이크로프로세서의 제작 업체마다 레지스터들의 규모나 기능이 다소 차이가 있지만, 중앙 처리 장치 내의 레지스터는 앞 5.2절에서 언급한 누산기(accumulator), 상태

레지스터(flag flip-flop), 그리고 범용 레지스터, 명령 레지스터, 인덱스 레지스터, 프로그램 카운터, 스택 포인터 등의 레지스터로 구성된다.

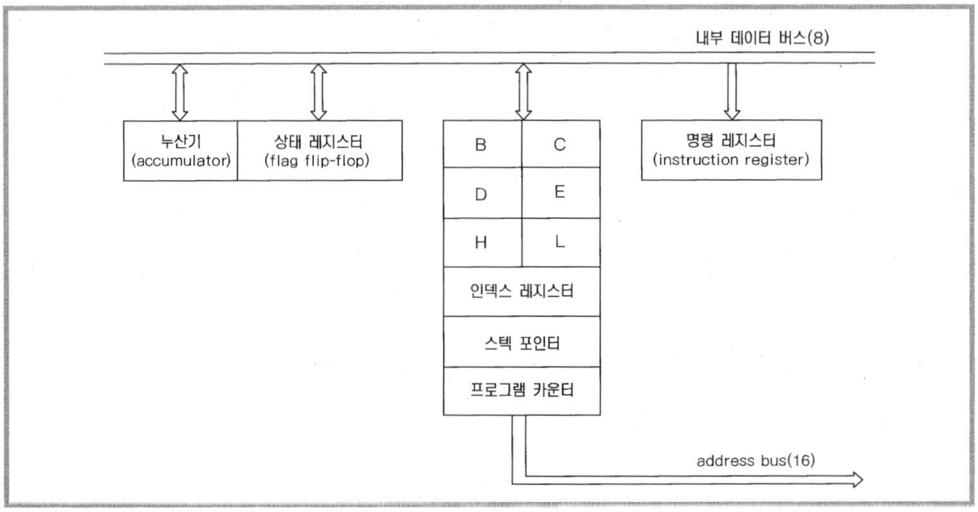

그림 5-5 중앙 처리 장치 내부의 레지스터 구조

5.4.1 범용 레지스터

기본 레지스터(base register)인 데이터 레지스터(B, C, D, E, H, L)로 구성되는 범용 레지스터는 각각 독립적으로 데이터를 취급할 수 있을 뿐만 아니라 BC, DE, HL로 레지스터 페어(register pair)를 구성하여 주기억 장치에 접근하는 어드레스 레지스터로 사용할 수도 있다. 이와 같이 범용 레지스터는 여러 가지 목적으로 사용할 수 있는 레지스터이다.

어드레스 레지스터로 사용하는 경우에 B, D, H는 상위 번지를, C, E, L은 하위 번지를 나타낸다. 또한 배정도 연산(double-precision arithmetic)에도 이들 레지스터 페어가 이용된다. 즉, 범용 레지스터는 부동 소수점(floating-point) 등의 복잡한 연산을 수행할 수 있다.

범용 레지스터중 최소한 한 개는 메모리 어드레스 레지스터(MAR ; memory address register)로, 다른 하나는 메모리 버퍼 레지스터(MBR ; memory buffer register)로 사용된다.

메모리 어드레스 레지스터는 중앙 처리 장치에서 기억 장치의 데이터나 프로그램이 저장된 주소를 기억하는 레지스터이며, 메모리 버퍼 레지스터는 기억 장치와 데이터를 주고 받을 때 일시적으로 보관하는 장소이다.

메모리 버퍼 레지스터는 메모리 데이터 레지스터(MDR ; memory data register)라고도 한다.

5.4.2 인덱스 레지스터(index register)

그림 5-5와 같이 Zilog사의 Z-80 마이크로프로세서에는 인덱스 레지스터(IX, IY)를 가지고 있다. 이들 16bit 레지스터에 의해 인덱스 어드레싱(indexed addressing)이 가능하다. 즉, 명령어의 피연산자(operand) 부분과 인덱스 레지스터가 갖고 있는 데이터를 더하여 실제 데이터가 저장되어 있는 기억 장치의 어드레스를 지정하는데 사용된다.

5.4.3 프로그램 카운터(PC ; program counter)

모든 중앙 처리 장치(CPU)에 필수적으로 존재하는 레지스터로서 다음 명령이 실행될 어드레스(address ; 주소)를 기억하고 있으며, 명령이 실행될 때마다 그 값은 변경된다.

프로그램 카운터는 데이터 이동 명령의 조작에만 사용되며, 산술 또는 논리 연산에는 사용되지 않는다.

프로그램 카운터는 다음에 실행될 명령이 있는 어드레스를 가리킨다. 즉, 주기억장치인 메모리에 대한 포인터(pointer)이다.

5.4.4 스택 포인터(SP ; stack pointer)

스택 포인터는 메모리 내에 있는 스택 영역에 대한 포인터(pointer)이다. 프로그램이 실행되는 중에 인터럽트(interrupt) 또는 명령에 의해 서브루틴(subroutine)으로 점프(jump)할 때, 현재 프로그램의 위치를 가리키는 프로그램 카운터(PC)의 내용을 스택영역에 저장할 때 사용한다. 이때 스택 포인터(SP)는 메모리 내에 있는 스택 영역중 맨 윗부분의 어드레스(top address)를 가리킨다.

5.4.5 명령 레지스터(IR ; instruction register)

중앙 처리 장치(CPU)는 주기억 장치로부터 다음에 실행될 데이터(명령)를 읽어온다. 이 데이터는 중앙 처리 장치의 내부 데이터 버스를 통하여 명령 레지스터(IR)에 저장된다. 이때 명령 레지스터에 있는 명령어는 명령 해독기(decoder)에서 분석되며, 명령을 실행하기 위하여 중앙 처리 장치의 외부로 명령 신호를 보내게 된다.

그림 5-6 명령 레지스터의 기능

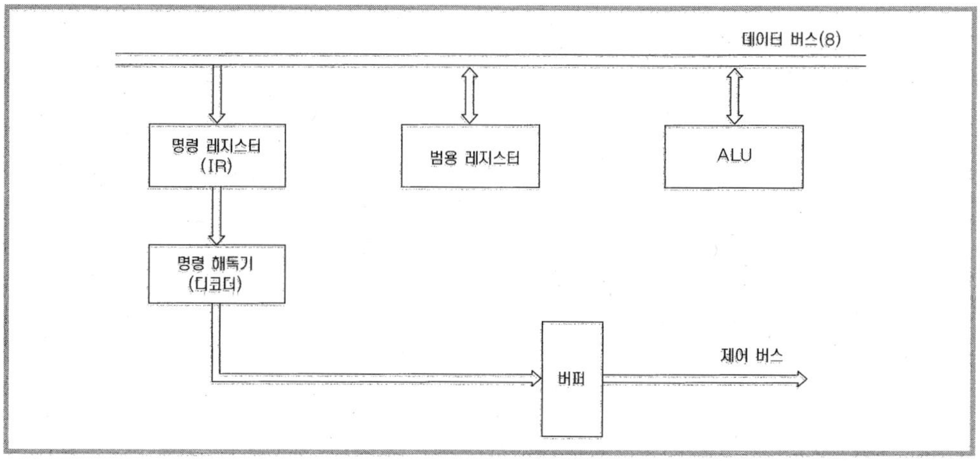

5.5 명령어 형식

5.5.1 명령어의 구성

컴퓨터는 자체 시험 및 진단, 데이터의 입력 및 처리, 입출력 장치와의 데이터 송수신, 그리고 각종 많은 기능을 수행한다.

이러한 기능을 수행하기 위해서는 각각의 중앙 처리 장치(CPU)마다 고유의 명령어 집합(instruction set)을 갖고 있으며, 이들을 이용하여 컴퓨터에게 연산 및 입출력 등의 일정한 동작을 수행하도록 명령을 지시한다.

각각의 컴퓨터마다 명령어의 형식은 다르지만, 일반적으로 명령어 형식은 다음의 내용들로 설계된다.

- 명령어의 전체 길이(컴퓨터의 기계어 명령어의 길이)
- 주소 지정 방식
- 연산자들의 위치와 종류
- 명령어 코드

명령어의 형식은 명령어(instruction)의 연산자(OP 코드 ; operation code)와 주소부(operand)로 구성된다.

명령어 형식에서 앞부분인 연산자(OP 코드)는 사칙 연산, 비교 논리, 데이터의 전송, 입출력 등의 처리 명령을 지시하는 부분으로 명령 코드(instruction code)부라고 한다.

주소부는 연산자가 수행할 명령의 대상으로서 오퍼랜드(피연산자 ; operand)라고 부르며, 오퍼랜드는 명령이 수행될 장소인 레지스터, 어드레스(주기억 장치의 데이터 또는 데이터가 저장된 주소) 또는 데이터의 실제값이 될 수 있다.

그림 5-7 명령어의 형식

연 산 자 (operation code)	주 소 부 (operand)

컴퓨터의 명령어에 대한 최대 종류수는 연산자(OP 코드)에 의해 결정된다. 연산자의 크기가 8bit이면 최대 명령어의 종류수는 256(=2^8)가지이다. 오퍼랜드의 형식에 따라 명령어를 구분하면 다음과 같다.

표 5-2 명령어의 구분

명령어 내용	명령어 형식 구분
오퍼랜드 내용 : 주소	메모리 참조 명령(MRI ; memory reference instruction)
오퍼랜드 내용 : 레지스터	레지스터 참조 명령(RRI ; register reference instruction)
연산자 내용 : 입출력 명령	입출력 명령(IOI ; input output instruction)

예 Z-80 명령어 중 A register와 특정 데이터(25H)를 더하는 명령 형식은 "C6 25H"와 같다. 이때 연산자 C6은 ADD A, n을 나타내고 오퍼랜드의 n은 특정 데이터(25H)를 나타낸다. 동작을 설명하면 다음 그림 5-8과 같다.

그림 5-8 ADD A, n의 동작 구조

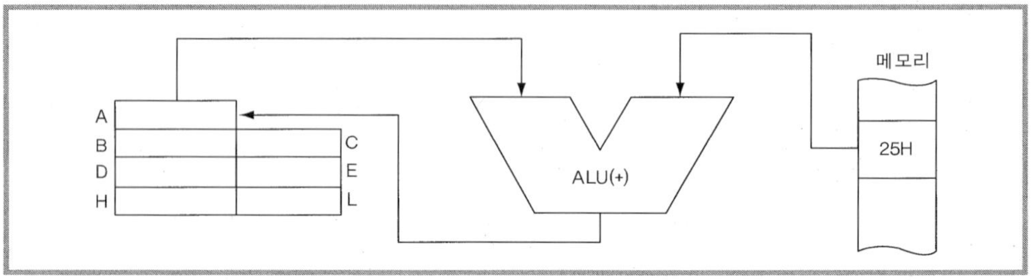

5.5.2 명령어 종류

연산자(OP 코드)에 따른 전체 명령어의 기능은 산술 연산 기능, 로드(load) 및 저장(store)의 전달 기능, 조건에 따른 프로그램의 수행을 지시하는 제어 기능, 입출력 장치와 데이터를 주고 받는 입출력 기능으로 구분되며, 그 세부 내용은 표 5-3과 같다.

표 5-3 기능별 명령어 종류

기 능	명령어	명령어 동작	의 미
산술 논리 연산 (arithmetic logic operation)	ADD r ADC n INC r CPL AND A, r SLA	A ⇦ A + r A ⇦ A + n + Carry r ⇦ r + 1 A ⇦ $\overline{A}$ A ⇦ A ^ r accumulator를 carry와 함께 좌측으로 이동	· 산술연산 · 증가(increment) · 보수 연산 · 논리 연산
전달 기능 (transfer operation)	LD (HL), r LD A, (nn)	(HL) ⇦ r A ⇦ (nn)	· HL의 데이터가 가리키는 메모리에 저장(store) · 메모리(nn)의 데이터를 A에 저장(load)
제어 기능 (control operation)	JP nn CALL nn	PC ⇦ nn (SP-1) ⇦ PCh (SP-2) ⇦ PCl PC ⇦ nn	· 프로그램이 nn 위치로 jump · 현재 PC를 SP에 저장하고 서브루틴 프로그램으로 jump함.
입출력 기능 (input/output operation)	IN A, (n) OUT (n), A	A ⇦ (n) (n) ⇦ A	· 입력 포트(n)으로부터 데이터 읽음. · 출력 포트(n)에 데이터를 전송함.

*명령어는 Zilog사의 Z-80의 명령어이다.

명령어 기능 중 연산 기능(산술, 논리), 전달 기능(기억 장치와의 정보 전달), 입출력 기능은 필수적이며, 서브루틴은 필요시에 수행되는 기능으로 구분할 수 있다.

5.5.3 명령어의 주소 형식

명령어는 연산자(OP code)와 오퍼랜드로 구성되고, 중앙 처리 장치는 한 개의 연산자를 해독하여 명령의 지시를 파악하나 명령을 실행하기 위한 데이터의 위치 또는 실행 결과의 데이터 위치는 오퍼랜드인 주소 부분(address field)에 의해 지정된다. 이 주소는 명령어 및 코드 형식에 따라 몇 개의 주소로 구성될 수 있다. 주소 부분을 데이터로 사용하면 메모리 참조의 횟수를 줄일 수 있다.

초기 컴퓨터의 명령어는 한 개의 연산자와 네 개의 주소로 구성되었으나, 현재는 3-주소, 2-주소, 1-주소, 0-주소의 명령어가 사용되고 있다.

그림 5-9 명령어의 주소 형식 종류

	A	B	C
OP 코드	오퍼랜드 1	오퍼랜드 2	오퍼랜드 3

－A, B, C 세 개의 오퍼랜드로 구성된 명령어 : 3-주소 명령 형식
－A, B 두 개의 오퍼랜드로 구성된 명령어 : 2-주소 명령 형식
－A 한 개의 오퍼랜드로 구성된 명령어 : 1-주소 명령 형식
－오퍼랜드가 없는 명령어 : 0-주소 명령 형식

그림 5-9의 명령어를 수행하기 위해서 필요한 명령문의 비트수는 기본적으로 OP 코드와 오퍼랜드의 비트수를 합한 것이 된다.

예 명령어의 길이가 40bit이고, 두 개의 주소를 갖는 경우(이때 주소는 16bit임), 가능한 명령 코드(연산자)의 크기는 8bit임(40bit－2×16bit).

0-주소 명령 형식은 컴퓨터 메모리의 스택 영역을 이용하여 연산을 실행하는 경우로서, 명령어에는 연산자(OP 코드) 부분만 존재하고 오퍼랜드 부분이 없다.

그림 5-9의 오퍼랜드에서 결과를 저장하는 오퍼랜드를 제외한 오퍼랜드는 산술 및 연산 등의 기능을 실행하는 주소이다.

표 5-4 주소 형식별 주요 특성 비교

3-주소 명령 형식	2-주소 명령 형식	1-주소 명령 형식	0-주소 명령 형식
MOVE 연산이 필요 없음. 처리 능력 우수함.	가장 보편적 방법	AC가 필요함.	스택이 필요함.

- Z=(A+B)*C의 계산을 각 주소 명령 형식의 명령어 동작에 따라 설명하면 다음과 같다.

  – 3-주소 명령 형식

명 령 어	명령어의 동작
ADD A, B, T	M[T] ⇦ M[A]+M[B]
MUL T, C, Z	M[Z] ⇦ M[T]*M[C]

  – 2-주소 명령 형식

명 령 어	명령어의 동작
ADD A, B	M[A] ⇦ M[A]+M[B]
MUL A, C	M[A] ⇦ M[A]*M[C]
STORE Z, A	M[Z] ⇦ M[A]

  – 1-주소 명령 형식

명 령 어	명령어의 동작
LOAD A	AC ⇦ M[A]
ADD B	AC ⇦ AC+M[B]
MUL C	AC ⇦ AC*M[C]
STORE Z	M[Z] ⇦ AC

  – 0-주소 명령 형식

명 령 어	명령어의 동작
PUSH A	TOS ⇦ A
PUSH B	TOS ⇦ B
ADD	TOS ⇦ (A+B)
PUSH C	TOS ⇦ C
MUL	TOS ⇦ C*(A+B)
POP Z	M[Z] ⇦ TOS

* TOS : top of stack
* AC : accumulator

5.6 주소 지정 방식

5.6.1 주소의 표현

앞의 명령어 형식에서 설명하였듯이 메모리에 저장되어 있는 프로그램(또는 명령 코드 ; OP code)은 컴퓨터의 수행 명령을 나타내며, 오퍼랜드(operand)는 명령어가 실행될 때 사용되는 데이터 또는 데이터가 저장되어 있는 레지스터, 주소(address) 등을 나타낸다.

중앙 처리 장치(CPU)가 주소 및 레지스터를 사용하여 명령어를 실행할 때 사용되는 절대 주소(absolute address), 상대 주소(relative address), 기준 레지스터(base register), 변위(displacement) 등에 대한 용어를 설명하면 다음과 같다.

그림 5-10 주소 지정의 표현

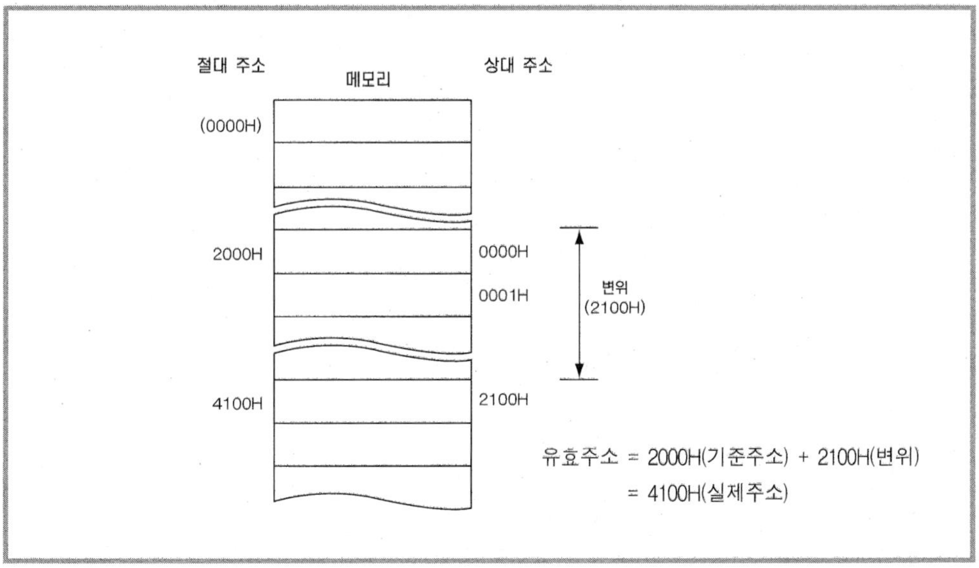

- 절대 주소(absolute address) : 메모리 내부의 고정된 지정 주소를 가리킨다.
- 상대 주소(relative address) : 어느 지정된 주소를 기준으로 하여 프로그램에서 사용하는 임의의 주소를 나타낸다.

- 기준 레지스터(base register) : 명령어를 실행할 때 명령어에서 지정하는 주소를 저장하고 있는 레지스터이다.
  - 기준 주소(base address) : 기준 레지스터의 값으로 실제의 주소를 나타내며, 이 경우에는 다른 어드레스 방식보다 명령어의 길이가 대체로 작다.
- 변위(displacement) : 기준 레지스터로부터 실제의 주소(effective address ; 유효 주소)가 있는 주소까지의 거리를 가리킨다. 즉, 기준 주소에 변위를 더한 값이 실제의 주소가 된다.

유효 주소는 다음의 레지스터들을 이용하여 얻어진다.

- 프로그램 카운터(PC) 이용
  -유효 주소 = 명령어의 주소 부분 + CPU의 프로그램 카운터(PC)
- 인덱스 레지스터(index register) 이용
  -유효 주소 = 명령어의 주소 부분 + CPU의 인덱스 레지스터(IX, IY)
- 기준 레지스터(base register)
  -유효 주소 = 명령어의 주소 부분 + CPU의 기준 레지스터

또한 주소 표현 방식에 따라 주소 지정 방식은 다음과 같이 구분할 수 있다.

- 완전 주소 : 기억 장소와 똑같이 대응되는 주소이다.
- 약식 주소 : 주소를 계산하여 구한다.
- 생략 주소 : 스택(stack)이나 누산기(AC)를 이용한다.
- 자료 자신 주소 : 명령어에서 주소를 갖고 있다.

5.6.2 주소 지정 방식

컴퓨터는 앞 5.5절에서 설명하였듯이 명령어 길이 뿐만 아니라 명령어 형식에 따라 메모리의 주소를 지정하는 방식(주소 지정 방식 ; addressing mode)이 다르다. 이 방식의 차이는 명령어의 오퍼랜드로부터 데이터가 저장된 메모리를 찾는 방법이다. 즉, 실제의 주소(effective address ; 유효 주소)를 찾는 방법이 다르다.

이 유효 주소는 명령 코드의 모드 필드에 따라 결정된다.

1) 고유 주소 지정 방식(implied addressing mode)

명령어의 주소 부분에 주소가 표시되지 않고, 항상 일정한 기능을 수행하는 방식이다(AC의 보수 또는 1 증가 연산에 사용된다.).

예 CPL

CPL	

- AC의 내용을 꺼내서 1의 보수(0은 1로, 1은 0으로 바꿈)로 만들고 그 결과를 AC에 다시 저장한다.

2) 즉시 주소 지정 방식(immediate addressing mode)

명령어의 주소 부분에 있는 내용이 데이터가 되는 방식으로서, 레지스터의 값을 초기화할 때 주로 사용된다.

예 ADD A, 30H

ADD	30H

- AC 레지스터의 값과 30H를 더하여 AC에 저장한다.

3) 레지스터 주소 지정 방식(register addressing mode)

명령어의 주소 부분에 하나 또는 그 이상의 레지스터가 사용되는 방식이다(CPU내의 레지스터에 오퍼랜드가 있다.).

예 AND D

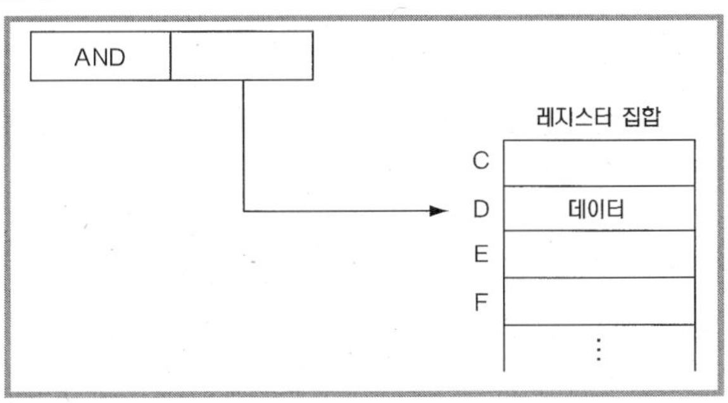

- D 레지스터의 내용을 AC의 내용과 AND하고 그 결과 값을 AC에 저장한다.

4) 직접 주소 지정 방식(direct addressing mode)

명령어 주소 부분에 유효 주소 데이터가 있다.

예 LD A, (3301H)

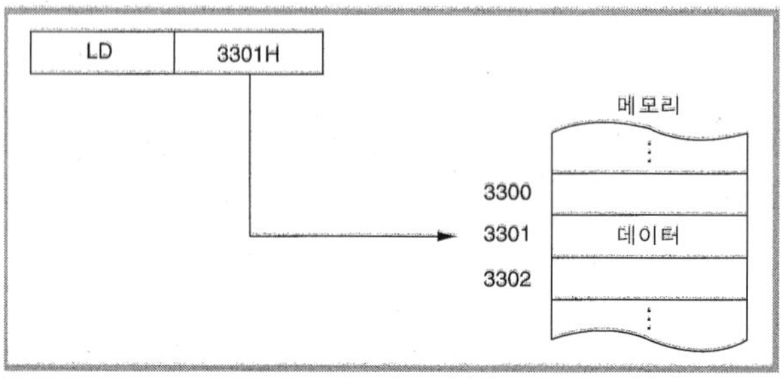

• 메모리에서 주소 3301H에 저장되어 있는 데이터를 읽어 AC에 저장한다.

5) 간접 주소 지정 방식(indirect addressing mode)

명령어의 주소 부분에 실제 유효 번지가 저장되어 있는 주소를 갖고 있는 방식이다. 유효 번지가 저장되어 있는 주소를 CPU의 레지스터가 가리키면 레지스터 간접 주소 지정 방식(register indirect addressing mode)이 된다.

예 1. 간접 주소 지정 방식

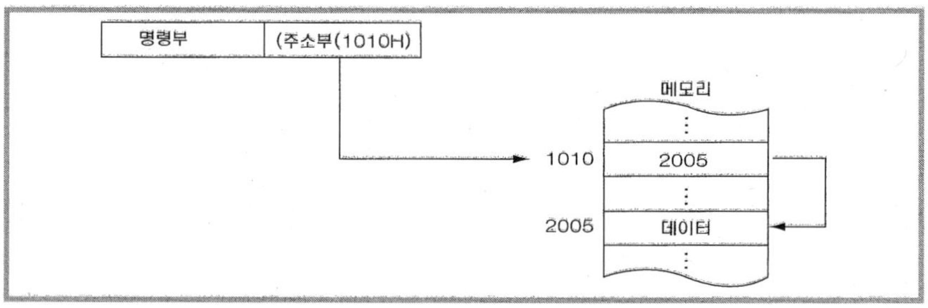

2. 레지스터 간접 주소 지정 방식

• LD A, (BC)

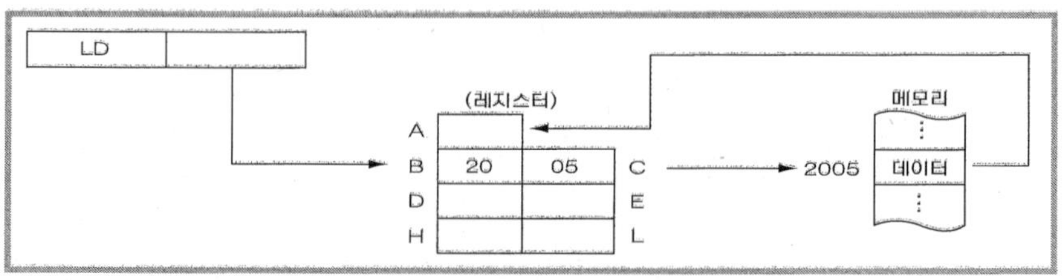

• 레지스터 BC에 저장되어 있는 유효 주소(2005H)를 이용하여 실제 데이터를 읽어 AC에 저장한다.

6) 상대적 주소 지정 방식(relative addressing mode)

현재 기준 주소가 저장되어 있는 레지스터(일반적으로 PC를 가리킴)의 값과 명령어의 주소 부분에 있는 상대 주소를 갖고 유효 주소를 찾는다.

- 기준 주소(base address) : 명령어 자체의 기억 장소(주소)에서 갖고 있는 주소(일반적으로 프로그램 카운터(PC)에 저장되어 있음).
- 상대 주소(relative address) : 기본 주소를 기준으로 하여 액세스(access)하려는 유효 주소까지의 떨어진 거리를 나타내는 주소.

예 JR D4

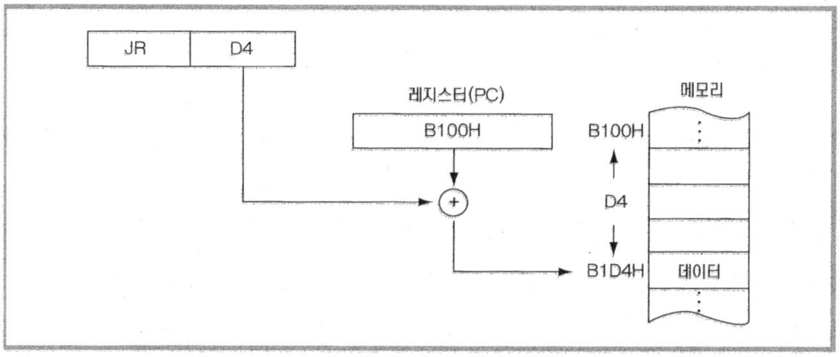

- 현재 메모리의 B100H(기준 주소)를 프로그램 카운터(PC)가 가리키나 JR D4의 명령으로 D4만큼 떨어진(상대 주소 D4) 부분으로 프로그램 카운터가 이동(jump)하여 그 주소를 액세스하게 된다. 메모리의 B1D4H(기본 주소+상대 주소)가 유효 주소이다.

7) 인덱스 주소 지정 방식(index addressing mode)

상대 주소 방식과 비슷한 주소 지정 방식이지만 이 주소 지정 방식은 프로그램 카운터를 사용하지 않고 인덱스 레지스터(index register)를 이용하는 방식으로 유효 주소는 다음과 같이 얻어진다.

- 유효 주소 = 오퍼랜드(명령어에서 주소가 가리키는 부분) + 인덱스 레지스터값
  - 인덱스 레지스터 외의 다른 특정 레지스터를 사용할 수도 있다.
  - 유효 주소를 계산에 의해서 구하는 방식이므로 '계산에 의한 주소 지정 방식'이라고도 부른다.

예 LD A, (IX+40H)

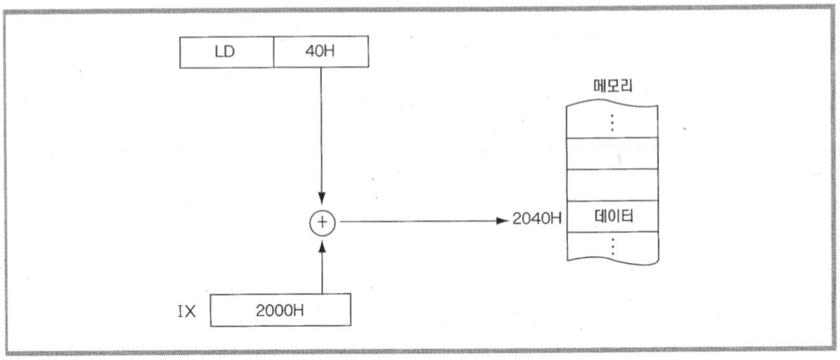

- IX 레지스터의 값(2000H)과 오퍼랜드(40H)를 더하여 유효 주소 2040H를 얻으며, 그 주소에 있는 데이터를 읽어 AC에 저장한다.

표 5-5 주소 지정 방식의 특성 비교

주소 지정 방식	특 성
즉시 주소 지정	• 명령어의 주소 부분에 실제 데이터를 넣어줌. • 실제 데이터를 얻기 위해 메모리를 액세스하는 횟수는 0임.
레지스터 주소 지정	• HL 레지스터외에 BC, DE 등을 이용하여 자유로이 메모리를 액세스할 수 있음.
직접 주소 지정	• 주기억 장치와 프로그램 사이의 주소가 일치하므로 간결함.
간접 주소 지정	• 최소한 두 번 이상의 주기억 장치를 접근한 후 유효 주소 찾음. • 융통성 있는 방식임.
상대적 주소 지정	• 명령의 길이를 짧게 하여 프로그램이 차지하는 메모리의 양을 줄일 수 있음. • jump 등의 명령어에 많이 사용. • 프로그램 카운터(PC)와 관련된 방식임.
인덱스 주소 지정	• 배열(array) 또는 테이블(table) 구조의 프로그램에 유용함.

용어정의

1. SP와 PC의 차이(SP와 PC는 CPU내에 있는 레지스터임.)

- SP(스택 포인터 : stack pointer) : 메모리의 스택 영역에 저장 및 호출(push-pop)할 주소를 저장하는 레지스터로 SP의 내용은 스택에 데이터를 저장(push)할 때마다 증가되며, 데이터를 호출(pop)할 때마다 감소된다.
- PC(program counter) : 다음에 실행할 명령의 주소(address)를 저장하는 레지스터로서, CPU가 명령을 실행할 때마다 그 내용은 증가된다.

2. 로드(load)와 스토어(store)

- 로드(load) : 기억 장치의 데이터를 ⇨ 중앙 처리 장치에 저장
- 스토어(store) : 중앙 처리 장치의 데이터를 ⇨ 기억 장치에 저장

3. 주소 지정

컴퓨터가 동작하기 위해서 기억 장치로부터 명령이나 데이터를 읽을 때 가장 먼저 수행하는 작업을 가리킨다.

4. 16bit 마이크로프로세서와 32bit 마이크로프로세서의 차이

- 데이터 버스의 길이가 16bit, 32bit이면 16bit, 32bit 마이크로프로세서라고 부름.
- 비트수가 클수록 컴퓨터의 연산 속도가 빠름.

5. 연산 관련 용어

- 연산자(operation code) : 컴퓨터가 수행하는 명령을 나타냄.
- 피연산자(operand) : 연산자가 명령을 수행하기 위해 필요한 대상임.
- 명령어(instruction) : 연산자와 피연산자를 갖고 컴퓨터의 동작을 지시함(보통 기계어 명령을 가리킴).
  - A+B : A, B는 피연산자, +는 연산자이며, A+B는 명령어임.
- 연산 속도 : 주로 CPU내 연산 장치의 속도를 나타냄.

6. 레지스터 사이의 자료 전송 방식

- 병렬 전송(Parallel Transfer)

- 직렬 전송(Serial Transfer)
- 버스 전송(Bus Transfer)

7. 바이트 머신(Byte Machine)시스템

- 프로그램 카운터(pc), 인덱스 레지스터 등의 시스템은 레지스터 단위의 고정 크기 주소를 갖는다.
- 바이트 머신은 바이트 단위로 번지가 부여될 수 있다.
  - half, full 등으로 길이를 변화하여 지정할 수 있다.

8. CPU와 MPU

- CPU(Central Processing Unit) = MPU(Main Processing Unit)

기출문제 중앙 처리 장치

1. 컴퓨터 내부 회로에서 버스 선(bus lines)을 사용하는 가장 큰 목적은 무엇인가?
(정보처리 1993.1)

㉮ Speed를 향상시킨다.
㉯ 보다 정확한 전송이 가능하다.
㉰ 레지스터(register)의 수를 줄이기 위해서이다.
㉱ 결선의 수를 줄이기 위해서이다.

☞ 5.3 참조

2. 다음 중 연산자(OP code)의 기능과 관련이 없는 것은 어느 것인가? (정보처리 1998.5)

㉮ 함수 연산 기능 ㉯ 입·출력 기능
㉰ 제어 기능 ㉱ 주소 지정 기능

☞ 5.5.3 참조

3. 다음은 산술논리장치(ALU)에 대한 상태플래그(Status Flag)이다. A=00100001과 B=11111111을 ALU를 통한 산술연산 A+B를 한 후, 각 플래그의 상태는 어느 것인가? (단, 2의 보수로 저장 및 연산함.) (정보처리 1991.8)

플래그	상 태	의 미
V	오버 플로우	v=1 : 오버플로우 v=0 : 오버플로우가 아님.
Z	제로(Zero)	Z=1 : 0임, Z=0 : 0이 아님.
S	부 호	S=1 : 음수임. S=0 : 음수가 아님.
C	캐 리	C=1 : 캐리가 발생함. C=0 : 캐리가 발생하지 않음.

㉮ V=0, Z=1, S=0, C=1 ㉯ V=0, Z=0, S=0, C=0
㉰ V=0, Z=0, S=0, C=1 ㉱ V=0, Z=1, S=1, C=0

☞ 5.2 참조

---

1. ㉱ **2.** ㉱ **3.** ㉰

4. 오퍼랜드(operand) 자체를 데이터로 기억하는 방식은? (정보처리 2006.3)

㉮ 상대 주소 지정 방식　　　　㉯ 인덱스 지정 방식
㉰ 즉시 주소 지정 방식　　　　㉱ 변형주소 지정 방식

☞ 5.6.2의 3. 참조

5. 컴퓨터의 연산자 기능이 아닌 것은? (정보기술 2002.8)

㉮ 기억 기능　　　　㉯ 제어 기능
㉰ 전달 기능　　　　㉱ 함수 연산 기능

☞ 5.5.2 참조

6. 명령어 형식 가운데 모든 명령어의 처리가 누산기에 의해 이루어지는 명령어 형식은? (전자계산 2005.5)

㉮ zero-address instruction　　　　㉯ one-address instruction
㉰ two-address instruction　　　　㉱ three-address instruction

☞ 5.5.3 참조

7. (그림 1)과 같이 주기억 장치와 인스트럭션 레지스터(Instruction Register : IR)만을 포함하는 중앙 처리 장치로 구성된 컴퓨터가 있다. 이 컴퓨터의 인스트럭션의 모양은 (그림 2)와 같다. 이 중 NIA(Next Instruction Address) 부분은 다음에 수행할 인스트럭션의 주소를 나타낸다. 이 NIA 부분을 없애기 위해서 중앙 처리 장치에 추가로 두어야 할 레지스터는 어떤 것인가? (정보처리 1992.8)

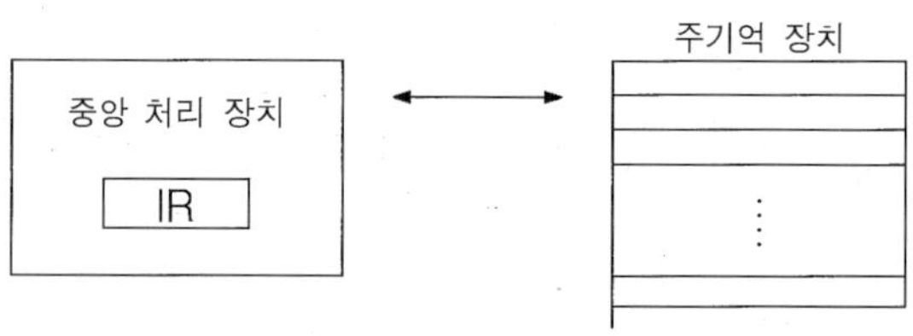

(그림 1)

Op code	Operand 1	Operand 2	Result	NIA

(그림 2)

㉮ 범용 레지스터(General Purpose Register)　　㉯ 프로그램 카운터(Program Counter)
㉰ 상태 레지스터(Status Register)　　㉱ 주소 버퍼(Address Buffer)

☞ 5.4.3 참조

---

4. ㉰ **5.** ㉮ **6.** ㉯ **7.** ㉯

8. PUSH, POP 명령어 처리와 가장 가까운 명령어 형식은?

(정보처리 2005.3)(조직응용 2005.3)

㉮ 0-주소 명령어 ㉯ 1-주소 명령어
㉰ 2-주소 명령어 ㉱ 3-주소 명령어

☞ 5.5.3 참조

9. 한 명령을 두 부분으로 나누면? (정보처리 2004.5)

㉮ 호출과 실행 ㉯ 연산과 논리
㉰ 번지와 데이터 ㉱ operation과 operand

☞ 그림 5-7 참조

10. 연산자의 기능에 해당하지 않는 것은? (정보처리 2003.5)

㉮ 함수연산 기능 ㉯ 기억 기능
㉰ 제어 기능 ㉱ 입·출력 기능

☞ 5.5.3 참조

11. 레지스터의 내용을 메모리로 전달하는 기능은? (정보처리 2006.3, 2005.9)

㉮ Store ㉯ Fetch
㉰ Transfer ㉱ Load

☞ 용어정의 2. 참조

12. 중앙처리장치에서 사용하고 있는 버스(BUS)의 형태에 속하지 않는 것은?

(정보처리 2004.3)(조직응용 2004.3)

㉮ Address Bus ㉯ Control Bus
㉰ Data Bus ㉱ System Bus

☞ 5.3 참조

13. 주소 지정 방식에 따른 기억 장소에 대한 최소 접근 횟수가 맞는 것은 어느 것인가?

(정보처리 1993.10, 1998.7)

㉮ 직접 지정－1번 ㉯ 간접 지정－3번
㉰ 자료 자신(immediate addressing)－1번 ㉱ 계산에 의한 주소 지정－2번 이상

해설 5.6.2의 4. 참조

---

8. ㉮ 9. ㉱ 10. ㉯ 11. ㉮ 12. ㉱ 13. ㉮

14. 스택 메모리가 사용되는 경우는? (정보처리 1998.10)

㉮ 인터럽트가 받아들여졌을 때
㉯ DMA 요구가 받아들여졌을 때
㉰ 인터럽트와 DMA 요구가 받아들여졌을 때 모두 스택 메모리가 필요하다.
㉱ 브랜치 명령이 실행될 때

해설 용어정의 5. 참조

15. 연산의 실행을 위해서 언제나 스택(Stack) 영역에 접근해야 하는 어드레스 방식은? (전자계산 2004.5)

㉮ 0 어드레스 방식
㉯ 1 어드레스 방식
㉰ 2 어드레스 방식
㉱ 3 어드레스 방식

☞ 5.5.3 참조

16. 상대 주소 지정 방식(relative addressing mode)에 가장 많이 쓰이는 명령어는? (전자계산 2004.5)

㉮ 분기 명령어
㉯ 전달 명령어
㉰ 감산 명령어
㉱ 입·출력 명령어

☞ 5.6.2의 6. 참조

17. 다음과 같은 명령어를 직접 주소 지정 방식으로 수행할 때 연산될 데이터는 어느 것인가? (정보처리 1993.8)

주소	내용
	ADD 5301
	:
5301	6501
	:
6501	8376
	:
8376	9625

㉮ 5301
㉯ 6501
㉰ 8376
㉱ 9625

☞ 5.6.2의 4. 참조

14. ㉮ 15. ㉮ 16. ㉮ 17. ㉯

18. 프로그램 카운터가 명령의 번지 부분과 더해져서 유효 번지가 결정되는 주소 지정 방식은 무엇인가? (정보처리 2004.9, 2003.8, 1999.10, 1993.8)

㉮ 레지스터 모드 ㉯ 간접 번지 모드
㉰ 직접 번지 모드 ㉱ 상대 번지 모드

☞ 5.6.2의 6. 참조

19. 다음 명령 중에서 번지 필드가 필요 없는 명령은 무엇인가? (정보처리 1993.10)

㉮ 데이터 전송 명령 ㉯ 산술 명령
㉰ 스킵(skip) 명령 ㉱ 서브루틴 call 명령

☞ 5.6.2 참조

20. 다음의 명령(instruction) 형식 중 2-주소 명령은 어느 것인가? (정보처리 1993.10)

㉮ | 연산자 | 자료 1 주소(결과 주소) | 자료 2 주소 |

㉯ | 자료 1 주소 | 자료 2 주소(결과 주소) | 연산자 |

㉰ | 연산자 | 자료 1 주소 | 자료 2 주소(결과 주소) |

㉱ | 자료 2 주소(결과 주소) | 자료 1 주소 | 연산자 |

☞ 5.5.3 참조

21. 컴퓨터의 내부 상태를 나타내는 레지스터(register)는 ? (정보처리 2004.5, 2002.5, 1994.6)

㉮ 버퍼 레지스터(buffer register) ㉯ 상태 레지스터(status register)
㉰ 인덱스 레지스터(index register) ㉱ 명령 레지스터(instruction register)

☞ 5.2 참조

22. 다음 중앙 처리 장치(CPU)에 속해 있는 레지스터(register)에 대한 설명으로 틀린 것은? (정보처리 1995.3)

㉮ 인스트럭션 레지스터(IR) : 프로그램 수행의 제어를 위한 레지스터이다.
㉯ 프로그램 카운터(PC) : 바로 전에 수행했던 인스트럭션의 주소를 기억한다.
㉰ 인덱스 레지스터 : 기억 내용은 자료가 아니라 주소이고, 유효주소를 계산하는 데 필요한 자료를 기억한다.
㉱ MAR(Memory Address Register) : 기억 장치와의 자료 교환에 사용되는 기억 장치

☞ 5.4.2 참조

---

18. ㉱ **19.** ㉰ **20.** ㉮ **21.** ㉯ **22.** ㉰

23. 계산 결과를 시험할 필요가 있을 때 계산 결과가 기억 장치에 기억될 뿐 아니라 중앙 처리 장치에도 남아 있어서 중앙 처리 장치 내에서 직접 시험이 가능하므로 시간이 절약되는 인스트럭션 형식은? (정보처리 2002.5, 2001.3, 1994.6)(정보기술 2004.8)

㉮ 3주소 인스트럭션 형식 ㉯ 2주소 인스트럭션 형식

㉰ 1주소 인스트럭션 형식 ㉱ 0주소 인스트럭션 형식

☞ 5.5.3 참조

24. 다음 중 계산에 의한 주소 지정방식이 아닌 것은? (조직응용 2005.3)

㉮ 상대 주소 지정방식(Relative Addressing Mode)

㉯ 인덱스 레지스터 주소 지정방식(Index Register Addressing Mode)

㉰ 베이스 레지스터 주소 지정방식(Base Register Addressing Mode)

㉱ 즉시 주소 지정방식(Immediate Addressing Mode)

☞ 5.5.3 참조

25. 기억 장치의 주소와 그 내용이 다음 과 같고 어셈블리어(Assembly language)로 LD A,120이란 명령이 직접 주소 지정 방식일 때 오퍼랜드(operand)는 무엇이 되는가? (정보처리 2006.3, 1994.3)

기억 장치

주소	내용
0	
⋮	⋮
120	200
⋮	⋮
200	270
⋮	⋮
210	300
⋮	⋮

㉮ 120 ㉯ 200 ㉰ 270 ㉱ 300

☞ 5.6.2의 4. 참조

26. 자동 인덱싱(automatic indexing)인 경우에 인스트럭션이 다음과 같을 때의 설명으로 틀린 것은? (정보처리 1994.10)

"ADD X, 1000"

㉮ 인스트럭션은 X에 기억된 수와 1000번지에 기억된 수를 합하여 AC에 기억된다.

㉯ X의 값은 자동으로 1씩 증가 또는 감소된다.

---

23. ㉯ 24. ㉱ 25. ㉯ 26. ㉮

㉰ X의 내용이 0이면 주소 1000번지부터 연산을 수행한다.

㉱ X의 값을 기준값에 비교하여 연산의 한 개를 정할 수 있다.

☞ 5.6.2의 7. 참조

27. 0(zero)-주소 명령어의 형식에서 결과 자료는 어디에 저장되는가? (전자계산 2003.5)

㉮ 스택 ㉯ 누산기

㉰ 범용 레지스터 ㉱ 명령 레지스터

☞ 표 5-4 참조

28. 다음은 3주소 명령어의 각 필드(field)를 나타낸 것이다. 이에 속하지 않는 것은? (조직응용 2002.8)

㉮ 피연산자의 주소(A) ㉯ 피연산자의 주소(B)

㉰ 결과에 대한 주소(C) ㉱ 다음 명령어의 주소(D)

☞ 5.5.3 참조

29. 인스트럭션의 주소 부분(operand)을 데이터로 사용할 때의 이점은? (정보처리 2006.3, 1994.6)

㉮ 레지스터의 개수를 줄일 수 있다.

㉯ 부동 소수점 레지스터를 사용하므로 속도가 빠르다.

㉰ 동작을 하는 데 많은 시간이 소요된다.

㉱ 메모리 참조의 횟수를 줄일 수 있다.

☞ 5.5.3 참조

30. 인덱스 레지스터(index register)의 사용 목적이 아닌 것은? (정보처리 2006.3, 1994.3)

㉮ 어드레스 수정(address) ㉯ 반복 계산 수행

㉰ 서브루틴(Subroutine) 연결 ㉱ 입출력

☞ 5.4.2 참조

31. 메모리의 내용을 레지스터에 전달하는 기능을 무엇이라 하는가? (정보처리 2006.9)(조직응용 2005.3)

㉮ Fetch ㉯ Store

㉰ Load ㉱ Transfer

☞ 용어정의 2. 참조

---

27. ㉮ **28.** ㉱ **29.** ㉱ **30.** ㉱ **31.** ㉰

32. 인스트럭션 형식 중 자료의 주소를 지정할 필요가 없는 형식은? (조직응용 2005.3)

㉮ 1-주소 ㉯ 2-주소
㉰ 3-주소 ㉱ 0-주소

☞ 5.5.3 참조

33. 다음에서 주소 지정 방식이 아닌 것은 어느 것인가?

(정보처리 2003.3, 2001.6, 2000.10, 1999.8) (정보기술 2002.8)

㉮ Direct addressing ㉯ Temporary addressing
㉰ Immediate addressing ㉱ Relative addressing

☞ 5.6.2 참조

34. 중앙 처리 장치의 정보를 기억장치에 기억시키는 것을 무엇이라 하는가?

(정보처리 2004.5, 2004.3, 2002.9, 1998.5)(조직응용 2004.3)(전자계산 2003.8)

㉮ Load ㉯ Store
㉰ Fetch ㉱ Transfer

☞ 용어정의 2. 참조

35. 다음 중에서 어드레싱(addressing) 방법이 아닌 것은 어느 것인가?

(정보처리 2005.9)(정보기술 2003.8)

㉮ 직접 어드레싱(direct addressing)
㉯ 이미디어트 어드레싱(immediate addressing)
㉰ 간접 어드레싱(indirect addressing)
㉱ 임시 어드레싱(temporary addressing)

☞ 5.6.2 참조

36. stack의 주소지정방식은? (정보처리 2002.5)

㉮ 0-Address ㉯ 1-Address
㉰ 2-Address ㉱ 3-Address

☞ 5.5.3 참조

---

32. ㉱ **33.** ㉯ **34.** ㉯ **35.** ㉱ **36.** ㉮

37. 연산의 처리 결과를 항상 누산기(Accumulator)에 저장하는 어드레스 방식은?

(정보처리 2003.3)(조직응용 2003.3)

㉮ 0 어드레스 방식　　㉯ 1 어드레스 방식
㉰ 2 어드레스 방식　　㉱ 3 어드레스 방식

☞ 5.5.3 참조

38. 명령 구성 형식 중 연산에 이용된 자료가 연산 후에도 기억장치에 그대로 보존되는 형식은?

(정보처리 2006.9)

㉮ 1-주소 명령형식　　㉯ 2-주소 명령형식
㉰ 3-주소 명령형식　　㉱ 0-주소 명령형식

☞ 5.5.3 참조

39. 데이터 연산 시 스택(stack)만을 사용하는 인스트럭션은? (조직응용 2004.8)

㉮ Zero-Address 인스트럭션　　㉯ One-Address 인스트럭션
㉰ Two-Address 인스트럭션　　㉱ Three-Address 인스트럭션

☞ 5.5.3 참조

40. 다음 중 명령이 시작되는 최초의 번지를 기억하고 있는 레지스터는? (정보처리 2006.3, 1998.7)

㉮ 누산기　　㉯ 스택
㉰ 베이스 레지스터　　㉱ 명령 레지스터

☞ 5.6.1 참조

41. 인스트럭션의 연산자 부분이 나타낼 수 있는 것으로 옳지 않은 것은?

(정보처리 2002.3, 1998.7)(조직응용 2002.3)

㉮ 인스트럭션의 순서　　㉯ 인스트럭션의 형식
㉰ 자료의 종류　　㉱ 연산자

☞ 5.5.1 참조

42. 1-주소 형식 인스트럭션에서 반드시 있어야 할 것은? (전자계산 2003.5)

㉮ 누산기　　㉯ 스택
㉰ 승산기　　㉱ 인덱스 레지스터

☞ 표 5-4 참조

---

37. ㉯　38. ㉰　39. ㉮　40. ㉰　41. ㉮　42. ㉮

43. 기억장치의 내용이 다음과 같은 때 어셈블리어로 LD A,34 명령을 직접주소지정 방식으로 수행될 때 AC에 들어가는 값은 A라 하고, 간접주소지정 방식으로 수행될 때 AC에 들어가는 값을 B라 하면 A, B값은? (정보처리 1998.10)

주소	내용
34	39
39	127
⋮	⋮
127	349
⋮	⋮

㉮ A=34, B=39　　㉯ A=34, B=127
㉰ A=39, B=127　　㉱ A=127, B=349

☞ 5.6.2의 4.와 5. 참조

44. 주소 부분이 하나밖에 없는 1-주소 명령 형식에서 결과 자료를 넣어 두는데 사용하는 레지스터는? (정보처리 2004.5, 2000.3)(전자계산 2002.9)

㉮ 어큐뮬레이터(accumulator)　　㉯ 스택(stack)
㉰ 인덱스(index) 레지스터　　㉱ 범용 레지스터

☞ 5.5.3 참조

45. 마이크로프로세서 장치로 들어가는 4가지 입력 중에서 출력과 겸해져 쌍방향성인 것은? (정보처리 2000.3)

㉮ 전원공급 입력　　㉯ 클록 입력
㉰ 인터럽트 입력　　㉱ 데이터버스 입력

☞ 5.3.2 참조

46. 계산 도중 연산장치에서 계산된 중간 결과를 보존하는 곳은? (정보처리 2000.10, 1999.10)

㉮ address register　　㉯ accumulator
㉰ parallel adder　　㉱ instruction register

☞ 5.2 참조

---

43. ㉱　**44.** ㉮　**45.** ㉱　**46.** ㉯

47. 연산의 중심이 되는 레지스터는? (정보처리 2000.10)

㉮ 인덱스 레지스터
㉯ 데이터 레지스터
㉰ 명령 레지스터
㉱ 누산기 레지스터

☞ 5.2 참조

48. 명령어의 연산자(operation code)의 기능과 관계없는 것은? (정보처리 2000.10)(전자계산 2003.5)

㉮ 입 · 출력 기능
㉯ 제어 기능
㉰ 논리연산 기능
㉱ 주소지정 기능

☞ 5.5.2 참조

49. 명령어의 형식 가운데 연산에 사용된 모든 피 연산자 값을 상실하는 명령어 형식은? (정보처리 2002.9, 2000.10)

㉮ 3-주소 형식 명령어
㉯ 2-주소 형식 명령어
㉰ 1-주소 형식 명령어
㉱ 0-주소 형식 명령어

☞ 5.5.3 참조

50. 연산한 결과를 기억장치로 보내기 전에 잠시 보관하는 레지스터는? (정보처리 2001.3)

㉮ Adder
㉯ Accumulator
㉰ Index Register
㉱ Core Memory

☞ 5.2 참조

51. PUSH, POP 명령어 처리 시 처리되는 메모리 주소는? (정보처리 2001.3)(정보기술 2004.8)(전자계산 2002.9)

㉮ 스택의 데이터
㉯ AX의 데이터
㉰ SI의 데이터
㉱ DI의 데이터

☞ 용어정의 5 참조

52. 중앙처리장치에서 사용되는 레지스터(register)의 종류가 아닌 것은? (정보처리 2001.6)

㉮ Accumulator
㉯ Program Counter
㉰ Instruction Register
㉱ Full Adder

☞ 5.1 참조

---

47. ㉱ **48.** ㉱ **49.** ㉱ **50.** ㉯ **51.** ㉮ **52.** ㉱

53. 명령 형식 중에서 스택(stack)을 필요로 하는 것은? (정보처리 2004.5, 2003.5, 2001.6)

㉮ 3주소 명령어　　㉯ 2주소 명령어
㉰ 1주소 명령어　　㉱ 0주소 명령어

☞ 5.5.3 참조

54. 컴퓨터에서 사용되는 명령어들을 기능별로 분류할 때 분류 기준에 포함되지 않는 것은?
(정보처리 2004.9, 2001.6)(정보기술 2003.8)

㉮ 함수 연산 기능　　㉯ 주소계산 기능
㉰ 전달 기능　　㉱ 입・출력 기능

☞ 5.5.2 참조

55. 다음과 같은 명령어의 기능은? (정보처리 2003.8, 2001.6)

JMP X

㉮ 제어 기능　　㉯ 함수 연산 기능
㉰ 전달 기능　　㉱ 입・출력 기능

☞ 5.5.2 참조

56. 연산장치의 기본 요소가 되는 것은? (정보처리 2001.9, 1999.8)

㉮ 자기테이프　　㉯ 레지스터
㉰ 카드　　㉱ 자기코어

☞ 5.2 참조

57. 연산자의 기능에 해당하지 않는 것은? (정보처리 2003.5, 2001.9, 1999.6)

㉮ 함수연산 기능　　㉯ 기억 기능
㉰ 제어 기능　　㉱ 입・출력 기능

☞ 5.5.2 참조

58. 오퍼랜드(operand) 부분에 데이터를 기억하는 방법에 해당되는 것은?
(정보처리 2001.9, 1999.4)(전자계산 2004.9)

㉮ 상대 번지 지정　　㉯ 이미디어트(immediate) 번지 지정
㉰ 변형 페이지 제로 번지 지정　　㉱ 인덱스 번지 지정

☞ 5.6.2의 2. 참조

---

53. ㉱ **54.** ㉯ **55.** ㉮ **56.** ㉯ **57.** ㉯ **58.** ㉯

59. 다음 명령어 형식에 대한 특성 중 옳지 않은 것은? (정보처리 2000.5)

㉮ 3-주소 명령어 형식은 명령어 길이가 증가한다.
㉯ 2-주소 명령어 형식은 MOVE 명령이 필요하다.
㉰ 1-주소 명령어 형식은 스택이 필요하다.
㉱ 0-주소 명령어 형식은 PUSH, POP 명령이 필요하다.

☞ 5.5.3 참조

60. 다음의 어셈블리어로 나타낸 기본적인 명령(instruction)중 제어 기능을 가진 명령만으로 짝지워진 것은? (정보처리 2000.5)

㉮ JMP X, ROL
㉯ LAD X, SZC
㉰ SMA, JMP X
㉱ JMP X, LAD X

☞ 5.5.2 참조

61. 전자계산기 명령(instruction)의 주소 지정방식 중 기억장치에 최소 2번 접근(access)해야 오퍼랜드(operand)를 얻을 수 있는 것은? (전자계산 2003.5)

㉮ 직접 주소지정방식(direct addressing)
㉯ 간접 주소지정방식(indirect addressing)
㉰ 상대 주소지정방식(relative addressing)
㉱ 이미디어트 주소지정방식(immediate addressing)

☞ 5.6.2의 5. 참조

62. 오퍼랜드 필드가 메모리내의 주소를 참조하여 그 주소로 부터 유효번지를 계산하여 메모리에 접근하는 주소지정방식은? (전자계산 2002.9)

㉮ Relative Addressing Mode
㉯ Indirect Addressing Mode
㉰ Index Addressing Mode
㉱ Immediate Addressing Mode

☞ 5.6.2의 5. 참조

63. 중앙처리장치에서 사용되는 레지스터(register)의 종류가 아닌 것은?
(정보처리 2004.5, 1999.10)(조직응용 2002.8)

㉮ Accumulator
㉯ Program Counter
㉰ Instruction Register
㉱ Full Adder

☞ 5.1 참조

---

59. ㉰ **60.** ㉰ **61.** ㉯ **62.** ㉯ **63.** ㉱

제 6 장

제어 장치

6.1 제어 장치의 구성

6.1.1 제어 장치의 구조

제어 장치는 중앙 처리 장치(CPU)에서 제어 기능을 수행하는 장치로 CPU 내에 산술 논리 장치(ALU)와 함께 포함되어 있다.

그림 6-1 제어장치의 구조

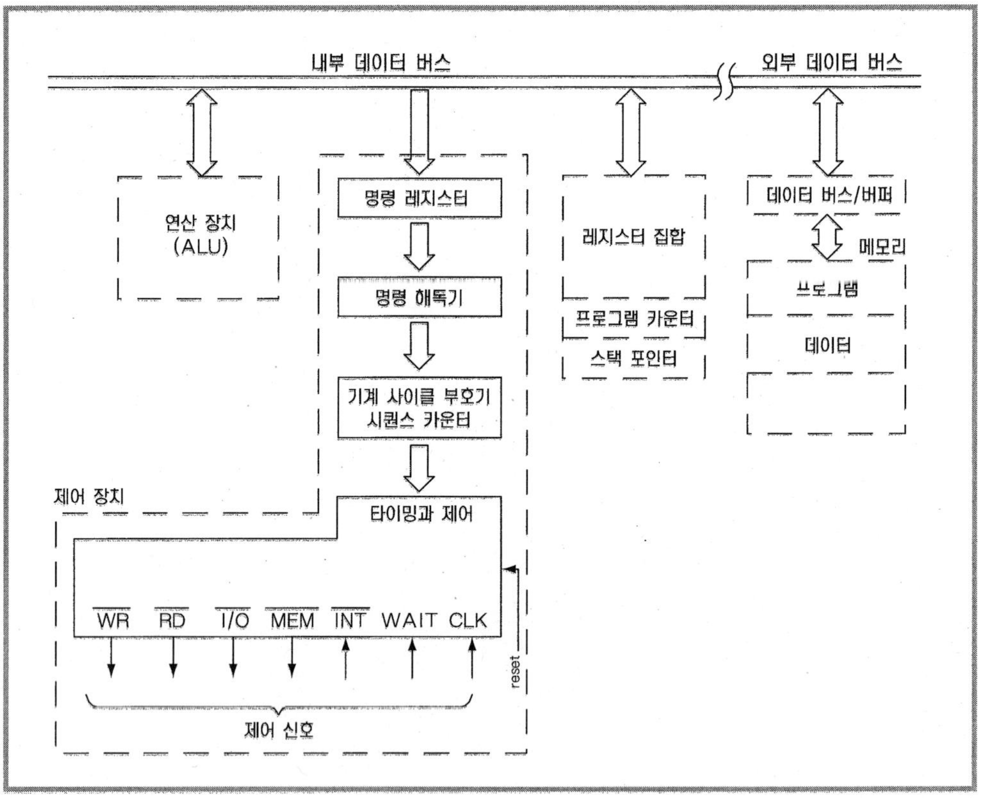

주요 제어 기능은 명령어에 대한 해독(decode), 기계 사이클(machine cycle), 타이밍(timing) 제어 등이다. 즉, 제어 장치는 CPU로부터 제공되는 클록(clock)을 받아 각종 타이밍의 제어 및 사이클을 공급하고, 메모리로부터 명령어(프로그램)를 읽어 명령어에 따른 명령을 실행한다.

제어 장치를 중심으로 CPU 내부의 전체 구조를 도시하면 그림 6-1과 같다.

제어 장치의 주요 기능은 다음과 같다.

- 컴퓨터 제작자 또는 프로그래머가 설계한 프로그램내의 명령들에 따라 컴퓨터가 동작되도록 제어한다.
- 프로그램내의 명령은 명령어의 연산자 부분으로 연산자에 대한 명령을 읽고 해독 한다.

6.1.2 제어 장치의 구성 요소

1) 명령 레지스터(IR : instruction register)

컴퓨터 동작을 지시하는 명령어(프로그램)를 메모리로부터 읽어(fetch) 명령 레지스터에 저장한다.

즉, 메모리에 저장되어 있는 프로그램의 위치(주소)가 프로그램 카운터(PC ; program counter)에 저장되어 있으므로 프로그램 카운터가 가리키는 곳의 데이터를 읽어올 수 있으며, 프로그램카운터의 내용(주소)에 따라 실행순서가 정하여 진다.

2) 명령 해독기(instruction decoder)

메모리에 저장되어 있는 명령어를 중앙 처리 장치가 실행하기 위해서는 명령의 내용을 해독해야 된다. 이 해독하는 장치가 명령 해독기이며, 이 장치는 명령 레지스터에 저장되어 있는 명령어를 해독(분석)하는 논리 회로로 구성되어 있다. 명령 해독의 주요 대상은 명령어의 연산자 부분(OP코드)이다.

3) 기계 사이클 부호기(machine cycle encoder)

명령 해독기의 해독 결과에 따라 프로그램이 요구하는 명령을 실행하게 된다. 이때 기계 사이클 부호기는 주기억 장치, 연산 장치, 입출력 장치들이 명령을 실행하는데 필요로 하는 기계 사이클을 발생시켜 보내준다. 기계 사이클 부호기를 제어 신호 발생기라고도 한다.

4) 타이밍(timing)과 제어

컴퓨터의 타이밍은 기계 사이클 부호기와 시퀀스 카운터(동기 계수기 ; sequence counter)에 의해서 발생된다.

순서적으로 발생되는 제어 신호의 타이밍에 따라 버스와 레지스터 사이에 있는 게이트가 열리거나 닫히면서 데이터가 전송된다.

예 Z-80 CPU 경우에 데이터를 메모리로부터 읽는 명령을 실행하기 위해 다음의 신호들이 메모리와 각 버스의 게이트에 제공되며, 이 신호들은 제어 신호 및 타이밍 신호(기계 사이클)와 함께 동작한다.
- 기억 장치를 지정하는 MREQ
- 데이터를 읽는 RD
- 해당 번지를 가리키는 ADDR(A0－A15)
- 데이터를 받을 DATA(D0－D7)

6.2 마이크로오퍼레이션과 마이크로사이클

6.2.1 마이크로오퍼레이션

중앙 처리 장치(CPU) 내부에서 실행하는 것으로 명령에 대한 처리 조작을 세분화한 동작을 가리킨다. 마이크로오퍼레이션(microoperation)은 CPU 내의 레지스터들과 연산 장치에 의해서 이루어진다. 프로그램에 의한 명령의 수행은 마이크로오퍼레이션의 수행으로 이루어지므로 오퍼레이션이 실행될 때마다 CPU 내부의 상태는 변하게 된다.

1) CPU 상태의 변환 방식

- 동기식(synchronous) : 일정한 주기로 외부로부터 공급되는 펄스에 따라 CPU의 상태가 변환된다.
- 비동기식(asynchronous) : 입력과 내부 상태에 의하여 변환된다.

2) 마이크로오퍼레이션의 동작

CPU 내부에 있는 제어 장치가 명령을 처리하기 위해서는 CPU 내부의 레지스터, 연산 장치 등을 이용하는데, 그들의 동작 관계를 설명하면 다음과 같다.

- 레지스터(R) ⇨ 레지스터(R) 오퍼레이션

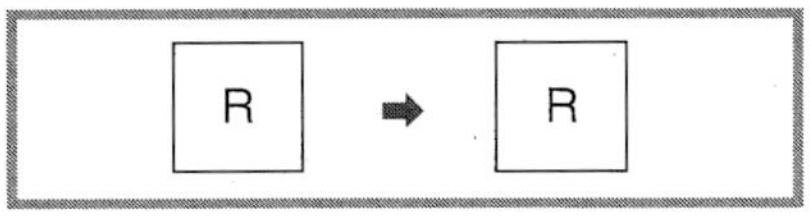

－한 개의 레지스터에 기억되어 있는 데이터가 다른 레지스터로 이동된다.

- 연산기(A) ⇨ 레지스터(R) 오퍼레이션

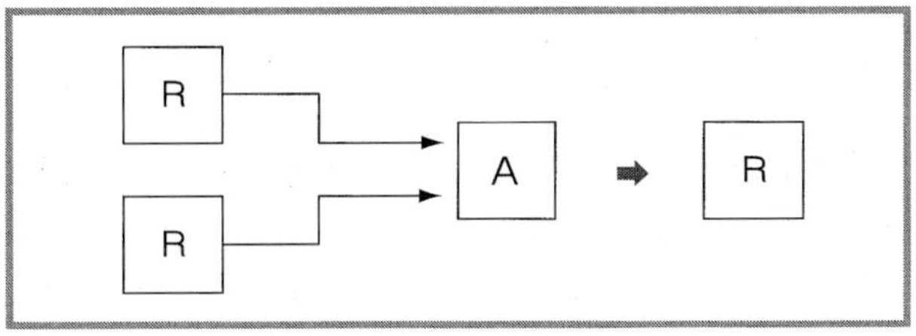

－두 개의 레지스터에 기억되어 있는 자료가 연산기를 통해 데이터가 처리·변형된 후 다른 레지스터로 이동된다.

표 6-1 ADD에 대한 마이크로오퍼레이션의 명령 실행 순서

타임 주기	오퍼레이션	비 고
C 0	MAR ⇦ PC	명령의 번지를 메모리 어드레스 레지스터(MAR)에 전송
C 1	IR ⇦ MBR(OP)	MAR이 가리키는 메모리의 명령 데이터(OP code)를 명령 레지스터(IR)에 전송
C 2	디코딩, PC ⇦ PC+1	명령 해독, 프로그램 카운터(PC)를 하나 증가
C 3	MAR ⇦ MBR(AD)	명령 데이터중 주소부의 데이터인 유효 주소를 전송
C 5	AC ⇦ AC+MBR	누산기(AC)에서 더하기(ADD) 연산 실행

－MAR ⇦ PC : fetch cycle의 첫 마이크로오퍼레이션

－MAR ⇦ O : 인터럽트 요청이 있는 경우의 마이크로오퍼레이션

- 마이크로오퍼레이션 중에 CPU 내부의 연산 레지스터, 인덱스 레지스터는 프로그램으로 레지스터의 내용을 변경할 수 있으나 MAR, MBR, IR 등의 레지스터는 변경시킬 수 없다.
- 마이크로오퍼레이션의 종류
  - 산술 마이크로오퍼레이션, 논리 마이크로오퍼레이션, 시프트(shift) 마이크로오퍼레이션 등이 있다.

6.2.2 마이크로사이클 타임

CPU가 명령어를 갖고 마이크로오퍼레이션을 수행하는데 요구되는 시간을 가리킨다. 마이크로사이클 타임을 CPU 사이클 타임이라고도 한다.

- 동기 고정식(synchronous fixed) 마이크로사이클 타임
  - 마이크로사이클 타임이 비슷한 모든 마이크로오퍼레이션들 중 가장 긴 것의 시간을 마이크로사이클 타임으로 정의한다.
  - CPU의 클록(clock) 주기가 된다.
  - 제어가 간단하나 CPU 시간에 대한 낭비가 발생한다.
- 동기 가변식(synchronous variable) 마이크로사이클 타임
  - 마이크로사이클 타임의 차가 큰 마이크로오퍼레이션들 중 수행 시간이 유사한 것끼리 각각 집합하고, 각 집합에 대해 각기 다른 마이크로사이클 타임을 정의한다.
  - 제어가 복잡하나 CPU 시간을 효율적으로 이용할 수 있다.

6.3 메이저 상태와 제어

제어 장치가 마이크로오퍼레이션을 수행하기 위해서는 기억 장치나 중앙 처리 장치로부터 받은 제어 데이터(명령)에 따라 정확한 제어 신호를 발생해야 하며, 이 제어 신호에 의해 중앙 처리 장치 내의 마이크로오퍼레이션이 순차적으로 실행된다.

이러한 기능을 수행하기 위해서 제어 장치는 CPU에 관한 제어 상태를 보관하고

저장한다.

- 타이밍 상태 레지스터(timing state register) : 순서 계수기(sequence counter)라고도 부르며, 시간 상태에 대한 정보를 갖는다.
- 메이저 상태 레지스터(major state register) : CPU 상태에 대한 정보를 갖는다.

6.3.1 메이저 상태(major state)

중앙 처리 장치가 명령을 수행하기 위해서는 최소한 한 번 이상은 기억 장치에 접근(access)하여야 한다.

그림 6-2 메이저 상태의 변화

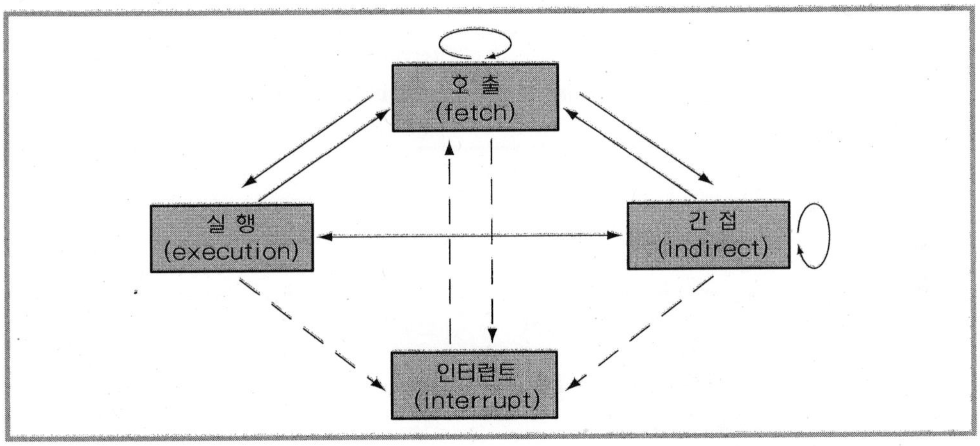

그러나 기억 장치의 사이클 타임은 중앙 처리 장치의 마이크로사이클 타임보다 상당히 느리므로 중앙 처리 장치의 동작은 기억 장치의 동작 속도에 상당한 제한을 받는다.

즉, 기억 장치가 동작하는 실행 사이클을 단위로 하여 중앙 처리 장치는 동작을 하게 된다. 이때 중앙 처리 장치가 무엇을 하고 있는가를 나타내는 상태가 메이저 상태(major state)이다.

그림 6-2와 같이 메이저 상태는 중앙 처리 장치가 기억 장치를 접근(호출, 주소 및 데이터 읽음)할 때마다 변경된다.

메이저 상태에서 각 상태의 기능을 설명하면 다음과 같다.

- 호출 사이클 : 명령을 읽어 온다.
- 간접 사이클 : 유효 주소를 읽어 온다.
- 실행 사이클 : 데이터(operand)를 읽어 온다.
- 인터럽트 사이클 : 외부 인터럽트 신호에 의해 특정 서브루틴을 실행(인터럽트가 요구하는 데이터를 읽음)한다.

중앙 처리 장치의 상태를 나타내는 메이저 상태는 기계 사이클 부호기에 의해서 발생되는데, 이 경우의 논리 상태를 설명하면 다음과 같다.

표 6-2 메이저 상태 주기(또는 CPU 주기)

플립플롭	부호기 출력	메이저 상태
F=0 E=0	C0	호출(fetch)
F=0 E=1	C1	실행(execution)
F=1 E=0	C2	간접(indirect)
F=1 E=1	C3	인터럽트(interrupt)

표 6-3 메이저 상태의 변화와 동작

상 태	동 작	오퍼레이션	기억 장치 접근 횟수 (일반적인 경우)
호 출 (fetch)	1. 메모리로부터 명령(OP)을 읽음 2. 명령을 해독(decode) 3. 다음 상태 ·1사이클 명령 : 수행후 호출 상태 ·2 이상 사이클 명령 -직접 주소 : 수행후 실행 상태 -간접 주소 : 수행후 간접 상태	c0t0 : MAR ⇦ PC c0t1 : MBR ⇦ M, PC ⇦ PC+1 c0t2 : OPR ⇦ MBR(OP)	·1회(1사이클인 경우) -1회 : 명령을 위한 메모리 접근 예) JUMP X
실 행 (execution)	1. 메모리로부터 데이터를 읽음 2. 다음 상태 ·수행후 호출(fetch) 상태	c1t0 : MAR ⇦ MBR(AD) c1t1 : MBR ⇦ M	· 2회 -1회 : 명령을 위한 메모리 접근 -2회 : 데이터를 위한 메모리 접근 예) ADD X

간 접 (indirect)	1. 메모리로부터 유효 주소를 읽음 2. 다음 상태 ·데이터가 간접 주소인 경우 :수행후 간접 상태 ·데이터가 분기(branch) 또는 명령인 경우 : 수행후 호출 상태 ·데이터가 분기(branch) 또는 명령이 아닌 경우 : 수행후 실행 상태	(ADD 명령의 경우) c2t0 : MAR ⇦ MBR(AD) c2t1 : MBR ⇦ M c2t2 : AC ⇦ AC+MBR	· 3회 -1회 : 명령을 위한 메모리 접근 -2회 : 유효 주소를 위한 메모리 접근 -3회 : 데이터를 위한 메모리 접근 예) ADD X (간접주소)
인터럽트 (interrupt)	1. 현 명령의 수행 완료 2. 인터럽트 처리 수행 3. 다음 상태 ·중단된 원래 루틴으로 복귀후 호출 상태	c3t0 : MBR(AD) ⇦ PC, PC ⇦ 0 c3t1 : MAR ⇦ PC, PC ⇦ PC+1 c3t2 : M ⇦ MBR, IEN ⇦ 0 c3t3 : F ⇦ 0, E ⇦ 0	

* • OPR ⇦ MBR(OP) : MBR(memory buffer register)로 읽혀진 OP 명령을 OPR(operation register)에 저장한다.
  • MBR(AD) ⇦ PC, PC ⇦ 0 : 현 프로그램의 번지 즉, 리턴(복귀) 번지를 특정 번지에 전송하고 PC(프로그램 카운터)를 클리어(clear)한다.
  • M ⇦ MBR, IEN ⇦ 0 : 특정 번지에 있는 리턴 번지를 주소 0에 저장하고 인터럽트 루틴을 수행하기 위해(다른 인터럽트를 받지 않기 위해) IEN(interrupt enable)을 클리어(clear)한다.
  • F ⇦ 0, E ⇦ 0 : 호출 상태(fetch)로 간다.(표 6-2 참고)

*서브루틴(subroutine), 점프(jump) 등의 수행은 PC(프로그램 카운터)의 데이터를 변경함으로써 가능하며, 이때 명령어는 정상적인 실행순서에서 벗어나게 된다. 정상 순서로 복귀하기 위하여 스택 포인터를 사용한다.

*명령어에서 번지의 지정은 CALL, RETURN과 명령자체에 의해서, 그리고 상태의 비트에 따른 조건부 분기에 의해서 결정된다.

6.3.2 제어기(CLU : control logic unit)

1) 타이밍 상태

타이밍 상태란 표 6-3의 t0, t1, t2, …의 각 시간별 상태로, 마이크로오퍼레이션을 수행하는 마이크로사이클 타임과 같다.

타이밍 상태를 세부적으로 설명하면 다음과 같다.

- 하나의 타이밍 상태에서는 하나의 마이크로오퍼레이션을 수행한다.
  - 메이저 상태의 타이밍 상태수는 마이크로오퍼레이션 수행의 동작수를 나타낸다.
- 타이밍 상태의 변화는 CPU의 클록 펄스에 따른다.

2) 제어 데이터 및 제어 규칙

메이저 상태들간의 변화, 중앙 처리 장치의 제어점 제어, 명령의 수행 순서를 결정하는데 필요한 데이터를 제어 데이터라고 하며, 제어 데이터를 받아 마이크로오퍼레이션이 수행되도록 제어 신호를 발생하는 것을 제어 규칙이라 한다.

표 6-4 메이저 상태의 동작과 제어 데이터

상 태	동 작	제어 데이터
호출(fetch)	실행 상태 완료후 호출 상태로 올 때	PC(program counter)
실행(execution)	CPU가 명령을 수행하기 위해 오퍼랜드를 호출할 때	PC(program counter)
간접(indirect)	유효 주소를 호출할 때	유효 주소
인터럽트(interrupt)	인터럽트를 구분할 때	인터럽트 신호

※인터럽트에 의해 현재 수행중인 루틴을 중단하고 호출 상태로 변화될 때 제어 데이터는 없다.

3) 제어기 구성

제어 장치의 기본 기능인 마이크로오퍼레이션의 동작은 제어 신호를 발생함으로써 이루어진다. 이 제어 장치를 구성하는 방법에는 하드웨어적 방법인 논리 회로에 의한 구성(고정 배선 제어 ; hardwired control)과 마이크로프로그램으로 구성하는 소프트웨어적 방법이 있다.

표 6-5 제어 장치의 구성 방법

방 법	특 성
소프트웨어적 방법 (마이크로프로그램)	· 제어 장치에 기억되어 있는 프로그램으로 제어 신호를 발생 · 회로의 구성이 간단하고, 명령 집합의 변경이 용이 · 속도가 느림
하드웨어적 방법 (논리 회로)	· 논리 회로로 설계된 제어 장치(hardwired control unit)에 의해 제어 신호를 발생 · 고속 제어 가능 · 제어 장치의 변경이 어려움 · 소프트웨어적 방법보다 비용이 많이 소요됨

마이크로프로그램에 의한 제어 장치는 제어 기억 장치 주소 레지스터(CSAR ; control storage address register)와 제어 기억 장치 데이터 레지스터(CSDR ; control storage data register)를 이용하여 기억 장치에 저장된 데이터를 읽을 수 있으며, EPROM으로 제어 장치를 구성하면 사용자가 제어 기억 장치(WCS ; writable control storage)에 마이크로프로그램을 기억시킬 수 있다.

6.3.3 접근 시간과 사이클 타임의 관계

명령 또는 데이터를 읽기 위해 해당 메모리 번지에 접근하는 시간을 접근 시간(access time)이라 하고, 기억 장치로부터 읽어오는 것을 기억 장치의 사이클 타임(cycle time)이라고 하면, 접근 시간과 사이클 타임은 마이크로사이클 타임의 몇 배가 된다.

그림 6-3 접근 시간과 사이클 타임의 관계

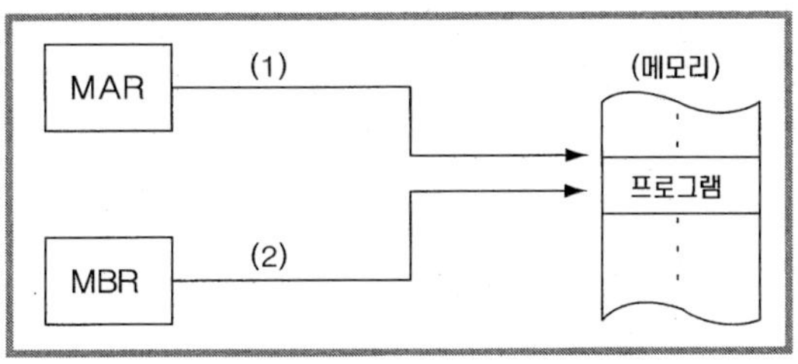

- 접근 시간 : (1) (PC ⇨ MAR)
- 사이클 타임 : (1) (PC ⇨ MAR)+(2)(M ⇨ MBR)

6.4 마이크로프로세서의 기본 사이클 타이밍

6.4.1 기본 사이클과 기계 사이클(machine cycle)

컴퓨터에서 가장 기본이 되는 동작은 마이크로프로세서에서 하드웨어적으로 제공되는 클록(clock) 신호에 따른다. 이 클록 신호(T cycle이라 부름)는 일정한 시간 간격으로 발생되어 반복적인 동작을 수행하는 호출(fetch), 실행(execution) 사이클의 제어에 사용된다.

그리고 클록 신호에 의해 만들어지는 각각의 타이밍 상태는 명령의 수행을 제어하는데 사용된다.

한 명령이 수행되는 시간을 명령 사이클(instruction cycle)이라 하고, 각 타이밍 상태의 수행 시간을 기계 사이클(machine cycle)이라고 하면, 명령 사이클(I)은 몇 개의 기계 사이클(M)로 구성된다.

그림 6-4 기본 타이밍 상태

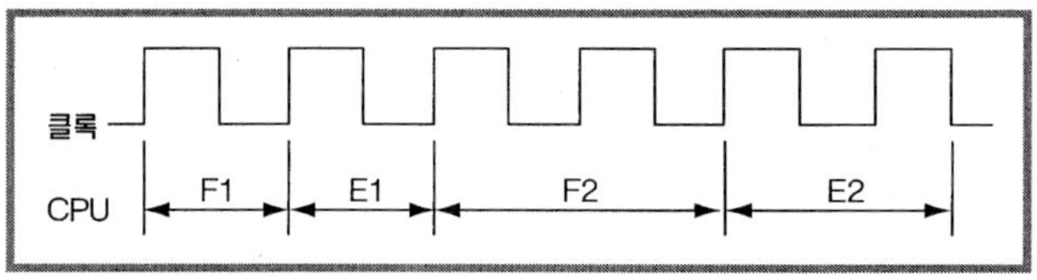

F : 명령 호출(fetch) 사이클
E : 명령 실행(execution) 사이클

그림 6-5 기본 사이클(T)과 명령 사이클(I)

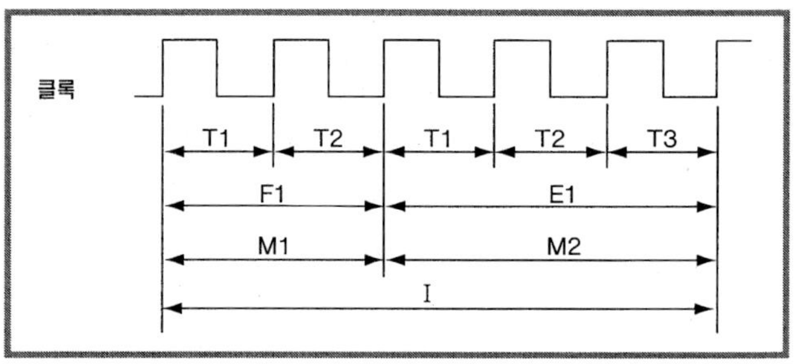

T : T cycle(클록 신호)
M : 기계 사이클
I : 명령 사이클

F : 명령 호출(fetch) 사이클
E : 명령 실행(execution) 사이클

6.4.2 명령 사이클(instruction cycle)

마이크로오퍼레이션에서 설명한 바와 같이 모든 명령은 두 개의 상태(호출 ; fetch, 실행 ; execution)로 수행됨을 알 수 있다. 그러므로 모든 명령은 호출과 실행 상태를 반복하게 된다. 그러므로 명령을 수행하기 위해서는 하나 또는 둘 이상의 기계 사이클(machine cycle ; M cycle)이 요구된다.

1) 호출(fetch) 사이클

명령 사이클의 첫 사이클(호출 사이클)은 메모리로부터 명령을 읽어와서 CPU내의 명령 레지스터(IR ; instruction register)에 저장하는 동작을 수행한다.

이 동작을 기본 사이클(T cycle)에 따른 세부 동작 상태로 설명하면 다음과 같다.

- PC OUT
- PC = PC+1
- 명령(instruction) 데이터 ⇨ IR(instruction register)

2) 실행(execution) 사이클

호출(fetch) 사이클에서 얻어진 명령 레지스터의 데이터(명령)를 해독하고 명령을 실행하는 사이클이 실행 사이클이다. 부호기(encoder)는 해독된 명령에 따라 제어 신호를 발생한다.

예 해독된 명령이 메모리의 특정 번지에 저장되어 있는 데이터와 어큐뮬레이터의 데이터를 더하는 명령(ADD A, (350H))인 경우의 동작을 설명하면 다음과 같다.

-(350H) ⇨ TMP : 350 번지의 데이터를 CPU내에 있는 연산 장치의 임시 레지스터(TMP)에 저장한다.
-(TMP)+(AC) ⇨ AC

3) ADD A, S 경우의 사이클 관계(Z-80의 경우)

표 6-6 명령 사이클과 기계 사이클의 관계

S	명령 사이클 수	기계 사이클수	클록수	비 고
r	1	1	4	· 레지스터(B, C 등)의 저장 데이터와 가산
n	1	2	7	· 임의 데이터와 가산
(HL)	1	2	7	· 저장된 데이터의 유효 주소가 레지스터(HL)에 있는 경우의 가산
(IX+d)	1	5	19	· 간접 주소 지정 방식의 가산

용어정의

1. 마이크로오퍼레이션과 마이크로프로그램

- 마이크로오퍼레이션(microoperation) : CPU 내의 제어 장치가 세부적으로 처리하는 명령 조작을 가리킨다.
- 마이크로프로그램(microprogram) : CPU 내의 제어 장치를 설계하는 프로그램으로 제어 장치에 저장되어 있어 각종 제어 신호를 발생시킨다.
  - 일반적으로 마이크로프로그램은 ROM에 저장된다.

2. PC, MAR, MBR의 구성

(기억 장치(메모리)의 용량이 4096word이며, 한 word는 16bit인 경우)

- 용량=4096word=2^{12}word(어드레스 크기는 2^{12}이며, 한 데이터 크기는 1word임)
- 1word=16bit
  - 주소를 저장하는 PC(program counter)와 MAR(memory address register)의 크기는 같다(PC 또는 MAR의 비트수=12bit).
  - 데이터를 저장하는 MBR(memory buffer register) (또는 MDR(memory data register)라고 부름)의 크기는 1word이다(MBR(=1word)의 비트수=16bit).

3. 제어점(control point)

데이터 버스와 어드레스 버스는 연결되어 있는 레지스터의 입출력 게이트에 의해 송수신된다. 이때 입력 게이트와 출력 게이트를 제어점이라 하며, 서로 다른 제어 신호를 가해야 되는 제어점을 독립 제어점이라 한다. 일반적으로 모든 레지스터에는 입출력단자에 각각 하나씩의 독립 제어점이 있다.

4. 동기식(싱크로너스 ; synchronous) 동작

싱크로너스 동작은 단일 제어 장치를 이용하여 컴퓨터의 모든 장치를 제어하는 동작이다.

5. 메이저 상태 레지스터(major state register)

CPU가 무엇을 하고 있는지를 나타내는 레지스터를 가리킨다.

6. 수평형(horizontal) 및 수직형(vertical) microprogramming

- 수평형 microprogramming
  - CPU 내부의 각 부분을 제어하는 비트 패턴을 마이크로프로그램으로 설계한다.
  - microinstruction의 길이와 같다.
  - 마이크로프로그램 수행시 제어 비트 패턴의 해독(decode)이 필요 없다.
  - 동시에 여러 개의 마이크로 명령을 수행하는 고도의 병행성(parallel)을 갖는다.
  - 수행 속도가 매우 빠르다.
- 수직형 microprogramming
  - 비트 패턴에 대한 코드를 이용하여 마이크로프로그램을 설계한다.
  - 수행시에 해독기(decoder)가 필요하며, 이에 따라 속도가 느리다.
- 나노형 microprogramming
  - 인코드(encode)된 명령으로 마이크로 프로그램을 설계한다.
  - low level의 나노 메모리를 사용한다.
  - 나노 메모리에 저장된 워드가 나노 명령이다.

7. RTS와 RTI의 차이

- RTS(return from subroutine)
  - 주(main)프로그램으로 돌아 가기 위한 서브루틴(또는 서브프로그램)의 마지막 명령이다.
- RTI(return from interrupt)
  - 주(main)프로그램으로 돌아 가기 위한 인터럽트 프로그램의 마지막 명령이다.

기출문제 **제어장치**

1. 메이저 상태에서 인스트럭션의 종류에 대한 판단이 이루어지는 상태는?

(정보처리 2002.3)(조직응용 2002.3)

㉮ fetch ㉯ execute

㉰ interrupt ㉱ indirect

☞ 6.3.1 참조

2. 다음 중 기억된 프로그램(program)을 하나 하나 불러내어 명령을 해독하는 장치는?

(정보처리 2003.8, 2000.3)

㉮ 입력장치 ㉯ 제어장치

㉰ 연산장치 ㉱ 기억장치

☞ 6.1.2의 2 명령 해독기 참조

3. 중앙처리장치에서 마이크로 동작이 실행이 순서적으로 발생할 수 있도록 역할을 담당하는 것은?

(정보처리 2006.3)

㉮ 레지스터(REGISTER)

㉯ 제어(CONTROL) 신호

㉰ 누산기(ACCUMULATOR)

㉱ 프로그램 카운터(PROGRAM COUNTER)

☞ 6.3 참조

4. 다음 중 마이크로프로세서 동작의 시퀀스를 결정하여 주는 신호는?

(정보처리 2000.10, 1999.6)(전자계산 2003.8)

㉮ 사이클 신호 ㉯ 누신기

㉰ 레지스터 ㉱ 제어 신호

☞ 6.1.2의 4 타이밍과 제어 참조

---

1. ㉮ **2.** ㉯ **3.** ㉯ **4.** ㉱

5. 다음 중 마이크로 프로그램(microprogram)에 대한 설명 중 옳지 않은 것은?

(정보처리 2003.5, 2001.9, 2000.10)

㉮ 마이크로 프로그램은 보통 RAM에 저장한다.

㉯ 마이크로 프로그램은 CPU내의 제어장치를 설계하는 프로그램이다.

㉰ 마이크로 프로그램은 각종 제어신호를 발생시킨다.

㉱ 마이크로 프로그램은 마이크로 명령으로 형성되어 있다.

☞ 6.3.2.의 3 제어기 구성 참조

6. 제어 데이터의 종류를 열거한 것으로 옳지 않은 것은?

(정보처리 2001.9, 2000.10, 1989.3)

㉮ 메이저 스테이트 사이의 변천을 제어하는 제어 데이터

㉯ 입·출력 장치의 제어점을 제어하는데 필요한 제어 데이터

㉰ 중앙처리장치의 제어점을 제어하는데 필요한 제어 데이터

㉱ 인스트럭션 수행 순서를 결정하는데 필요한 제어 데이터

☞ 6.3.2의 2 제어 데이터 및 제어 규칙 참조

7. CPU내 제어기의 제어 데이터 중에 포함되지 않는 것은? (정보처리 2001.3, 2000.5)

㉮ 각 메이저 스테이트 사이의 변천을 제어하는 제어 데이터

㉯ 중앙처리장치의 제어점을 제어하는데 필요한 제어 데이터

㉰ 인스트럭션의 수행순서를 결정하는데 필요한 제어 데이터

㉱ 입·출력 장치의 제어점을 제어하는 제어 데이터

☞ 6.3.2의 2 제어 데이터 및 제어 규칙 참조

8. 마이크로오퍼레이션 중 우선적으로 이루어져야 하는 것은?

(정보처리 2002.9, 2001.3)(정보기술 2002.8)(전자계산 2005.5, 2004.9, 2002.5)(조직응용 2003.8)

㉮ PC←PC+1 ㉯ IR←MBR

㉰ MAR←PC ㉱ MBR←PC

☞ 표 6-3 참조

---

5. ㉮ **6.** ㉯ **7.** ㉱ **8.** ㉰

9. "동기 디지털 시스템에 내장되어 있는 모든 레지스터의 타이밍은( )에 의하여 제어된다." ( )에 올바른 용어는? (정보처리 2005.3, 2001.6, 1993.8)

㉮ 마스터 클럭 발생기 ㉯ 프로그램 카운터

㉰ 스택 포인터 ㉱ 플립플롭

☞ 6.1.1 제어장치의 구조 참조

10. 주기억 장치에 기억된 명령을 꺼내서 해독하고, 시스템 전체에 지시 신호를 내는 것은? (정보처리 2004.5, 2002.9, 2001.9)

㉮ 채널(channel) ㉯ 제어 장치(control unit)

㉰ 연산 논리 기구(ALU) ㉱ 입출력 장치(I/O unit)

☞ 6.1.2의 2 명령 해독기 참조

11. 다음 설명 중 페치 사이클(fetch cycle)에 해당하지 않는 것은? (정보처리 2001.9)

㉮ 주기억장치의 지정 장소(address)로부터 명령을 끄집어 내어 CPU에 옮긴다.

㉯ 명령의 오퍼레이션(operation)부를 명령 레지스터(Instruction Register)에 세트(set)시켜 해독시킨다.

㉰ 다음에 실행할 명령의 기억장소(address)를 세트(set)시킨다.

㉱ 실제로 명령을 이행한다.

☞ 표 6-3 참조

12. PC(program counter)의 기능을 설명한 것 중 옳은 것은? (정보처리 2001.9, 1999.8, 1993.3)

㉮ PC의 내용은 fetch cycle 동안에 1 증가된다.

㉯ PC의 내용은 execute cycle 동안에 1 증가된다.

㉰ PC의 내용은 fetching, executing과 관계없다.

㉱ PC의 내용은 변화하지 않는다.

☞ 표 6-3 참조

13. 마이크로 동작(Microoperation)에 대한 정의로서 옳은 것은? (정보처리 2005.3, 2002.9, 2001.9)(조직응용 2005.3)

㉮ 레지스터에 저장된 데이터에 의해서 이루어지는 동작

㉯ 컴퓨터의 빠른 계산 동작

㉰ 플립플롭 내에서 기억되는 동작

㉱ 2진수 계산에 쓰이는 동작

☞ 6.2.1의 2 마이크로오퍼레이션의 동작 참조

---

9. ㉮ **10.** ㉯ **11.** ㉰ **12.** ㉮ **13.** ㉮

14. CPU가 명령어를 수행하는데 필요한 동작이 아닌 것은? (정보처리 2000.5, 1993.3)

㉮ buffer ㉯ fetch
㉰ decode ㉱ execute

☞ 표 6-3 참조

15. 인스트럭션(instruction)의 수행 과정이 아닌 것은? (정보처리 2003.5, 1999.4)

㉮ 주소 변환 ㉯ 명령 인출
㉰ 오퍼랜드 인출 ㉱ 사이클 실행

☞ 표 6-3 참조

16. 제어방식 중 일정한 시간 간격으로 발생한 펄스에 따라 계산기의 각 부분의 동작을 규칙적으로 진행시키는 방식은? (정보처리 2006.5)

㉮ 비동기식 제어 방식 ㉯ 동기식 제어 방식
㉰ 비주기식 제어 방식 ㉱ 직류 방식

☞ 6.2.2 참조

17. 명령 코드가 명령을 수행할 수 있게 필요한 제어 기능을 제공해 주는 것은?
(정보처리 2005.3, 2002.5)(정보기술 2004.8)(조직응용 2005.3)

㉮ 레지스터 ㉯ 누산기
㉰ 스택 ㉱ CPU에 있는 제어 장치

☞ 6.1.1 제어장치 구조 참조

18. 메이저 스테이트(Major state)를 명령이 패치(Fetch)사이클에서 사용하지 않는 것은?
(정보처리 1999.6)

㉮ Program Counter ㉯ Stack Pointer
㉰ Memory Buffer Register ㉱ Memory Address Register

☞ 표 6-3 참조

19. CPU의 명령어 사이클(instruction cycle) 4단계에 해당되지 않는 것은? (정보처리 2004.9)

㉮ Fetch Cycle ㉯ Control Cycle
㉰ Indirect Cycle ㉱ Interrupt Cycle

☞ 6.3.1 참조

---

14. ㉮ **15.** ㉮ **16.** ㉯ **17.** ㉱ **18.** ㉯ **19.** ㉯

20. 컴퓨터의 Fetch 사이클 시퀀스를 옳게 나타낸 것은? (정보처리 2005.9, 1999.6)

① 명령을 읽고 PC를 하나 증가	② 실행 사이클로 간다.
③ 명령의 번지를 전송	④ OP 코드를 전송
⑤ 간접 사이클로 간다.	

㉮ ③-①-④-②-⑤ ㉯ ③-①-④-⑤-②

㉰ ③-④-①-②-⑤ ㉱ ①-③-④-②-⑤

☞ 표 6-3 참조

21. 마이크로 프로그램을 저장하는 제어 메모리는 주로 어떤 메모리를 사용하는가? (정보처리 1999.8)

㉮ ROM ㉯ CAM(Content Addressable Memory)

㉰ RAM ㉱ 가상 메모리

☞ 용어 정의 1 참조

22. OP code 명령 호출은 어느 레지스터로 이동하는가? (정보처리 1999.8, 1993.3, 1989.5)

㉮ Flag register ㉯ Address register

㉰ Index register ㉱ instruction register

☞ 6.1.2의 1 명령 레지스터 참조

23. 메모리로부터 읽은 내용이 오퍼랜드(operand)의 번지일 경우 컴퓨터의 사이클(cycle)은? (정보처리 1999.10)(조직응용 2005.3, 2002.8, 1992.10)

㉮ 인터럽트 사이클 ㉯ 페치 사이클

㉰ 실행 사이클 ㉱ 간접 사이클

☞ 6.3.1 메이저 상태 참조

24. 다음 중 프로그램 제어에 관한 명령이 아닌 것은? (정보처리 1999.10)

㉮ 브랜치(branch) ㉯ 콜(call), 리턴(return)

㉰ 인터럽트에 관한 명령 ㉱ 논리연산

☞ 표 6-3 참조

---

20. ㉯ **21.** ㉮ **22.** ㉱ **23.** ㉱ **24.** ㉱

25. 컴퓨터 제어장치의 기능이 아닌 것은? (전자계산 2005.5, 2002.9)

㉮ 주기억장치에 data의 Read 와 Write
㉯ interrupt의 발생
㉰ 산술논리 연산의 실행 지시
㉱ 입·출력 장치의 제어

☞ 6.1 참조

26. 명령어 사이클(Instruction Cycle)이 아닌 것은? (전자계산 2005.5, 2003.5)

㉮ Fetch Cycle
㉯ Control Cycle
㉰ Indirect Cycle
㉱ Interrupt Cycle

☞ 6.3.1 참조

27. 실행(Execute) 메이저 상태에서 제일 처음 발생하는 마이크로 오퍼레이션은? (전자계산 2003.5)

㉮ MBR ← PC
㉯ LD ← MBR
㉰ MAR ← MBR
㉱ FETCH

☞ 표 6-3 참조

28. 다음 중 명령어의 정상적인 실행 순서에 변화를 주는 목적으로 사용되는 것은? (정보처리2 1989.9)(전자계산 2004.9)

㉮ Interupt
㉯ Branching
㉰ Shift
㉱ Macro instruction

☞ 표 6-3 참조

29. 명령어 주기에 속하지 않는 것은? (정보기술 2002.8)(전자계산 2004.5)

㉮ Fetch cycle
㉯ direct cycle
㉰ indirect cycle
㉱ execution cycle

☞ 그림 6-2 참조

30. AND 논리 동작이 다음과 같은 마이크로 동작으로 이루어진다. 순서를 올바르게 나타낸 것은? (단, ①페치 사이클로 간다. ②오퍼랜드를 읽는다. ③유효번지를 전송 ④누산기에 AND 동작 실행) (정보기술 2004.8)

㉮ ③→①→④→②
㉯ ③→②→④→①
㉰ ④→③→②→①
㉱ ①→④→③→②

☞ 표 6-1 참조

---

25. ㉯ 26. ㉯ 27. ㉰ 28. ㉯ 29. ㉯ 30. ㉯

31. CPU의 명령어 사이클(instruction cycle) 4단계에 해당되지 않는 것은? (정보처리 2006.9)

㉮ Fetch Cycle ㉯ Control Cycle
㉰ indirect Cycle ㉱ Execute Cycle

☞ 6.3.1 참조

32. 컴퓨터 명령어 실행주기 중에서 인스트럭션의 종류에 대한 판단이 이루어지는 상태는? (조직응용 2002.8)

㉮ fetch ㉯ execute
㉰ interrupt ㉱ indirect

☞ 6.3.1 참조

33. 인스트럭션 수행 시 유효 주소를 구하기 위한 메이저 상태를 무엇이라 하는가? (전자계산 2004.5)

㉮ FETCH 메이저 상태 ㉯ EXECUTE 메이저 상태
㉰ INDIRECT 메이저 상태 ㉱ INTERRUPT 메이저 상태

☞ 표 6-3 참조

34. 마이크로 사이클의 진행 순서로 옳은 것은? (전자계산 2004.9)

㉮ Fetch→ Execute→ Indirect→ Interrupt
㉯ Fetch→ Interrupt→ Indirect→ Execute
㉰ Fetch→ Execute→ Interrupt→ Indirect
㉱ Fetch→ Indirect→ Execute→ Interrupt

☞ 그림 6-2 참조

35. 다음 중 명령 사이클 수행 기간 동안 이루어지는 동작은? (정보처리2 1994.6)

㉮ 현재 수행된 다음 명령어와 위치를 결정한다.
㉯ 누산기에서 전송된 수와 가산될 요소가 가산기에 자리잡는다.
㉰ 연산 동작이 이루어진다.
㉱ 명령어의 명령부와 주소부를 해독하고 처리한다.

☞ 6.3.1 메이저 상태 참조

---

31. ㉯ **32.** ㉮ **33.** ㉰ **34.** ㉱ **35.** ㉱

36. 다음 컴퓨터 사이클(cycle) 제어 중에서 명령들이 메모리로부터 읽혀지는 사이클은?
(정보처리2 1994.3)

㉮ 명령 사이클　　㉯ Execute 사이클
㉰ Fetch 사이클　　㉱ Intirect 사이클

☞ 6.3.1 메이저 상태 참조

37. 인스트럭션은 중앙 처리 장치를 이용하여 수행되는데, 다음 중 명령을 읽어내는 스테이트(State)는?
(정보처리 2004.3)(조직응용 2004.3)

㉮ Fetch 스테이트　　㉯ Duplex 채널
㉰ Indirect 스테이트　　㉱ Timing 스테이트

☞ 6.3.1 메이저 상태 참조

38. 기억 장치에서 명령어를 읽어 CPU로 가져오는 것을 무엇이라고 하는가?
(정보처리 2006.9, 2003.3)(조직응용 2004.8, 2003.3)

㉮ Reference　　㉯ Fetch
㉰ Execute　　㉱ Major state

☞ 6.3.1 메이저 상태 참조

39. 중앙 처리 장치가 무엇을 하고 있는가를 타나내는 것을 메이저 상태라 한다. 인스트럭션의 종류를 판단하는 메이저 상태는 어느 것인가?
(조직응용2 1992.10)

㉮ INTERRUPT　　㉯ EXECUTE
㉰ FETCH　　㉱ INDIRECT

☞ 6.3.1 메이저 상태 참조

40. 중앙 연산 처리 장치에서 마이크로 동작이 순서적으로 일어나게 하려면 무엇이 필요한가?
(정보처리 2005.5, 2004.9, 2004.3)(정보기술 2003.8)(조직응용 2004.3)

㉮ 멀티플렉서　　㉯ 디코더
㉰ 제어 신호　　㉱ 레지스터

☞ 6.3 메이저 상태와 제어 참조

41. 다음 일련의 micro-operation 들은 어느 cycle을 나타내고 있는가?
(정보처리2 1993.8)(정보기술 2003.8)

```
T1 : MAR ← PC
T2 : MBR←M, PC←PC+1
T3 : OPR←MBR(OP), I←MBR(I)
```

---

36. ㉰　**37.** ㉮　**38.** ㉯　**39.** ㉰　**40.** ㉰　**41.** ㉮

㉮ fetch
㉯ indirect
㉰ execution
㉱ interrupt

☞ 표 6-3 참조

42. 점프 명령을 실행하기 위해서는 브랜치(점프) 번지를 어느 곳에다 보내야 하는가? (정보처리2 1993.8)

㉮ PC
㉯ MAR
㉰ MBR
㉱ AC

☞ 표 6-3 참조

43. 제어 기능의 설명 중 가장 적당한 것은 어느 것인가? (정보처리2 1993.8)

㉮ 중앙 처리 장치를 제어한다.
㉯ 입력, 출력, 기억, 연산의 기능을 제어한다.
㉰ 입・출력 및 보조 기억 장치를 제어한다.
㉱ 입력, 기억, 연산의 기능을 제어한다.

☞ 6.1.1 제어 장치의 구조 참조

44. 중앙 처리 장치가 무엇을 하고 있는가를 나타내는 것으로서 기억 장치의 사이클을 단위로 하여 해당 사이클 동안에 무엇을 위해 기억 장치를 접근하는가를 나타내 수는 것은? (정보처리 2005.5)

㉮ 메이저 상태(Major State)
㉯ 마이너 상태(Minor State)
㉰ 홀드 상태(Hold State)
㉱ 대기 상태(Ready State)

☞ 6.3.1 참조

45. 다음은 마이크로 명령 형식을 표시한 것이다. 적합하지 않은 것은 무엇인가? (정보처리1 1993.1)

㉮ 수평 마이크로 명령
㉯ 제어 마이크로 명령
㉰ 수직 마이크로 명령
㉱ 나노 명령

☞ 용어정의 6 참조

46. 다음 중 간접 사이클을 옳게 설명한 마이크로 오퍼레이션은 어느 것인가? (정보처리 1993.3)

- MAR : Memory Address Register
- MBR : Memory Buffer Register
- IEN : Interrupt ENable

---

42. ㉮ 43. ㉯ 44. ㉮ 45. ㉯ 46. ㉮

㉮ MAR ← MBR(AD)
MBR ← M

㉯ MAR ← PC, MBR ← M
PC ← PC+1

㉰ MAR ← MBR(AD)
MBR ← PC, PC←0

㉱ MAR(AD) ← PC, PC ← 0
MAR ← PC, PC ← PC+1
M ← MBR, IEN ← 0

☞ 표 6-3 참조

47. 다음의 마이크로 오퍼레이션은 무엇을 수행하는가? (정보처리 2005.5)

```
t0 : MAR ←  MBR(AD)
t1 : MBR ←  M
t2 : EAC ←  AC + MBR
```

㉮ AND 명령 ㉯ JMP 명령
㉰ ADD 명령 ㉱ BSA 명령

☞ 표 6-3 참조

48. 다음이 설명하고 있는 것은? (정보처리 2005.9)

- 클럭 펄스 동안에 실행되는 기본적인 동작을 의미한다.
- 명령을 수행하기 위하여 CPU 내의 레지스터와 플래그의 상태 변환을 일으키는 동작을 의미한다.

㉮ Program Operation ㉯ Fetch
㉰ Count Operation ㉱ Micro Operation

☞ 표 6-3 참조

49. 한 명령의 execute cycle 중에 인터럽트 요청이 있어 인터럽트를 처리한 후 CPU 다음에 수행하는 cycle은? (정보처리 2005.9)

㉮ fetch cycle ㉯ indirect cycle
㉰ execute cycle ㉱ direct cycle

☞ 6.3.1 참조

50. 명령(instruction)이 실행되기 위해 가장 우선적으로 처리되어야 하는 마이크로 오퍼레이션은? (정보기술 2004.8)

㉮ PC → MAR ㉯ PC → MBR
㉰ PC → CPU ㉱ PC → M

☞ 표 6-3 참조

---

47. ㉰ **48.** ㉱ **49.** ㉮ **50.** ㉮

51. CPU가 명령어의 op-code를 인출하여 해독하는 사이클은? (조직응용 2003.8)

㉮ direct cycle
㉯ fetch cycle
㉰ interrupt cycle
㉱ execute cycle

☞ 6.3.1 참조

52. 인터럽트 사이클의 마이크로동작 중에서 옳지 않은 것은? (전자계산 2002.5)

① SP ← SP + 1

② M[SP] ← PC
INTACK ← 1

③ PC ← VAD

④ IEN ← 1
GO TO fetch cycle

㉮ ①
㉯ ②
㉰ ③
㉱ ④

☞ 표 6-3 참조

---

51. ㉯ **52.** ㉱

제 7 장

기억 장치

7.1 기억 장치의 개요

컴퓨터 시스템은 크게 중앙 처리 장치(CPU), 기억 장치, 입출력 장치로 구성된다. 컴퓨터 시스템의 구성 요소 중 중앙 처리 장치의 속도와 용량에 가장 큰 비중을 차지하는 시스템이 기억 장치이며, 중앙 처리 장치의 속도는 기억 장치와의 데이터 전송 속도에 종속된다고 할 수 있다.

그림 7-1 기억 장치간의 처리 속도

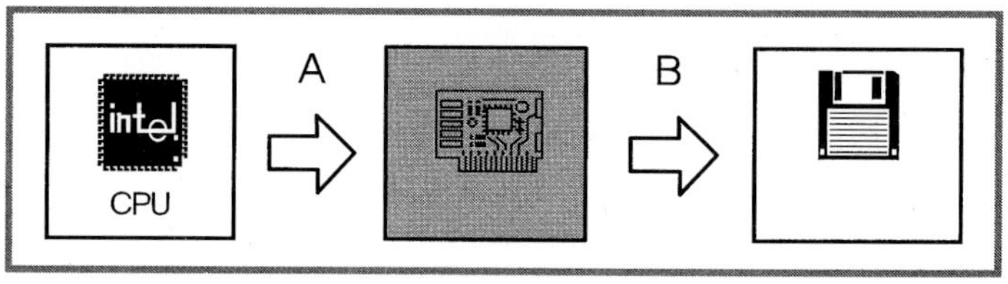

- CPU 내의 처리 시간 : 수*10^{-9} ~ 수십*10^{-9} 초
- A의 전송 시간 : 수백*10^{-9} 초
- B의 전송 시간 : 수*10^{-3} ~ 수십*10^{-3} 초

그림 7-2 기억 장치의 종류

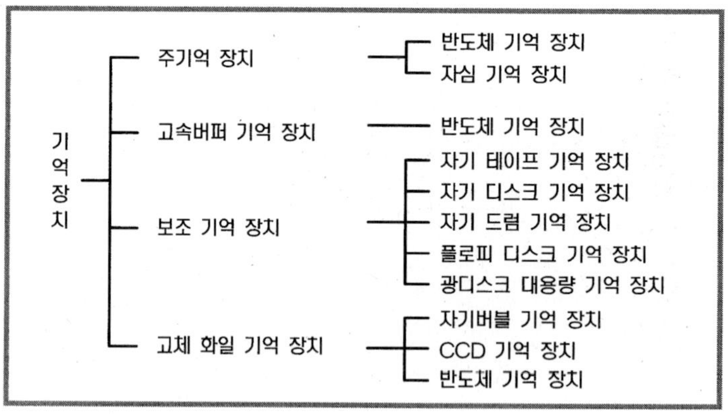

기억 장치는 사용 목적과 기억 방법에 따라 주기억 장치, 보조 기억 장치, 고속 버퍼 기억 장치, 고체 파일 기억 장치로 구분된다.

그림 7-3과 같이 보조 기억 장치는 접근(access) 속도가 느리다. 일반적으로 컴퓨터 시스템은 처리할 데이터를 주기억 장치에 저장하여 중앙 처리 장치와 함께 동작하도록 한다.

그림 7-3 기억 장치의 계층 구조

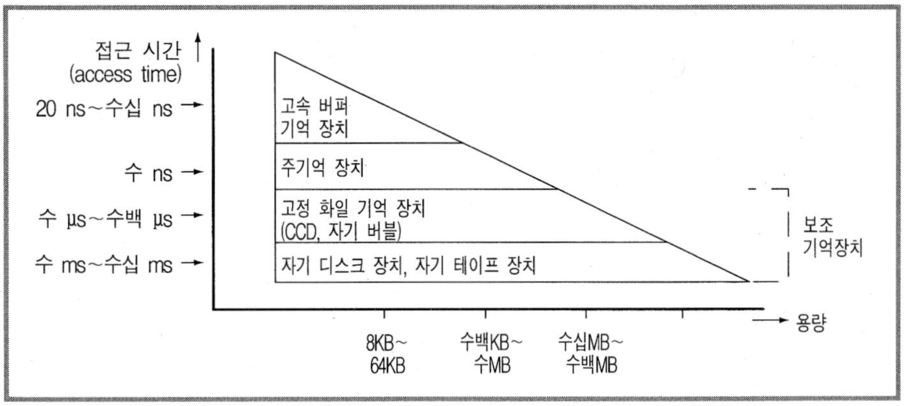

7.2 기억 장치의 종류

7.2.1 주기억 장치(main memory)

- CPU가 요구할 때마다 즉시 접근(access)할 수 있는 기억 장치이다.
- 컴퓨터 시스템의 내부에 위치하며, 내부의 버스와에 함께 연결된다.
- 컴퓨터가 시동(booting)될 때 CPU의 동작에 필수적으로 요구되는 데이터(시스템 파일 등)가 보조 기억 장치로부터 주기억 장치에 저장되며, CPU는 주기억 장치 내에 있는 프로그램에 따라 동작한다.
- 주기억 장치는 일반적으로 반도체 소자를 이용하여 구성된다.
  - CMOS 반도체 기억장치가 가장 저전력의 반도체소자이다.
- 반도체 기억 소자를 이용한 주기억 장치에는 ROM과 RAM이 있다.

그림 7-4 반도체 기억 소자의 종류

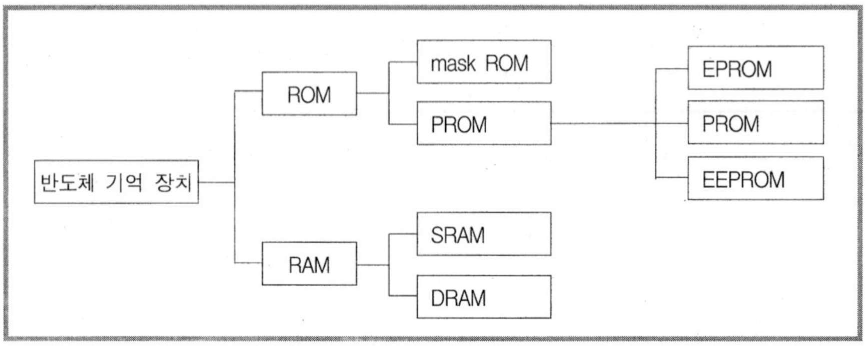

1) ROM(read only memory)

주기억 장치 중에서 오직 읽어만 올 수 있는 읽기 전용(read only) 기억 장치이다. 즉, 데이터를 저장할 수(write) 없는 기억 장치이다.

또한 컴퓨터 전원이 끊어져도 저장된 내용이 지워지지 않는 불휘발성 기억 장치이므로 영구적으로 저장할 수 있다. 일반적으로 컴퓨터 시스템의 기본 프로그램을 저장(booting 프로그램, test 프로그램 등) 하여 사용하고 있다.

ROM의 특징을 설명하면 다음과 같다.

- 컴퓨터 전원을 켰을 때 컴퓨터 시스템을 진단한다.
- 컴퓨터 시스템의 각종 장치를 초기화한다.
- 보조 기억 장치로부터 시스템 파일들을 주기억 장치(RAM)에 저장한다.
- 보조 기억 장치에 있는 운영 체제를 처음으로 읽어들인다.
- 즉, 부팅(booting) 작업을 시행한다.

ROM은 데이터를 저장하고 지우는 방법에 따라 여러 종류로 구분할 수 있다. 이를 설명하면 다음과 같다.

- mask ROM : 초기 단계의 ROM으로 공장에서 출하시에 일정한 내용을 저장하여 제조한 ROM이다. 기억 내용이 동일하므로 대량 생산에 적합하다.
- PROM(programmable ROM) : 제조시 데이터는 없으며, 필요에 따라 사용자가 저장할 수 있는 ROM이다. PROM writer로 데이터를 저장할 수는 있으나 지울

수는 없다.

- EPROM(erasable PROM) : 저장된 프로그램이나 데이터를 지울 수 있는 PROM이다. 내용을 기록하는 것은 PROM과 같으며, 자외선으로 그 내용을 지울 수 있다.
- EEPROM(electrically EPROM) : 전기적으로 지울 수 있는 EPROM이다.

2) RAM(random access memory)

데이터를 저장하고(write) 읽을 수 있는(read) 기억 장치로 기억된 데이터를 지울 수 있다. 하지만 전원이 차단되면 기억된 데이터가 모두 없어지므로 휘발성 기억 장치라고 부른다.

RAM의 특징을 설명하면 다음과 같다.

- 컴퓨터가 시동될 때 보조 기억 장치로부터 운영 체제 등의 시스템 파일들을 저장하며, 일반적으로 사용자 영역의 주기억 장치라고 부른다.
- CPU가 직접 접근(access) 가능한 고속의 기억 장치이다.
- 일반 PC에서 1Mbyte, 8Mbyte, 16Mbyte, 32Mbyte, 64Mbyte, 128Mbyte 등의 단위로 내장된다.

RAM은 내부 구조의 특성에 따라 표 7-1과 같이 SRAM(static RAM), DRAM(dynamic RAM)으로 구분된다.

표 7-1 SRAM과 DRAM의 비교

구 분	SRAM	DRAM
내부구조	플립플롭으로 집적화함.	전하 저장 기능을 이용한 일종의 콘덴서로 집적화함.
하드웨어특성	전원이 켜져 있는 동안에는 내용을 유지함.	시간이 지나면 내용이 없어지므로 일정한 주기로 재생(refresh)해야 됨.
가격	높음.	낮음.
소비전력	많음.	적음.
용도	소용량의 메모리에 사용.	대용량의 메모리에 사용.

7.2.2 보조 기억 장치(auxiliary memory)

1) 보조 기억 장치의 종류 및 특성

표 7-2 보조 기억 장치의 특성

종 류	기억 용량	접근 시간 (access time)	가격	비 고
자기 드럼 장치	소—중	최소	고	· 초기에 많이 사용하였으나 최근에는 거의 사용 안 함.
자기 디스크 장치	중—대	소	저	· 최근에 컴퓨터의 보조 기억 장치로 많이 사용함.
플로피 디스크 장치	소	중	저	· 입력 데이터 기록용. · 소규모의 프로그램, 데이터 보관용 · 사용하기에 편리함.
자기 테이프 장치	대	대	저	· 대규모 데이터의 기록 및 보관용

- 주기억 장치가 프로그램이나 데이터를 일시적으로 기억하는 것과는 대조적으로 보조 기억 장치는 영구적으로 데이터를 저장하는 기억 장치이다.
- 일반적으로 보조 기억 장치의 데이터를 주기억 장치에 저장할 때는 DMA(direct memory access) 방식을 사용한다.
- 대용량이면서 접근(access) 시간이 저속이다.
- 보조 기억 장치는 일반적으로 자기 기록 방식을 사용한다.
- 보조 기억 장치로는 자기 테이프 장치, 자기 드럼 장치, 자기 디스크 장치, 플로피 디스크 장치 등과 카트리지(cartridge) 형태의 대용량 기억 장치(MSS : mass storage system)가 있다.

2) 플로피 디스크(floppy disk)의 구성

플로피 디스크는 폴리에틸렌의 원판 위에 있는 자화 물질의 상태에 따라 데이터가 기록되는 기억 장치이다.

현재 PC가 널리 보급되면서 5.25인치, 3.5인치의 두 종류가 많이 사용되고 있다.

플로피 디스크는 단면, 양면, 양면 배밀도, 양면 고밀도 디스크가 있으며, 이 디스크는 트랙과 섹터로 구성된다.

표 7-3 플로피 디스크의 형태

종 류	5.25인치			3.5인치		
	섹터 수	트랙 수	용 량	섹터 수	트랙 수	용 량
양면 디스크(2D)	9	40	360KB			
양면 배밀도 디스크(2DD)				9	80	720KB
양면 고밀도 디스크(2HD)	15	80	1.2MB	18	80	1.44MB

*3.5인치의 2HD 용량 = 2면×80트랙/면×18섹터/트랙×512byte/섹터 = 1.44Mbyte
*디스크에 트랙과 섹터를 만드는 작업을 디스크의 초기화(포맷 ; format)라고 한다.

3) 광 디스크(optical disk)

빛을 사용하여 정보를 기록하는 디스크로 읽기 전용 광 디스크(read only optical disk)와 재기록 광 디스크(rewritable optical disk) 두 종류가 있다. 데이터를 기록하거나 판독할 때 레이저 광선을 이용한다.

광 디스크의 특징을 설명하면 다음과 같다.

- 디스크 한 장에 수백 Mbyte~수 Gbyte의 정보를 기억할 수 있는 대용량의 기억장치이다.
- 자기 디스크에 비하여 안정성이 뛰어나다.
- 가격이 고가이지만, 플로피 디스크처럼 가지고 다닐 수 있어 편리하다.

4) 기타 보조 기억 장치

(1) 자기 디스크 장치(magnetic disk storage)

- 읽고 쓰는 헤드, 디스크, 디스크에 접근하는 엑세스 암(arm)으로 구성된다.
- 자성 물질을 입힌 원판의 표면에 데이터를 저장하는 기억 장치이다.
- 대체로 여러 개의 디스크(디스크 팩이라 부름)를 묶어서 사용하며, 양면으로 구성된 각 디스크는 트랙(track)으로 구성되고, 트랙은 섹터(sector)로 구성된다. 각 디스크의 트랙을 실린더라고 부른다.
- 한 디스크는 양면에 기록할 수 있으나, 첫 장의 윗면과 마지막 장의 아랫면은 사용 불가능하다.
- 현재 컴퓨터에서 많이 사용하고 있는 기억장치로, 보통 프로그램 라이브러리(library), 데이터베이스 등을 저장한다.

- 속도가 빠르고 용량이 크다.
- 새로운 자료를 주기억 장치로 저장하기 위해 사용하는 알고리즘으로는 LFU (Least Freguency Used), LRU(Least Recently Used), FIFO(First In First Out) 등이 있다.

(2) 자기 드럼 기억 장치(magnetic drum storage)

- 원통의 표면에 강한 자성 물질을 바른 기억 장치이다.
- 원통의 표면인 드럼을 일정한 속도로 회전하면서 데이터를 기록한다.
- 초기에 주기억 장치로 사용되다가 현재는 거의 사용하지 않는다.
- 가격이 고가이며, 자기디스크 보다 기억 용량이 적다.

(3) 자기 코어 기억 장치(magnetic core memory)

- 자성체 물질로 0.3~0.5mm 정도의 작은 고리 모양의 소자이다.
- 자기 코어의 원리는 히스테리시스(hysterisis) 현상을 이용한 것이다.
- 이 고리(ring)에 흐르는 전류를 따라 데이터가 저장되고 읽혀진다.
- 하나의 고리(또는 코어)에 네 개의 선이 통과한다.
  - x, y선인 두 개의 구동선(driving wire), 감지선(sense wire), 그리고 금지선 (inhibit wire)은 데이터를 저장할 때 사용한다.
- 용량 : 가로, 세로가 각각 32개인 코어를 16장 겹친 경우의 용량은 1024(= 32 × 32) × 16이다.
- 가격이 저가이며, 속도가 매우 느리다.
- 반도체 기억 장치에 비교하면 용량은 매우 적다.
- 지음성 읽음(destructive readout) 성질을 갖는 기억 장치로 현재는 사용되지 않는다.
- 모든 기억 장소를 접근하는 접근(access) 시간이 일정하다.
- 한 사이클 시간은 접근 시간과 재 저장 시간의 합과 같다.

(4) 자기 테이프 기억 장치(magnetic tape memory)

- 플라스틱 테이프 표면에 자성 물질을 바른 기억 장치이다.
- 테이프 드라이브에 의해 사용된다.
- 기억 용량이 크고, 가격은 저가이다.
- 자기 디스크와 같은 직접 접근방식의 기억 장치보다는 속도가 느리고, 사용하기

에 불편하다.
– 순차적 접근 방식을 사용하므로 테이프 끝의 데이터를 저장하고 찾기 위해서는 전체를 모두 접근해야 한다.

- 현재 대용량의 데이터를 저장하는데 사용한다.
- 용량의 단위로는 bpi(bit per inch)를 사용한다.
  – bpi는 1트랙의 1인치에 저장할 수 있는 비트 수로 기록 밀도를 나타낸다.

7.3 주기억 장치의 구성(1KB RAM의 경우)

이 절에서 설명하는 기억 장치의 구성은 1Kbyte 용량의 SRAM에 대한 것으로서, 플립플롭(flip-flop)의 메모리 셀(cell ; 기억 단위)을 어느 시간에 세트(set), 리셋(reset)하여 데이터를 저장 또는 읽어내는 기억 장치이다.

데이터를 저장하고 호출하기 위해서는 전체 메모리 셀 중 어느 한 셀을 우선 선택해야 하는데, 이것을 주소(address)라고 한다.

주소가 선택되면 데이터는 $\overline{CS}$, $\overline{WR}$, $\overline{RD}$의 신호 명령에 따라 저장되고 호출된다.

X, Y 입력 해독기는 주소(address) 신호를 받아 메모리의 해당 셀을 찾는 해독기(decoder) 논리 회로로 구성된다.

그림 7-5 RAM의 구성

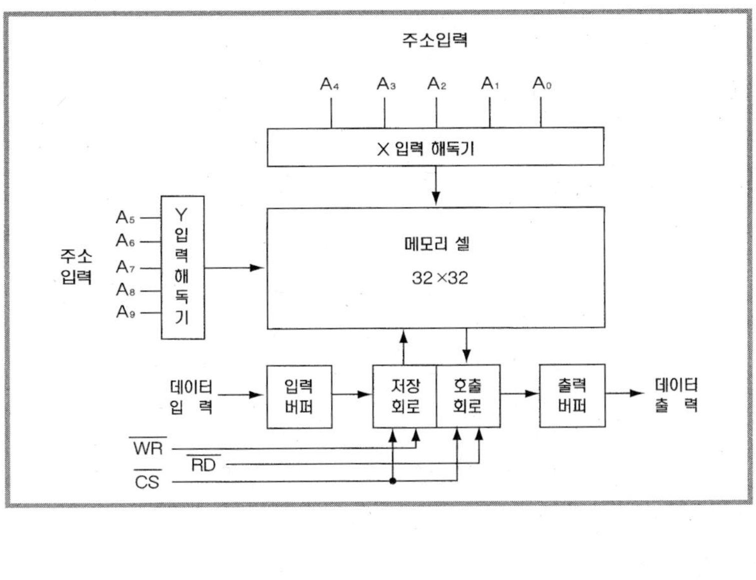

주소와 데이터의 각 내용은 기억 장치 주소 레지스터(MAR ; memory address register)와 기억 장치 데이터 버퍼 레지스터(MBR ; memory buffer register)에 저장되며, MAR의 내용은 메모리에 입력된다.

그림 7-6 MAR, MBR의 기능

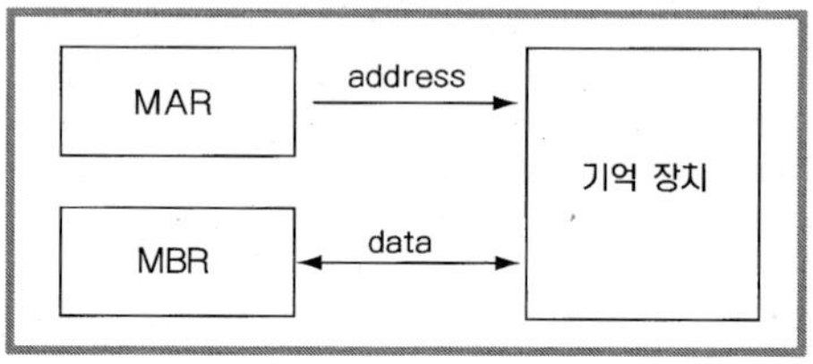

7.4 기억 장치의 기능

7.4.1 접근 시간 및 사이클 시간

1) 접근 시간(access time)

제어 장치가 기억 장치에게 데이터 전송을 요구한 시간으로부터 데이터 전송이 완료된 시간까지를 가리킨다.

또한, 제어장치가 데이터를 저장하는 명령을 받은 시간으로부터 기억 장치에 데이터를 전송할 때까지의 시간을 가리킨다. 이 시간은 기억 장치의 성능을 나타내는 절대적인 요소이다.

- 반도체 기억 장치(RAM 또는 ROM) : 기억 장치의 어느 특정 위치(주소)에 대해 데이터를 읽거나 저장하는 데까지 걸리는 시간이다.
- 자기 디스크 장치 : 데이터가 저장된 또는 저장할 특정 위치의 트랙과 섹터로 헤드가 찾아갈 때까지 걸리는 시간이다.

그림 7-7 접근 시간의 구성

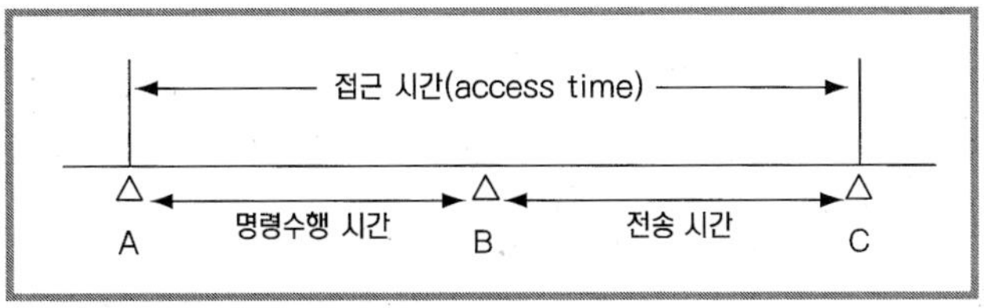

· A : 제어 장치가 명령을 해독하여 지시하는 시간
· B : 기억 장치에 대한 동작을 시작하는 시간
· C : 데이터의 전송이 완료된 시간

접근 시간은 탐색 시간, 대기 시간, 전송 시간을 합한 시간이다.

- 탐색 시간(seek time) : 자기 디스크의 헤드가 지정된 트랙으로 움직여서 도착할 때까지 소요되는 시간.
- 대기 시간(latency time 또는 search time) : 디스크가 회전하여 해당 기억 장소의 섹터가 헤드 아래로 올 때까지의 지연 시간.
- 데이터 전송 시간(data transmission time) : 해당된 위치에 저장할 데이터를 전송하거나 해당된 위치의 섹터로부터 데이터를 주기억 장치에 이동하는 시간.

2) 사이클 시간(cycle time)

기억 장치에 대해 접근(access)을 시작하고 종료한 후에, 다시 해당 기억 장치를 접근할 때까지의 소요 시간이다. 즉, 기억 장치로부터 데이터를 읽고 데이터를 다시 저장하는 데까지의 시간을 가리킨다.

사이클 시간과 접근(access) 시간의 관계는 다음과 같다.

사이클 시간 ≧ 접근 시간

- 기억 장치에서 데이터를 읽어올 경우 그 데이터가 없어지지 않는 비파괴적 기억 장치에서는 읽어낸 정보를 다시 재저장할 필요가 없다. 이때 사이클 시간과 접근 시간이 같게 된다.

7.4.2 기억 장치의 접근 방식

기억 장치들을 크게 기억 소자의 특성에 따라 구분하면 휘발성과 불휘발성으로 나뉘어지는데, 이것은 전원이 있을 때와 없을 때의 기억 능력에 따른 차이이다.

RAM과 같이 전원이 없으면 기억된 데이터를 잊어버리는 기억 장치를 휘발성이라고 부른다. 대 부분의 반도체 기억 장치가 이에 해당하며, 보조 기억 장치는 불휘발성이다.

기억 장치들의 구성과 기억하기 위해 사용되는 기억 소자의 특성에 따라 그 접근하는 방식도 다양하다.

대체적으로 반도체 소자는 주소(address)를 갖고 원하는 위치를 불규칙적으로 접근할 수 있으므로 랜덤 접근 (random access) 방식이다. 하지만 보조 기억 장치는 헤드를 이용하여 데이터에 접근하므로, 메모리 위치를 순차적 접근(sequential access) 또는 직접 접근(direct access)할 수밖에 없다. 접근 방식에 따라 데이터의 저장, 관리 방식이 다르게 된다.

표 7-4 기억 장치의 접근(access) 방식 비교

방 식		특 성	기억 장치 종류
휘 발 성	랜덤 접근	· 주소의 순서에 관계없이 접근 · 모든 주소에 대한 접근 시간이 동일	주기억 장치
	내용에 의한 접근	· 기억된 내용의 일부를 주소로 사용 · 속도가 빠름	어소시에이티브 기억 장치(또는 CAM)
불휘발성	순차 접근	· 순서대로 앞에서부터 접근 · 검색 시간이 느림	자기 테이프(tape)
	직접 접근	· 자료의 저장 위치를 직접 접근 · 정보 검색이나 각종 조회 업무에 적합	자기 디스크, 자기 드럼

- 접근 방식에 따라 기억 장치를 분류하면 다음과 같다.
  - 랜덤 접근 기억 장치(RAM ; random access memory)
  - 내용에 의한 접근 기억 장치(CAM ; content access memory)
  - 순차 접근 기억 장치(SAM ; sequential access memory)
  - 직접 접근 기억 장치(DAM ; direct access memory)

7.4.3 기억 용량

1) 기억용량 및 공간범위

기억 장치가 데이터를 저장할 수 있는 최대의 크기를 기억 용량이라 하며, 일반적으로 바이트(byte), 워드(word) 등의 단위를 사용하여 나타낸다.

- 컴퓨터 시스템에서 요구하는 기억 용량의 설치 범위는 그 컴퓨터 시스템의 경제성, 신뢰성, 범용성 등의 향상을 효과적으로 할 수 있어야 한다.
- 일반적으로 기억 장치에 저장되는 데이터는 바이트(byte) 단위로 표현한다.
- 일반적으로 기억장치는 페이지(page) 단위의 모듈로 구성하여, 데이터를 저장 및 관리한다.
  - 기억 장치의 1234H번지 경우에 12H 페이지의 34H번지를 가리킨다.
- bit 단위의 용량을 갖는 DRAM에 데이터를 저장하기 위해서는 최소 8개를 사용하여야 한다.
  - 256K 용량의 DRAM을 8개 사용할 때 128K개의 2byte KS－한글 코드를 나타낼 수 있다.(256Kbit×8=256Kbyte, 256Kbyte×한글 코드/2byte=128K 한글 코드)
- 주기억 용량 계산
  - 주소(address) 신호가 n개일 때 용량은 2^n이다.

예 주소 공간이 20bit(A0－A19)이고, 데이터가 8bit이면 용량은 1Mbyte이다.
(20bit＝1024Kbyte＝1Mbyte)

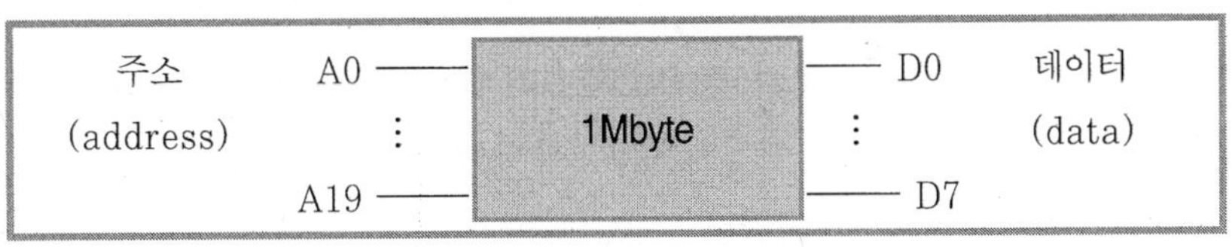

*이 경우의 MAR, MBR 크기는 다음과 같다.
- MAR(memory address register) : 20bit
- MBR(memory buffer register) : 8bit

*이 경우의 주소영역(map) 또는 주소(address) 범위(공간) : 00000－FFFFFh(F는 주소 신호가 모두 high('1')인 경우로 16진수의 값이다).

2) 블럭(Block)구조

- 자기 테이프, 자기 디스크 등의 보조 기억 장치에서 많이 사용한다.
- 한 블럭은 몇개의 논리적 레코드로 구성되며, 이 논리적 레코드의 개수를 블럭화 계수(blocking factor)라고 한다.
  - 레코드 길이가 100자(character), 블럭 크기가 1500자인 자기 테이프의 경우에 블럭화 계수는 15이다. (블럭 크기＝레코드 길이×블럭화 계수)
  - 한 블럭은 3개의 레코드(레코드 길이: 250byte)로 구성되고 각 레코드 간에 4byte의 공간이 필요한 경우의 블럭 크기는 762byte이며, 블럭화 계수는 3이다. 이때 block간의 간격(IBG: Inter Block Gap)이 4byte가 존재하면 블럭 크

기는 766byte가 된다.

- 물리적 레코드(Physical Record): 기억 매체인 디스크에 존재하는 입출력을 위한 데이터의 한 단위이다.
  - 입출력 장치나 보조 기억 장치 등이 액세스(접근)할 수 있는 최소 단위로, 논리적 레코드와는 다르다.
- 논리적 레코드(Logical Record): 자료나 정보의 특성에 따라 결정되는 단위이다.
  - 일반적으로 하나의 파일은 몇개의 논리적 레코드로 구성된다.

7.5 특수 기억 장치

7.5.1 캐시 기억 장치(cache memory)

캐시 기억 장치는 중앙 처리 장치(CPU)의 속도가 주기억 장치의 속도보다 현저히 빠를 때, 중앙 처리 장치와 주기억 장치 사이에서 일시적으로 자료나 정보를 저장하는 소규모 기억 장치를 가리킨다.

즉, 매우 빠른 소량의 기억 장치를 CPU와 주기억 장치 사이에 위치하게 하고, CPU가 자주 사용하는 프로그램 또는 데이터를 주기억 장치로부터 옮겨 놓고 사용하는 구조이다.(그러므로 캐시 기억 장치는 주기억 장치의 일부 영역과 똑같은 데이터를 갖는다).

그림 7-8 캐시 기억 장치의 구성

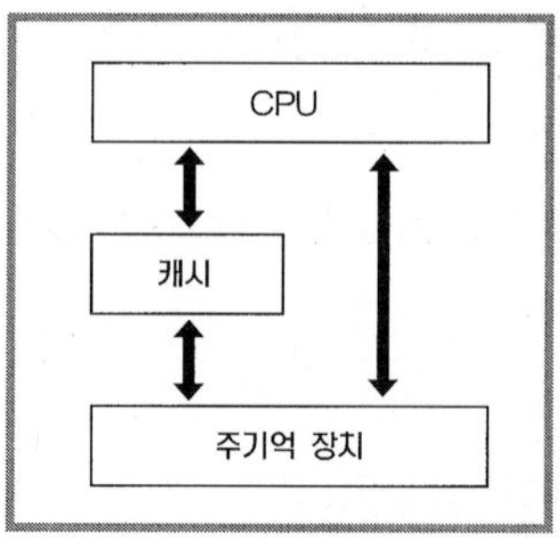

캐시 기억 장치의 특징은 다음과 같다.

- 고속이며, 가격이 고가이다.
- 수십 Kbyte~수백 Kbyte(일반적으로 128Kbyte, 256Kbyte 사용)의 용량을 사용한다.
- 기억 장치의 접근(access) 시간을 줄이므로 컴퓨터의 처리 속도를 향상시킨다.
- 주기억 장치와 CPU 사이에서 일종의 버퍼(buffer) 기능을 수행한다.

7.5.2 어소시에이티브 기억 장치(associative memory)

일반적인 기억 장치는 주소(address)에 의해 데이터를 저장하거나 읽어내는 기능을 갖고 있으나, 어소시에이티브 기억 장치는 메모리에 기억된 데이터의 일부를 사용하여 해당 주소(기억된 장소의 위치)를 찾는 시스템이다.

이를 위해서는 기억 장치에 특별한 논리 회로, 레지스터 등이 추가된다.

기억 장치내의 내용이 주소, 데이터로 연관되어 있으므로 결합 기억 장치(CAM ; content addressable memory)라고 부르며, 특징을 설명하면 다음과 같다.

- 기억 장치 내에 있는 주소를 이용하여 데이터를 찾으며, 또한 병렬로 찾으므로 속도가 빠르다.
- 이에 따라 컴퓨터의 처리 성능을 향상시킨다.
- 가격이 고가이다.
- 가상 기억 장치, 캐시 기억 장치의 주소 변환 테이블에 사용된다.
- 주소를 변환하기 위해 논리 회로, 키 레지스터(key register) 등이 요구된다.

7.5.3 가상 기억 장치(virtual memory)

컴퓨터 시스템의 실질적인 기억 장치보다 더 큰 기억 장치를 가상적으로 사용할 수 있는 기억 장치이다.

이에 따라 프로그래머(programmer)가 사용하는 주소와 기억 공간은 모두 가상적인 것으로 가상 주소(virtual address) 또는 번지 공간(address space)이라 한다.

그리고 실제적인 메모리의 주소와 기억 공간은 실질적인 물리적 주소(physical

address) 또는 메모리 공간(memory space)이라고 부른다.

가상 기억 장치가 실질적인 기억 장치로 변환을 하기 위해서는 번지 변환 테이블(가상 번지 ⇨ 실제 번지)을 이용한다.

예를들어 16MB 정도의 실제 기억 장치를 가지고 1GB의 (가상)기억 장치가 있는 것처럼 사용하면, 실질적으로 기억 장치의 나머지는 보조 기억 장치를 이용하는 것이다.

가상 기억 장치의 특징을 설명하면 다음과 같다.

- 가상 기억 장치의 목적은 속도가 아니라 기억 공간의 확장이다.
- 보조 기억 장치에 저장되어 있는 프로그램과 데이터 중에서 필요한 부분을 우선 주기억 장치에 저장하여 사용한다.
- 보조 기억 장치는 자기 디스크를 많이 사용한다.
- 보조 기억 장치의 접근이 자주 발생되면 컴퓨터 시스템의 처리효율이 저하될 수 있다.(이러한 상태를 스래싱(thrashing)이라고 한다)
- 작은 주기억 장치를 큰 기억 장치처럼 가상적으로 확장하여 사용할 수 있다.
- 가상 기억 공간의 구성은 프로그램에 의해서(소프트웨어적으로) 수행된다.
- 가상 기억 장치에서 주기억 장치로 자료(페이지: page)를 전송할때 주소의 조정이 필요하다.
  - 가상 기억 장치의 새 자료(페이지)와 주기억 장치 내의 자료(페이지)를 바꾸는 것을 스와핑(swapping)이라고 한다.
  - 스와핑할 때 요구되는 자료의 주소 조정을 매핑(mapping)이라고 한다.

그림 7-9 가상 기억 장치의 기능

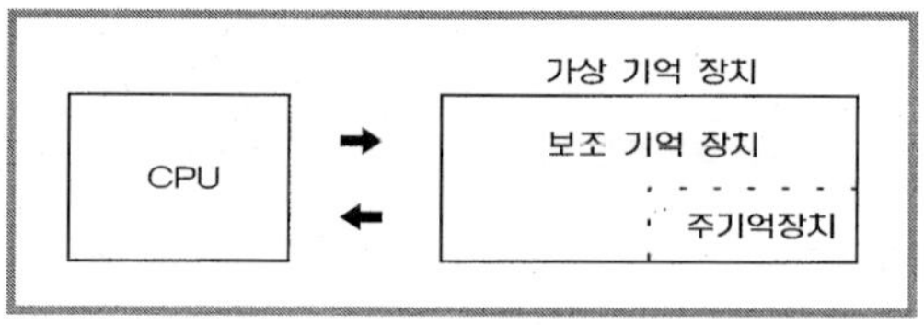

용어정의

1. 재생(refresh)

- DRAM(dynamic RAM)에서 필요로 하는 기능이다.
- DRAM 내에 데이터를 갖고 있는 콘덴서는 일정한 시간이 지나면 전하가 방전되어 그 내용을 잃어버린다.
- 그러므로 그 내용을 잃어버리지 않기 위하여 기억 장치(DRAM)에 일정한 주기마다 반복적으로 신호를 보내는 회로를 재생(refresh) 회로라고 한다.

2. 주기억 장치 관련 중요 용어와 평가 파라미터(parameter)

- 용량(capacity) : 데이터를 저장할 수 있는 최대 크기를 나타낸다.
- 데이터 전송률(data transfer rate) : 데이터를 메모리로부터 CPU에, CPU로부터 메모리에 전송하는 비율로서, 단위 시간당 전송되는 평균 데이터양(비트/초)을 나타낸다.
- 접근 시간(access time) : 메모리의 데이터에 접근하는데 걸리는 시간을 나타낸다.
- 비용(cost) : 보통 비트 단위로 가격을 나타낸다.
- 사이클시간(cycle time) : 기억장치로부터 데이터를 읽고 데이터를 다시 저장하는데 까지의 시간을 나타내다.
- 대역폭(band width)
  - 기억 장치의 자료 처리 속도를 나타내는 단위이다.
  - 연속적으로 기억 장치를 접근(access)할 때 기억장치가 초당 처리할 수 있는 비트수로 나타낸다.

3. 기억 용량 단위의 순서

- 단위의 순서
  - bit ⇨ nibble ⇨ byte ⇨ half-word ⇨ full word ⇨ double-word

    예 주기억 장치의 8byte를 double-word라 하면, word=4byte, half-word=2byte이다.

4. 디스크의 기억 저장 순서(큰 것 ⇨ 작은 것)

- 드라이버 번호 ⇨ 디스크 표면 ⇨ 트랙 ⇨ 섹터

5. 물리적 레코드(physical record)

- 일반적으로 주기억 장치와 입력 장치 사이에서 전송되는 데이터의 단위이다.

6. (메모리)버퍼((memory) buffer)

- 처리 속도, 단위 용량 등이 서로 다른 장치가 데이터를 주고 받기 위해 사용하는 임시 기억 장소이다.
  -중앙 처리 장치가 입출력 장치와 데이터를 주고 받을 때 중간에 설치한다.
  - 메모리의 접근(access)에 필요한 시간을 절약할 수 있다.

7. 인터리빙(interleaving)

- 주기억 장치를 일정한 간격을 두고 모듈별로 주소를 배정하므로 각 모듈을 번갈아 가면서 접근(access)할 수 있다.
- 고속의 블럭 단위 전송이 가능하다.
- 캐시 기억 장치, 고속 DMA전송 등에서 많이 사용된다.
- 기억 장치의 접근(access) 시간을 효율적으로 높일 수 있다.

8. PLA(Programmable Logic Array)

- 주어진 입력에 대해 논리 형태대로 출력을 생성하는 반도체 논리 회로 소자이다.
- n개의 입력에 대해 2n개 이하의 출력을 만들 수 있다.

9. 실린더(cylinder)

- 여러 장의 디스크로 이루어진 디스크 팩에서 각 디스크에 있는 트랙들을 가리킨다.
- 디스크 장치의 헤드는 같은 면의 트랙을 가리킨다.
- 트랙 수와 실린더 수는 같다.

10. store와 load

- store : 컴퓨터(또는 중앙처리장치)의 정보를 보조 기억장치에 저장하는 것을 가리킨다.
- load : 보조 기억장치의 정보를 컴퓨터(또는 중앙처리 장치)에 저장하는 것을 가리킨다.

기출문제 기억장치

1. 다음 중 캐시(cache) 메모리를 설계 시 고려할 사항이 아닌 것은? (정보처리 2000.3)

㉮ Cache size ㉯ 전송 Block size
㉰ 주변 입출력 장치 ㉱ Replacement algorithm

☞ 7.5.1 캐시 기억장치 참조

2. 다음 중 자기디스크 장치의 구성 요소가 아닌 것은? (정보처리 2000.3, 1993.3)

㉮ 읽고 쓰기 헤드(read write head) ㉯ 디스크(disk)
㉰ 실린더(cylinder) ㉱ 엑세스 암(access arm)

☞ 7.2.2. 4의 (1) 자기 디스크 장치 참조

3. 다음 중 캐시 메모리(cache memory)와 관련이 가장 적은 것은? (정보처리 2000.10)

㉮ 적중률(hit ratio) ㉯ 페이지(page)
㉰ 참조의 국한성(locality of reference) ㉱ 매칭(matching)

☞ 7.5.3 가상 기억장치 참조

4. 256×4비트의 구성을 갖는 메모리 IC를 사용하여 4,096×16비트 메모리를 만들고자 한다. 이 때 몇 개의 IC가 필요한가? (정보처리 2000.10, 1993.10)

㉮ 16 ㉯ 32
㉰ 64 ㉱ 128

☞ 7.4.3의 1 기억 용량 및 공간 범위 참조

5. 대용량 메모리를 내장한 제품 중에서 프로그램 되어 있는 ROM은? (정보처리 2002.9, 2000.10, 1999.8)

㉮ PROM ㉯ Mask ROM
㉰ EPROM ㉱ EAROM

☞ 7.2.1의 1 ROM 참조

---

1. ㉰ **2.** ㉰ **3.** ㉯ **4.** ㉰ **5.** ㉯

6. 자기디스크의 특징이 아닌 것은? (정보기술 2002.8)

㉮ 접근 속도가 빨라 처리 시간이 빠르다.
㉯ 여러 개의 파일을 동시에 사용할 수 없다.
㉰ 주로 랜덤 액세스를 많이 한다.
㉱ 보조기억장치로 널리 사용된다.

☞ 7.2.2의 4.(1) 자기디스크 장치 참조

7. 다음 중 정보의 최소 단위는? (정보처리 2000.10, 1999.8)

㉮ Word
㉯ Byte
㉰ Bit
㉱ Nibble

☞ 용어 정의 3 참조

8. 성능을 향상시키기 위하여 주기억 장치와 CPU 레이스터 사이에서 데이터를 이동시키는 중간 버퍼(buffer)로 동작하는 기억장치는? (정보처리 2004.3, 2001.3)(조직응용 2004.3)

㉮ CD
㉯ C 드라이브
㉰ 캐시 기억장치
㉱ 누산기

☞ 7.5.1 캐시 기억장치 참조

9. 다음 중에서 메모리 인터리빙(interleaving) 방법의 사용 목적이 되는 것은?
(정보처리 2003.3, 2001.3)(조직응용 2003.3, 1992.10)(전자계산 2005.5)

㉮ 메모리 액세스의 효율 증대
㉯ 기억 용량의 증대
㉰ 입・출력 장치의 증설
㉱ 전력 소모 감소

☞ 용어정의 7 참조

10. 다음 중 4 비트로 나타낼 수 있는 정보 단위는? (정보처리 2001.3, 2000.5)

㉮ nibble
㉯ character
㉰ full-word
㉱ double-word

☞ 용어 정의 3 참조

11. 정보를 기억장치에 기억시키거나 읽어내는 명령을 수행한 후부터 실제로 기억 또는 읽기가 시작되는데 소요되는 시간은? (정보처리 2001.3, 1991.8)

㉮ Access time
㉯ Cycle time
㉰ Turn around time
㉱ Seek time

☞ 7.4.1의 1 접근 시간 참조

---

6. ㉯ **7.** ㉰ **8.** ㉰ **9.** ㉮ **10.** ㉮ **11.** ㉮

12. 내용(content)에 의하여 액세스되는 메모리 장치는?

(정보처리 2001.3)(조직응용 2005.3, 2003.8)

㉮ CAM　　㉯ ROM
㉰ 가상(virtual)　　㉱ 레지스터 기능

☞ 7.5.2 어소시에이티브 기억장치 참조

13. 메모리의 내용을 어드레스(address)할 수 있는 메모리는?

(정보처리 2001.6)(조직응용 2002.8)

㉮ associative 메모리　　㉯ ROM
㉰ RAM　　㉱ 자기테이프장치

☞ 7.5.2 어소시에이티브 기억장치 참조

14. 메모리 용량이 총 4096워드이고, 1워드가 8비트라고 할 때 PC(Program Counter)와 MBR (Memory Buffer Register)의 비트 수를 올바르게 나타낸 것은?

(정보처리 2006.9, 2004.9, 2001.9, 1999.6)

㉮ PC=8비트, MBR=12비트　　㉯ PC=12비트, MBR=8비트
㉰ PC=8비트, MBR=8비트　　㉱ PC=12비트, MBR=12비트

☞ 7.4.3의 1 기억 용량 및 공간 범위 참조

15. 전류 일치 기술(coincident current technique)에 의하여 기억장소를 선별하는 기억장치는?

(정보처리 2001.9)(조직응용 1992.10)

㉮ 자기 코어 기억장치　　㉯ 자기 디스크 기억장치
㉰ 자기 테이프 기억장치　　㉱ 자기 드럼 기억장치

☞ 7.2.2 4의 (3) 자기 코어 기억 장치 참조

16. 정보의 단위로 가장 적은 것은?　　(정보처리 2001.9, 1999.4)

㉮ Byte　　㉯ Word
㉰ Bit　　㉱ Record

☞ 용어 정의 3 참조

---

12. ㉮　**13.** ㉮　**14.** ㉯　**15.** ㉮　**16.** ㉰

17. 다음 중 DRAM의 특징으로 옳은 것은? (정보처리 2001.9)

㉮ 전원이 끊어져도 기억장치의 상태는 지워지지 않는다.
㉯ 주기적으로 메모리 재생(refresh)을 해야 한다.
㉰ 내용 주소화(content addressable) 기억장치이다.
㉱ 동적 재배치(dynamic relocation)를 용이하게 한다.

☞ 표 7-1 참조

18. 중앙처리장치와 주기억장치의 속도 차이가 현저할 때 인스트럭션의 수행속도가 주기억장치에 제한을 받지 않고 중앙처리장치의 속도로 수행되도록 하는 기억장치는? (정보처리 2000.5)

㉮ 캐시 메모리 ㉯ 인스트럭션 버퍼
㉰ CAM ㉱ 제어기억장치

☞ 7.5.1 캐시 기억장치 참조

19. DAM(Direct Access Methode)으로 사용하지 않는 장치는? (정보처리 2000.5)

㉮ Magnetic Tape ㉯ Date Cell
㉰ Magnetic Drum ㉱ Magnetic-Disk

☞ 표 7-4 참조

20. 다음 중 magnetic tape와 관계가 없는 것은? (정보처리 2000.5)

㉮ Access arm ㉯ Magnetic head
㉰ Parity bit ㉱ Protect ring

☞ 7.2.2 4의 (1) 자기디스크 장치 참조

21. 다음 중 가상 기억체제에 대한 설명으로 옳지 않은 것은?
(정보처리 2000.5)(전자계산 2002.5)(정보기술 2003.8)

㉮ 컴퓨터의 속도는 문제 시 되지 않는다.
㉯ 주소 공간의 확대가 그 목적이다.
㉰ 사용할 수 있는 보조 기억장치는 DASD 이어야 한다.
㉱ 보조 기억장치로는 자기테이프가 많이 사용된다.

☞ 7.5.3 가상 기억장치 참조

---

17. ㉯ 18. ㉮ 19. ㉮ 20. ㉮ 21. ㉱

22. 디스크에서 하나의 블록(block)에 해당하는 정보의 주소는 다음과 같이 지정하여야 하는데 이 중 옳지 않은 것은? (정보처리 2000.5)

㉮ 헤드 ㉯ 디스크 표면
㉰ 실린더 혹은 트랙 ㉱ 섹터

☞ 7.2.2 4의 (1) 자기디스크 장치 참조

23. 반도체 기억소자로서 이미 기억된 내용을 자외선을 이용하여 지우고 다시 사용할 수 있는 메모리 소자는? (정보처리 2006.9, 2003.3)(조직응용 2003.3)(정보기술 2002.8)

㉮ static RAM ㉯ dynamic RAM
㉰ EPROM ㉱ PROM

☞ 7.2.1의 1. 참조

24. 가상 기억 장치를 설명한 것 중 옳은 것은? (정보처리 1999.4)

㉮ 컴퓨터의 구조 및 조작이 간편해 진다.
㉯ 주기억 장치의 용량이 증대된다.
㉰ 주소 공간이 확대되어 주기억 장치의 용량이 큰 것처럼 동작된다.
㉱ 명령 수행시간이 빨라진다.

☞ 7.5.3 가상 기억장치 참조

25. 기억장치에서 1234H 번지는 (A)페이지에서 (B)번지라고 할 수 있다. A와 B는?
(정보처리 1999.4, 1993.10)(전자계산 2002.9)

㉮ A=1234H, B=1234H ㉯ A=1234H, B=OH
㉰ A=34H, B=12H ㉱ A=12H, B=34H

☞ 7.4.3의 1 기억용량 및 공간범위 참조

26. 정보를 기억장치에 기억시키거나 읽어 내는 명령을 한 후부터 실제로 정보를 기억 또는 읽기 시작할 때까지 소요되는 시간을 무엇이라 하는가? (정보처리 1999.6)

㉮ Seek Time ㉯ Processing Time
㉰ Access Time ㉱ Idle Time

☞ 7.4.1의 1 접근 시간 참조

---

22. ㉮ **23.** ㉰ **24.** ㉰ **25.** ㉱ **26.** ㉰

27. 기억장치를 분류 할 때 Computer 내부에 있는 주기억장치를 무엇이라고 부르는가?

(정보처리 1999.6)

㉮ Main Storage　　　㉯ Accumulator

㉰ Magnetic Memory　　　㉱ Register Memory

☞ 7.2.1 주 기억 장치 참조

28. 자기테이프 record 크기가 80자이며, 블록(block) 크기가 2400자일 경우 블록 팩터(block factor)는?

(정보처리 1999.6)

㉮ 40　　　㉯ 30

㉰ 25　　　㉱ 20

☞ 7.4.3의 2 블록 구조

29. 다음 캐시 기억장치(cache memory)의 특징 중 옳지 않은 것은? (정보처리 1999.8)

㉮ 고속이며, 가격이 저가이다.

㉯ 주기억장치와 CPU사이에서 일종의 버퍼(buffer)기능을 수행한다.

㉰ 기억장치의 접근(access) 시간을 줄이므로 컴퓨터의 처리속도를 향상시킨다.

㉱ 수십 Kbyte 수백 Kbyte의 용량을 사용한다.

☞ 7.5.1 캐시 기억장치 참조

30. 가상(Virtual) 기억장치에서 페이지 교체(Replacement) 알고리즘에 해당하는 것은?

(정보처리 1999.10)

㉮ Write-through 알고리즘　　　㉯ 매치(match) 알고리즘

㉰ Write-back 알고리즘　　　㉱ First In First Out(FIFO) 알고리즘

☞ 7.5.3 가상 기억장치 참조

31. 다음 중 ROM에 대한 설명 중 옳지 않은 것은? (정보처리 1999.10)

㉮ 기억된 내용을 임의로 변경시킬 수 없다.

㉯ 사용자가 작성한 Program이나 data를 기억시켜 처리하기 위해 사용하는 memory이다.

㉰ Read만이 가능하다.

㉱ Micro instruction을 내장하고 있다.

☞ 7.2.1의 1 ROM 참조

---

27. ㉮ **28.** ㉯ **29.** ㉮ **30.** ㉱ **31.** ㉯

32. 64가지의 각기 다른 자료를 나타내려고 하면 최소한 몇 개의 비트(bit)가 필요한가?

(정보처리 2000.3, 1993.3)

㉮ 1　　㉯ 3

㉰ 5　　㉱ 6

☞ 7.4.3 기억 용량 참조

33. 순차 접근 기억장치에 해당하는 것은? (정보기술 2003.8)

㉮ 자기 드럼　　㉯ 하드 디스크

㉰ 자기 디스크　　㉱ 자기 테이프

☞ 7.2.2의 4.(4) 자기테이프 기억장치 참조

34. 가상기억장치의 설명과 관계가 먼 것은? (정보기술 2004.8)

㉮ 소프트웨어적 구현　　㉯ 처리속도 향상 목적

㉰ 주기억장치↔ 보조기억장치　　㉱ 페이지, 세그먼트 단위 전송

☞ 7.5.3 가상기억장치 참조

35. 프로세서와 주기억장치간의 작동속도 불균형을 해소하기 위한 기억장치에 속하지 않는 것은?

(정보기술 2004.8)

㉮ 캐시 기억장치(cache memory)

㉯ 인터리브된 기억장치(interleaved memory)

㉰ 자기 버블 기억장치(magnetic bubble memory)

㉱ 내용 지정 기억장치(content addressable memory)

☞ 7.5 특수기억장치, 용어정의 7. 참조

36. 자기디스크에서 데이터를 액세스하는데 걸리는 시간에 포함되지 않는 것을 고르시오.

(정보처리2 1991.2)

㉮ 회전지연 시간(rotational delay)　　㉯ 탐색시간(seek time)

㉰ 입력시간(reading time)　　㉱ 전송시간(transmission time)

☞ 7.4.1의 1. 접근 시간 참조

37. access time이 모든 기억장소에 다같은 기억장치는? (정보처리2 1991.8)

㉮ 자기 드럼 기억장치　　㉯ 자기 디스크 기억장치

㉰ 자기 코어 기억장치　　㉱ 가기 테이프 기억장치

☞ 7.2.2의 4. (3) 참조

---

32. ㉱　**33.** ㉱　**34.** ㉯　**35.** ㉰　**36.** ㉮　**37.** ㉰

38. 기억장치 내에 있는 내용을 이용하여 데이터를 찾을 수 있는 기억장치는?

(정보기술 2002.8)(전자계산 2004.5)

㉮ Associative 기억장치　　㉯ Virtual 기억장치
㉰ Main 기억장치　　㉱ Auxiliary 기억장치

☞ 7.5.2 어소시에이티브 기억장치 참조

39. 주기억장치의 속도가 CPU의 속도에 비해 현저히 늦다. 명령어의 수행 속도를 CPU의 속도와 유사하도록 하고자 할 때 사용되는 기억장치는? (정보처리 2002.3)(조직응용 2003.8, 2002.3)

㉮ Cache 기억장치　　㉯ Virtual 기억장치
㉰ Segment 기억장치　　㉱ 복수 모듈 기억장치

☞ 7.5.1 캐시 기억장치 참조

40. SRAM과 DRAM을 설명한 것으로 옳은 것은? (정보처리 2002.5)

㉮ SRAM은 재충전이 필요 없는 메모리이다.
㉯ DRAM은 SRAM에 비해 속도가 빠르다.
㉰ SRAM의 소비전력이 DRAM 보다 낮다.
㉱ DRAM의 Memory Cell은 Flip Flop으로 구성되어 있다.

☞ 표 7-1 참조

41. 컴퓨터의 성능을 높이기 위하여 명령의 처리속도를 CPU의 속도와 같도록 하기 위해서 기억장치와 CPU 사이에 사용하는 기억장치는? (정보처리 2005.3, 2002.5)(조직응용 2005.3)

㉮ ROM　　㉯ virtual memory
㉰ DRAM　　㉱ cache memory

☞ 7.5.1 캐시 기억장치 참조

42. 컴퓨터 주기억장치의 용량이 256MB라면 주소 버스는 최소한 몇 bit이어야 하는가?

(정보처리 2002.9)(전자계산 2003.8)

㉮ 24bit　　㉯ 26bit
㉰ 28bit　　㉱ 30bit

☞ 7.4.3 기억 용량 참조

---

38. ㉮ **39.** ㉮ **40.** ㉮ **41.** ㉱ **42.** ㉰

43. 보조기억장치로 부적합한 것은? (정보처리 2002.9)

㉮ 자기 디스크　　㉯ CD-ROM

㉰ 자기 테이프　　㉱ SDRAM

☞ 7.2.1 주기억장치 참조

44. 입력 번지 선이 8개, 출력 데이터 선이 8개인 ROM의 기억 용량은? (정보처리 2002.9)

㉮ 64 바이트　　㉯ 256 바이트

㉰ 512 바이트　　㉱ 1024 바이트

☞ 7.4.3 기억 용량 참조

45. 자외선을 사용하여 기억된 내용을 지우는 소자는? (조직응용 2003.8, 2002.8)

㉮ EPROM　　㉯ EEPROM

㉰ Mask ROM　　㉱ PROM

☞ 7.2.1 주기억장치 참조

46. 가상(virtual) 기억 체제에 관한 설명 중 옳지 않은 것은? (정보처리 2006.3)(전자계산 2002.9)

㉮ 컴퓨터의 속도를 개선하기 위한 방법이다.

㉯ 주기억 장치와 보조 기억장치가 계층 기억 체제를 이루고 있다.

㉰ 컴퓨터의 기억 용량을 확장하기 위한 방법이다.

㉱ 하드웨어에 의한 것이 아니라 소프트웨어에 의해 실현된다.

☞ 7.5.3 가상 기억 장치 참조

47. 다음 중에서 주 기억 장치는? (정보처리 2003.5)

㉮ 컴퓨터의 RAM　　㉯ 컴퓨터의 C 드라이브

㉰ 컴퓨터의 A 드라이브　　㉱ 컴퓨터의 CD 드라이브

☞ 7.2.1 주기억장치 참조

48. 어떤 컴퓨터의 기억장치 용량이 4096워드이다. 각 32비트라고 하면 MAR(Memory Address Register)와 MBR(Memory Buffer Register)의 각 구성 비트 수는? (정보처리 2003.5)

㉮ MAR:12, MBR:32　　㉯ MAR:5, MBR:12

㉰ MAR:12, MBR:5　　㉱ MAR:32, MBR:12

☞ 7.4.3 기억 용량 참조

---

43. ㉱ **44.** ㉯ **45.** ㉮ **46.** ㉮ **47.** ㉮ **48.** ㉮

49. 다음에서 임의 처리(random access)에 불편한 보조 기억 장치는?

(정보처리 2006.5)(조직응용 2002.8)(전자계산 2004.5)

㉮ 자기 드럼 장치(magnetic drum unit)
㉯ 자기 코어 장치(magnetic core unit)
㉰ 자기 디스크 장치(magnetic disk unit)
㉱ 자기 테이프 장치(magnetic tape unit)

☞ 7.2.2의 4. (4) 참조

50. 기억된 정보의 일부분을 이용하여 원하는 정보가 기억된 위치를 알아낸 후 그 위치에서 나머지 정보에 접근하는 기억장치를 무엇이라 하는가? (정보처리 2006.5, 2005.5, 2003.5)

㉮ Cache memory
㉯ Associative memory
㉰ Virtual memory
㉱ Main memory

☞ 7.5.2 어소시에이티브 기억장치 참조

51. 다음 기억 장치 중 순서에 의해서 접근하는 장치(sequential access storage device : SASD)는 어느 것인가? (정보처리2 1994.3, 1987.8)

㉮ 자기 테이프
㉯ 자기 디스크
㉰ 드럼 장치
㉱ 자기 코어

☞ 7.2.2의 4. (4) 참조

52. 캐시(cache) 메모리는 주기억 장치의 액세스 타임과 프로세서 논리 회로와의 ( ) 차이를 줄이기 위하여 쓰인다. ( )안에 들어갈 올바른 내용은? (정보처리 2005.9, 2003.8)

㉮ 지연 시간
㉯ 설정 시간
㉰ 구조
㉱ 속도

☞ 7.5.1 캐시 기억장치 참조

53. ROM IC의 특징을 설명한 것 중 옳지 않은 것은? (정보처리 2003.8)

㉮ Mask ROM : 반도체 공장에서 내용이 기입된다.
㉯ PROM : PROM writer로 기입되고 내용을 지울 수 없다.
㉰ EPROM : 자외선을 조사하면 내용을 지울 수 있다.
㉱ EAROM : refresh 회로가 필요하다.

☞ 표 7-1 참조

---

49. ㉱ **50.** ㉯ **51.** ㉮ **52.** ㉱ **53.** ㉱

54. 메인 메모리의 용량이 1024K×24bit 일 때 MAR와 MBR 길이는 몇 비트인가?

(정보처리 2005.5, 2003.8)

㉮ MAR=20, MBR=20　　㉯ MAR=20, MBR=24
㉰ MAR=24, MBR=20　　㉱ MAR=24, MBR=24

☞ 7.4.3 기억 용량 참조

55. 어소시에티브(Associative) 기억장치에 대한 설명으로 옳지 않은 것은?

(정보처리 2004.3)(조직응용 2004.3)

㉮ 기억된 여러 개의 자료 중에서 주어진 특성을 가진 자료를 신속히 찾을 수 있다.
㉯ 중앙처리장치와 주기억장치의 속도 차가 현저할 때 사용된다.
㉰ 비파괴적으로 읽을 수 있어야 한다.
㉱ 병렬판독회로가 있어야하므로 하드웨어 비용이 크다.

☞ 7.5.2 어소시에이티브 기억장치 참조

56. 접근 시간(access time)을 옳게 나타낸 것은? (정보처리 2004.9)

㉮ 접근시간 = 탐색시간 + 대기시간 + 전송시간
㉯ 접근시간 = 탐색시간 + 대기시간 + 실행시간
㉰ 접근시간 = 탐색시간 + 대기시간
㉱ 접근시간 = 탐색시간 + 실행시간

☞ 7.4.1 접근 시간 및 사이클 시간 참조

57. 컴퓨터의 주기억 장치는? (정보처리 2004.9)

㉮ ROM과 RAM　　㉯ DISK
㉰ TTY　　㉱ Magnetic tape

☞ 7.2.1 주기억장치 참조

58. 어떤 컴퓨터의 메모리 용량이 4K 워드이고, 워드 길이가 16비트일 때 AR(주소 레지스터)와 DR(데이터 레지스터)는 몇 비트로 구성하여야 하는가?

(정보처리 2006.9, 2005.3)(조직응용 2005.3)(전자계산 2003.5)

㉮ AR : 4, DR : 16　　㉯ AR : 12, DR : 32
㉰ AR : 16, DR : 65536　　㉱ AR : 12, DR : 16

☞ 7.2.1 기억 용량 참조

---

54. ㉯ **55.** ㉯ **56.** ㉮ **57.** ㉮ **58.** ㉱

59. 각 비트를 전하(charge)의 형태로 저장하며, 주기억으로 재충전을 필요로 하는 기억 장치는 무엇인가? (정보처리 2005.5, 1993.3)(조직응용 2003.8)

㉮ static RAM
㉯ dynamic RAM
㉰ CMOS RAM
㉱ TTL RAM

☞ 표 7-1 참조

60. 기억 장치에서 사이클(cycle) 시간과 접근(access) 시간의 관계가 옳은 것은? (정보처리 2005.5)

㉮ 사이클 시간 ≥ 접근 시간
㉯ 사이클 시간 = 접근 시간
㉰ 사이클 시간 ≤ 접근 시간
㉱ 사이클 시간 ≠ 접근 시간

☞ 7.4.1 접근 시간 및 사이클 시간 참조

61. 14개의 어드레스 비트는 몇 개의 메모리 장소의 내용을 리드(Read) 할 수 있는가? (정보처리 2006.5)(조직응용 2003.8)

㉮ 14 ㉯ 140 ㉰ 16384 ㉱ 32768

☞ 7.4.3 기억 용량 참조

62. 전원 공급이 중단되어도 내용이 지워지지 않으며 전기적으로 삭제하고 다시 쓸 수도 있는 기억장치는? (정보처리 2006.5)

㉮ SRAM
㉯ PROM
㉰ EPROM
㉱ EEPROM

☞ 7.2.1 주기억장치 참조

63. 가상 기억 장치에서 주기억 장치로 자료의 페이지를 옮길 때 주소를 조정해 주어야 하는 데 이것을 무엇이라고 하는가? (정보처리 2003.3)(조직응용 2003.3)

㉮ spooling
㉯ blocking
㉰ mapping
㉱ buffering

☞ 7.5.3 가상 기억 장치 참조

64. 보조기억장치로 부적합한 것은? (정보처리 2006.5)

㉮ 자기 디스크
㉯ DVD
㉰ 자기 테이프
㉱ SDRAM

☞ 7.2.1 주기억장치 참조

---

59. ㉯ 60. ㉮ 61. ㉰ 62. ㉱ 63. ㉰ 64. ㉱

65. 가상 메모리(virtual memory)에 관한 설명 중 맞는 것은?

(정보처리 2002.5)(전자계산 2004.9)

㉮ 많은 데이터를 주기억장치에서 한 번에 가져오는 것을 말한다.
㉯ 사용자가 보조 메모리의 총 용량에 해당하는 기억장소를 컴퓨터가 갖고 있는 것처럼 가상하고 프로그램을 짤 수 있는 것을 말한다.
㉰ 데이터를 미리 주기억장치에 넣는 것을 말한다.
㉱ 자주 참고되는 프로그램과 데이터를 모은 메모리이다.

☞ 7.5.3 가상 기억 장치 참조

66. 주기억장치의 제한된 용량을 극복하기 위한 기술로서 하드디스크가 주기억장치인 것처럼 사용하는 메모리는? (조직응용 2002.8)(전자계산 2005.5)

㉮ Volatile Memory ㉯ Cache Memory
㉰ Virtual Memory ㉱ Associative Memory

☞ 7.5.3 가상기억장치 참조

67. 주기억장치의 용량이 512KB인 컴퓨터에서 32비트의 가상주소를 사용하는데, 페이지의 크기가 1K words이고 1워드가 4바이트라면 주기억장치의 페이지 수는 몇 개인가?

(조직응용 2003.8)

㉮ 32개 ㉯ 64개
㉰ 128개 ㉱ 512개

☞ 7.4.3 기억 용량 참조

68. 재충전(refresh)이 필요한 반도체 메모리는? (조직응용 2004.8)

㉮ SRAM ㉯ DRAM
㉰ EPROM ㉱ MASK ROM

☞ 7.2.1 주기억장치 참조

69. CAM(Content Addressable Memory)의 특징으로 가장 옳은 것은? (조직응용 2004.8)

㉮ 주소 공간의 확대가 목적이다. ㉯ 하드웨어 비용이 대단히 적다.
㉰ 구조 및 동작이 대단히 간단하다. ㉱ 저장된 정보의 내용 자체로 검색한다.

☞ 7.5.2 캐시 기억 장치 참조

---

65. ㉯ **66.** ㉰ **67.** ㉰ **68.** ㉯ **69.** ㉱

70. 순차적으로만 자료를 처리할 수 있으며, 주소가 없는 기억장치는? (조직응용 2005.3)

㉮ magnetic tape ㉯ magnetic drum
㉰ disk pack ㉱ disk cartridge

☞ 7.2.2 보조기억장치 참조

71. 랜덤 액세스 기억 장치(random access memory)의 특징은 무엇인가? (정보처리2 1993.10)(전자계산 2002.9)

㉮ 데이터 입·출력의 고속 처리 ㉯ 데이터 입·출력의 순서적 처리
㉰ 데이터 입·출력의 정확한 처리 ㉱ 데이터 기억 밀도의 조밀화

☞ 7.4.2 기억 장치의 접근 방식 참조

72. 컴퓨터의 메모리 용량이 64K×32bit라 하면 MAR(Memory Address Register)와 MBR(Memory Buffer Register)는 각각 몇 비트인가? (전자계산 2002.9, 2002.5)

㉮ MAR:16, MBR:16 ㉯ MAR:32, MBR:16
㉰ MAR: 8, MBR:16 ㉱ MAR:16, MBR:32

☞ 7.4.3 기억 용량 참조

73. 보조 기억장치로 사용되지 않는 것은? (전자계산 2002.5)

㉮ 자기 테이프 ㉯ RAM
㉰ 자기 디스크 ㉱ 자기 드럼

☞ 7.2.1 주기억장치 참조

74. 8 개의 bit로 표현 가능한 정보의 최대 가지수는? (전자계산 2002.9)

㉮ 8 ㉯ 64
㉰ 255 ㉱ 256

☞ 7.4.3 기억 용량 참조

75. 디스크판의 같은 위치에 있는 트랙의 집합을 무엇이라 하는가? (전자계산 2003.5)

㉮ 섹터 ㉯ 하드디스크
㉰ 실린더 ㉱ 블록

☞ 7.2.2의 4.(1) 자기디스크장치 참조

---

70. ㉮ **71.** ㉮ **72.** ㉱ **73.** ㉯ **74.** ㉱ **75.** ㉰

76. 1,024×8비트 ROM에 필요한 핀의 수는 최소 몇 개인가? (정보처리2 1994.6)

㉮ 16　　㉯ 18
㉰ 20　　㉱ 24

☞ 7.4.3의 1. 기억 용량 및 공간 범위 참조

77. 기억 소자로서 표준 플립플롭을 사용하는 것을 무엇이라 하는가? (전자계산 2003.8)

㉮ dynamic RAM(DRAM)　　㉯ static RAM(SRAM)
㉰ PROM　　㉱ EPROM

☞ 표 7-1 참조

78. 32×16 RAM을 구성하기 위해서는 4×4 RAM 칩 몇 개가 필요한가? (전자계산 2004.5)

㉮ 16개　　㉯ 32개
㉰ 40개　　㉱ 64개

☞ 7.4.3 기억 용량 참조

79. 컴퓨터 주기억장치의 용량이 128MB이면 address bus는 몇 비트 필요한가?
(전자계산 2004.9)

㉮ 24Bit　　㉯ 25Bit
㉰ 26Bit　　㉱ 27Bit

☞ 7.4.3 기억 용량 참조

80. 기억 장치의 자료 처리 속도를 나타내는 밴드폭(bandwidth)이란 무엇을 말하는가?
(정보처리2 1993.8)

㉮ 계속적으로 기억 장치에서 데이터를 읽거나 기억시킬 때 1초 동안에 사용되는 비트수
㉯ 필요에 따라 주기억 장치에 바이트의 수를 표시
㉰ 1초 동안에 사용되는 워드(word)의 사용량
㉱ 계속적으로 사용되는 데이터의사용량을 1분 사용하는 바이트의 수로 표시

☞ 용어정의 2. 참조

---

76. ㉯ **77.** ㉯ **78.** ㉯ **79.** ㉱ **80.** ㉮

81. 다음 중 random access가 불가능한 보조 기억 장치는?

(정보처리 2002.3, 1994.3)(조직응용 2002.3)

㉮ 자기 테이프 장치 ㉯ 자기 드럼 장치

㉰ 자기 디스크 장치 ㉱ 버블 기억 장치

☞ 표 7-4 참조

82. 다음 메모리 중에서 가장 빠르게 액세스되는 메모리는 무엇인가? (정보처리 1993.1)

㉮ virtual memory ㉯ cache memory

㉰ main memory ㉱ auxiliary memory

☞ 7.5.1 캐시 기억 장치 참조

83. 다음 중 액세스 시간(access time)이 가장 빠른 메모리는? (정보처리 1994.10)

㉮ Magnetic core memoory ㉯ Associative memory

㉰ Cache momery ㉱ Virtual memory

☞ 7.5.1 캐시 기억 장치 참조

84. 다음은 자기 테이프(Magnetic tape)와 자기 디스크(Magnetic disk)를 비교 설명한 것이다. 틀린 것은? (정보처리2 1995.3)

㉮ 자기 디스크는 직접 액세스가 가능하다.

㉯ 일반적으로 기억 용량은 자기 디스크가 크다.

㉰ 액세스 타임은 자기 테이프가 빠르다.

㉱ 모든 디스크들은 고속으로 회전하면서 액세스된다.

☞ 7.4.2 기억 장치의 접근 방식 참조

85. Paging 기법과 가장 관계가 있는 것은? (정보처리2 1995.3)

㉮ CAM(Content Access Memory) ㉯ Cache Memory

㉰ Virtual Memory ㉱ Associative Memory

☞ 7.5.3 가상 기억 장치 참조

---

81. ㉮ **82.** ㉯ **83.** ㉰ **84.** ㉰ **85.** ㉰

86. 2바이트로 나타낼 수 있는 수의 표현 범위는? (정보처리2 1994.10)

㉮ 21k ㉯ 64k

㉰ 128k ㉱ 1m

☞ 7.4.3의 1. 기억 용량 및 공간 범위 참조

87. 2732는 4096×8 EPROM이다. 몇 개의 어드레스 라인을 갖고 있는가? (조직응용 1992.10)

㉮ 10 ㉯ 12

㉰ 14 ㉱ 16

☞ 7.4.3의 1. 기억 용량 및 공간 범위 참조

88. 기억 장치가 1,024워드로 구성되고 각 워드는 16비트로 이루어져 있을 때 PC, MAR, MBR의 각 비트수를 바르게 나타낸 것은 어느 것인가? (정보처리 1993.8)

㉮ 16, 10, 10 ㉯ 10, 10, 16

㉰ 10, 16, 16 ㉱ 16, 16, 10

☞ 7.4.3의 1. 기억 용량 및 공간 범위 참조

89. 자기 테이프가 사용되는 경유를 열거한 것으로 옳지 않은 것은? (정보처리2 1994.3)

㉮ 컴퓨터가 신속을 요하는 자료를 기억시켜 놓을 때

㉯ 신속을 요하지 않는 임시 자료

㉰ 자주 사용되지 않는 정보

㉱ 중요한 정보의 이차적인 보전

☞ 7.2.2의 4. (4) 참조

---

86. ㉯ **87.** ㉯ **88.** ㉯ **89.** ㉮

제 8 장

입출력 장치

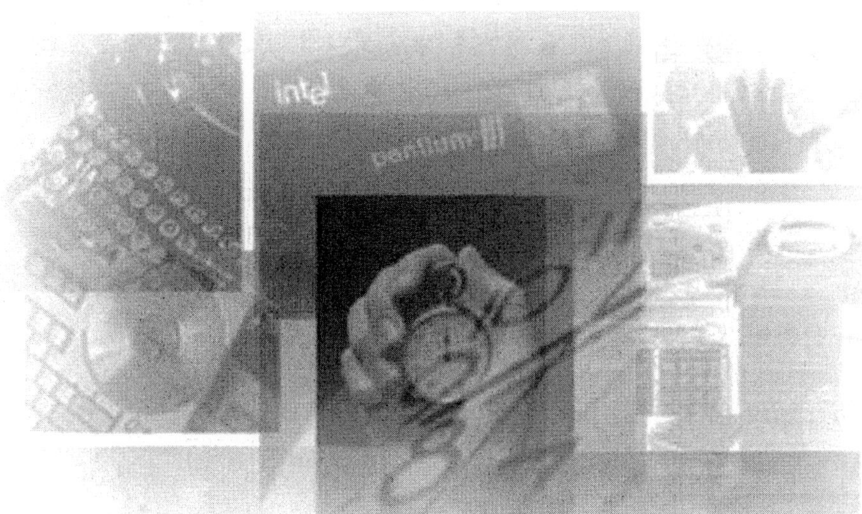

8.1 입출력 장치의 개요

8.1.1 입출력 장치의 분류

1) 개요

컴퓨터의 주요 구성 요소 중에서 중앙 처리 장치(제어 장치, 산술 및 논리 장치를 포함)와 기억 장치는 컴퓨터 내부에 속하여 동작하지만, 입출력 장치는 컴퓨터 외부에서 동작하는 시스템이다. 이러한 입출력 장치를 주변 장치(peripheral)라고도 부른다.

데이터를 처리하고 이용하기 위해서는 우선적으로 데이터를 입력하고 출력하는 입력 장치와 출력 장치가 요구된다.

중앙 처리 장치(CPU)는 기억 장치(memory)내에 저장된 프로그램에 따라 명령을 수행한 후, 여기서 얻어진 데이터를 외부의 장치(모니터, 프린터 등)에 전송하여 타 시스템 또는 사용자와 대화하게 된다.

이것을 위해서는 중앙 처리 장치와 송수신할 입출력 장치, 입출력 장치를 연결할 케이블, 상호 장치간의 데이터 전송 규약인 프로토콜(protocol), 입출력 장치를 이용하여 각종 서비스를 지원해주는 소프트웨어 등이 요구된다.

2) 주요 입출력 장치의 기능

(1) POS(point of sales) 단말 장치

상점에서 사용되는 정보 수집 장치로서 금전 등록기의 기능, 전표 발행, 바 코드 입력 장치(bar code scanner) 등의 기능을 수행하는 장치를 POS 단말 장치라고 한다.

(2) 인텔리전트(intelligent) 단말 장치

- 마이크로컴퓨터를 내장한 단말 장치로 프로그램에 따라 실행되며, 파일(file), 데이터 통신을 제어할 수 있다.
- 중앙 센터에 있는 주컴퓨터의 부하를 줄일 수 있다.

- 일반 단말 장치는 데이터 처리를 주컴퓨터에서 수행하였으나, 인텔리전트 단말은 정보 처리의 기능을 직접 담당하므로 주컴퓨터에 연결된 전체 단말 장치들의 처리 효율을 높일 수 있다.

(3) 레이저 프린터(laser printer)

- 일반적으로 많이 사용되는 고품질의 비충격식 프린터이다.
- 인쇄 속도와 인쇄 해상도가 높은 프린터이다.
- 회전하는 감광 드럼에 레이저 빔을 쏘아 인쇄를 한다.
- 이때 토너를 사용한다.

(4) 콘솔(console)

- 컴퓨터와 오퍼레이터 사이에 필요한 정보를 주고 받을 수 있는 장치이다.
- 컴퓨터의 입출력명령, 동작의 개시와 정지, 동작상태의 감시, 제어 등에 대한 기능을 수행한다.

(5) OMR/OCR 및 MICR

- OMR/OCR : 호퍼(hopper)에 저장된 카드를 광학을 이용하여 읽어들이는 판독 장치이다. OMR은 대입 학력 고사, 인구 조사 등에 많이 사용된다.
- MICR : 자기를 갖는 인쇄 문자를 판독하는 장치이다. 은행의 수표, 어음과 승차권에서 많이 사용된다.

(6) 매트릭스 프린터(matrix printer)

- 인쇄되는 문자의 형태가 점의 행렬로 나타난다.
- 도트(dot) 매트릭스 프린터라고도 부른다.

그림 8-1 주변 장치의 분류

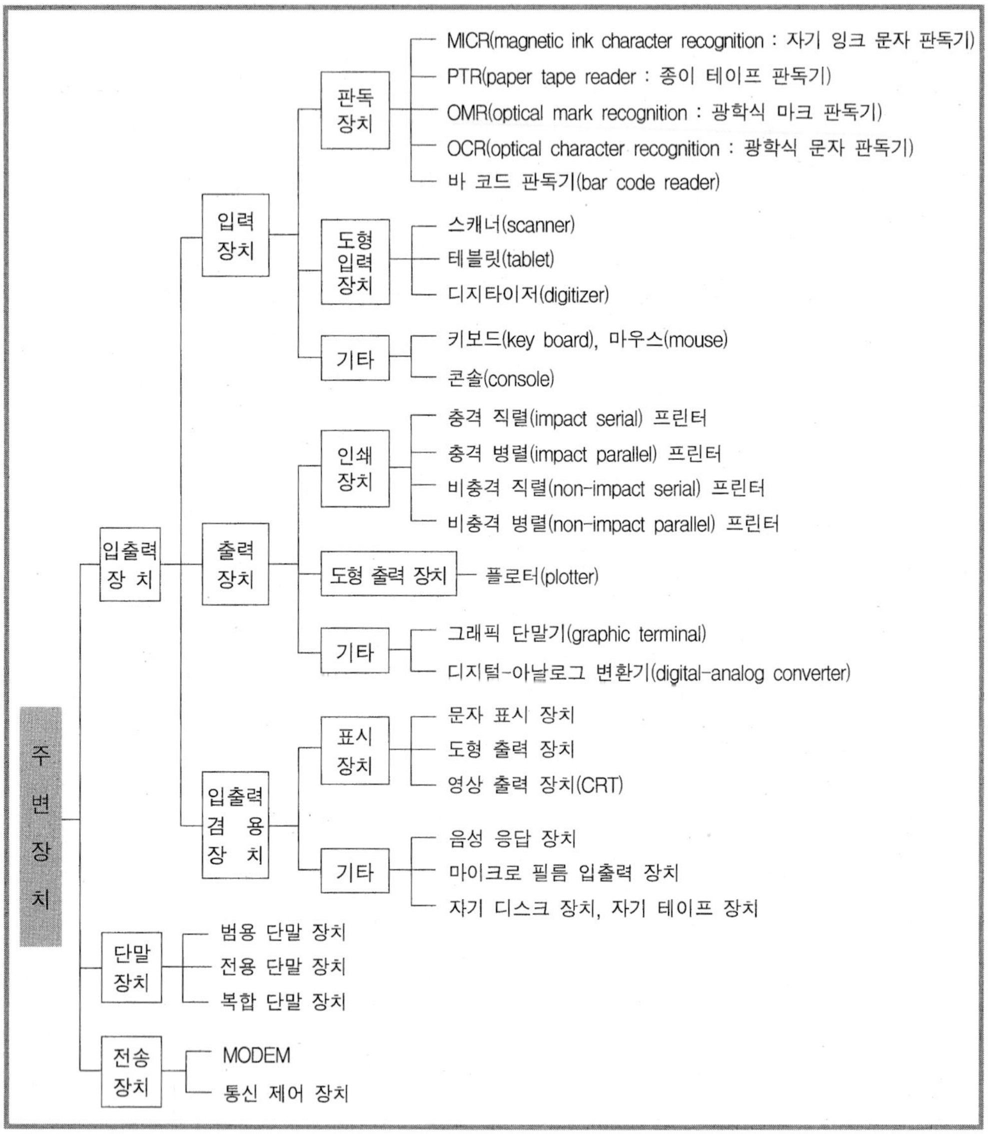

* 보조 기억 장치(자기 테이프, 자기 디스크, 자기 드럼 등)는 입출력 겸용 장치이다.
* 광학을 이용한 바 코드 판독기는 POS 단말 장치에서 많이 사용한다.
* 플로터(plotter)는 그래픽(graphic)에 많이 사용한다.
* 스캐너 : 도형이나 사진을 입력시킬 수 있는 장치이다.
* 영상출력장치를 위한 그래픽 보드에서 해상도가 가장 높은 것은 VGA(video graphic adapter) 보드이다.

8.1.2 입출력 장치의 특성

1) 입출력 장치 제어의 고려 사항

컴퓨터 주변에 있는 장치와의 입출력 동작은 중앙 처리 장치(CPU)내에 있는 제어 장치에 의해 실행되며, 컴퓨터가 입출력 동작을 제어할 때 고려해야 될 중요 사항을 설명하면 다음과 같다.

- 입출력 장치는 CPU, 주기억 장치보다 속도가 느리다
  - 입출력 장치와 데이터를 전송하는 경우에는 속도의 차이를 가장 먼저 고려하여 설계해야 한다.
  - 기억장치의 동작 속도가 입출력 장치보다는 상당히 고속이다.
- CPU와 입출력 장치에서 취급하는 데이터는 다르다.
  - CPU : 기계어의 데이터를 취급한다.
  - 입출력 장치 : 사용자 위주의 정보(데이터)를 취급한다.
- CPU와 입출력 장치는 동기화될 수 없다.

컴퓨터와 입출력 장치 상호간에 정보를 송수신하기 위해서는 입출력 장치의 선택 및 준비 상태, 입출력에 대한 타이밍의 조정이 요구된다.

2) 입출력 장치의 특성

사용자의 요구를 만족시키기 위해 현재 빠른 속도로 세분화, 다양화되고 있는 입출력 장치는 다음의 특성을 갖는다.

- 데이터 입력의 효율 극대화
  - 문자 인식 장치, 음성 입력 및 인식, 재생 장치, 이미지 판독 등
- 소형, 편리성, 비용의 저가격화
- 비충격의 프린터 출력 장치
  - 레이저 프린터, 잉크 분사(ink jet) 프린터
- 단말 장치의 다양화 및 고속화
  - 원격 터치(remote touch) 단말, 지능형 단말
- 단말 장치의 멀티미디어화

8.2 입출력 시스템 구성

일반 컴퓨터가 기본적인 동작을 수행하기 위해서는 콘솔, 키보드, 보조 기억 장치 등의 입출력 장치가 요구되며, 어떤 특정 목적으로 사용하기 위해서는 특정 입출력 장치와의 접속이 문제가 된다. 즉, 접속될 입출력 장치의 데이터 전송 형태, 사용 용도, 데이터 처리 속도 등에 따라 컴퓨터의 입출력 시스템이 구성된다.

입출력장치와 접속할 컴퓨터의 입출력 시스템에는 입출력 제어장치, 입출력 채널 등이 있다.

입출력 장치가 아날로그(analog) 장치인 경우에는 A/D 및 D/A변환기(ADC ; analog digital converter, DAC ; digital analog converter)에 의해 아날로그 신호를 디지털 신호로 또는 디지털 신호를 아날로그 신호로 변환하는 시스템의 구성이 요구된다.

즉, 컴퓨터는 입출력 장치의 제어 대상에 따라 입출력 시스템의 구성이 변하게 된다.

8.2.1 입출력(I/O) 인터페이스

중앙 처리 장치내의 제어 장치, 산술 및 논리 장치, 기억 장치 등이 상호 접속(또는 데이터 전송)을 하기 위해 각종 버스(데이터 버스, 어드레스 버스, 제어 버스)가 요구되듯이, 컴퓨터가 입출력 장치와 접속하여 동작하기 위해서는 물리적인 연결과 소프트웨어적인 연결이 요구된다. 이를 인터페이스(interface) 또는 입출력(I/O ; input/output) 인터페이스라고 부른다.

이를 위해서 사용되는 입출력 프로그램은 중앙 처리 장치(CPU)와 입출력 장치(I/O device)의 통신을 담당하는데, 주로 입출력 장치를 제어하며, 중앙 처리 장치와는 인터럽트 방식으로 동작된다.

물리적인 연결은 규정된 규격의 커넥터를 이용하여 입출력 장치와 케이블을 연결하는 것이며, 소프트웨어적인 연결은 물리적인 케이블 위에 데이터를 전송하는 통신 규정 즉, 상호 장치 간의 데이터 송수신에 대한 절차를 의미한다.

입출력 인터페이스의 종류는 데이터 전송 방식과 입출력 장치의 목적 및 용도에 따라 구분된다.

1) 데이터 전송 방식

- 병렬 입출력 인터페이스(parallel I/O interface)
  - CPU가 취급하는 기본 단위 데이터인 byte(8bit) 또는 word(16bit)의 단위로 장치 상호 간에 데이터를 전송하는 접속 방식이다.
  - 근거리 전송에 사용된다.
  - 종류 : PPI, PIA 등
- 직렬 입출력 인터페이스(serial I/O interface)
  - 입출력 장치간에 데이터를 bit 단위로 전송하는 방식이다.
  - 직렬 전송 속도를 BPS(bit per second)라고 한다.
  - 원거리 전송에 사용한다.
  - 종류 : USART, ACIA, SIO 등

2) 동기 방식

- 동기 인터페이스(synchronous interface)
  - 컴퓨터의 CPU와 입출력 장치가 일정한 클록(clock) 신호에 맞추어 데이터를 전송하는 방식이다.
  - 컴퓨터의 입출력 시스템이 제공하는 데이터의 전송 속도와 입출력 장치의 전송 속도가 같을 때 사용된다.
- 비동기 인터페이스(asynchronous interface)
  - 컴퓨터와 입출력 장치가 데이터를 주고 받을 때 일정한 클록(clock) 신호의 속도에 맞추는 것이 아니라 약정된 신호에 의해 동기를 맞추는 방식이다.
  - 동기를 맞추는 약정된 신호는 시작(start), 종료(stop) 비트 신호이다.
  - 컴퓨터 내에 있는 입출력 시스템의 전송 속도와 입출력 장치의 속도가 현저하게 다를 때 사용된다.
  - 일반적으로 컴퓨터 본체와 주변 장치 간에 직렬 데이터 전송을 하기 위해 사용된다.

3) 사용 용도 및 목적

- 범용 인터페이스(general interface)
  - 어떠한 입출력 장치에도 연결될 수 있도록 만들어진 접속 방식으로 프린터,

표시 장치 등의 모든 입출력 장치를 접속할 수 있다.

–현재 개인용 컴퓨터(PC)에서 사용되는 입출력 장치의 접속이 범용접속이다.

- 전용 인터페이스(dedicated interface)

–특정 입출력 장치를 연결할 수 있도록 만들어진 접속 방식으로 플로피 디스크, CRT 등의 전용 입출력 장치들을 연결하기 위한 접속이다.

4) 입출력 인터페이스의 물리적 연결 매개체

광섬유 케이블(optical fiber cable), 전신 회선, 마이크로웨이브(microwave), 인공위성 등과 같은 실질적인 연결 매개체를 가리킨다.

5) 데이터 전송 방향에 따른 전송 방식

표 8-1 데이터 전송 방향에 따른 전송 방식 비교

전송 방식	특 성	예
단방향 방식 (simplex)	데이터를 한 방향으로 전송	컴퓨터 → 프린터
전이중 방식 (full-duplex)	동시에 데이터를 양방향으로 전송	주컴퓨터 ↔ 단말 장치
반이중 방식 (half-duplex)	데이터를 양방향으로 전송할 수 있으나 동시에는 전송할 수 없음	휴대용 무전기간의 통신

6) 입출력 장치의 선택

일반적으로 컴퓨터(CPU) 주변에는 각 고유의 입출력 번지(port)를 갖는 여러 가지의 입출력 장치가 연결되어 있다. 한 입출력 장치를 선택하기 위해서 컴퓨터는 디코더(decoder)를 사용한다.

8.2.2 입출력 프로세서

1) 입출력 프로세서의 기능

컴퓨터 내부에 설치되는 입출력 시스템은 중앙 처리 장치의 제어에 의하여 동작이 수행되며, 중앙 처리 장치와 버스(bus)를 통하여 접속되므로 고속의 전송이 가능하다.

하지만 인터페이스(interface)로 접속되는 입출력 장치는 전송 속도가 중앙 처리 장치의 전송 속도와 비교할 때 매우 느리므로 중앙 처리 장치가 효율적으로 동작하지 못한다. 이를 위하여 중앙 처리 장치와 입출력 장치의 인터페이스 사이에 전용 입출력 프로세서(IOP ; I/O processor)를 설치하여 많은 입출력 장치를 관리하게 한다.

입출력 프로세서는 중앙 처리 장치의 입출력에 대한 접속 업무를 대신하는, 즉 입출력 장치의 제어만을 전담하는 장치이다.

이에 따라 입출력 프로세서가 입출력 장치와 데이터 전송 업무를 수행할 때 중앙 처리 장치는 다른 많은 일을 수행할 수 있게 된다.

그림 8-2 입출력 프로세서의 기능

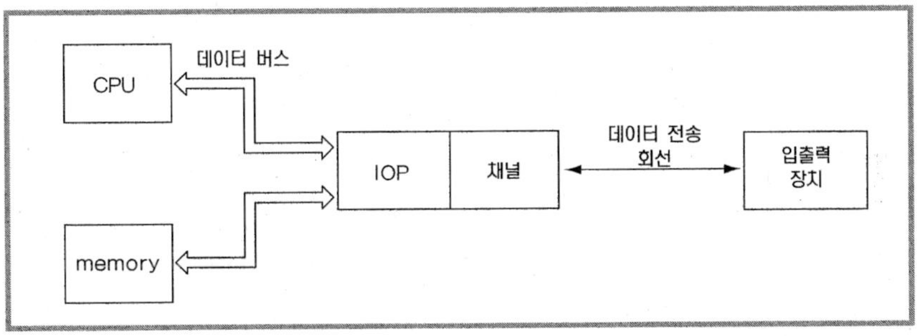

입출력 프로세서의 기능을 정의하면 다음과 같다.

- 중앙 처리 장치 또는 기억 장치와 주변 장치 사이의 통신 기능을 수행한다.
- 외부 입출력 장치와 접속하며, 주변 장치들을 제어한다.

2) 입출력 프로세서의 필요성

입출력 프로세서가 있는 모듈을 입출력 모듈(I/O module) 또는 입출력 채널(I/O channel)이라고 하며, 입출력 프로세서가 필요한 이유를 간략히 설명하면 다음과 같다.

- 중앙 처리 장치의 데이터 처리 속도는 주변 장치의 데이터 전송 속도에 비교하면 매우 빠르므로 중앙 처리 장치와 주변 장치간의 데이터 전송 때 임시적으로 저장할 수 있는 버퍼 기능이 필요하다.
  - 버퍼링 구조(buffering scheme)의 설계에 따라 데이터 전송의 입출력 기능을 효율적으로 수행할 수 있다.

- 중앙 처리 장치의 데이터와 주변 장치의 데이터 특성(데이터 길이, 데이터 포맷 등)이 다르므로 장치 상호간의 전송시에는 데이터 변환이 요구된다.
- 다양한 주변 장치와의 접속과 제어를 효율적으로 하기 위하여 전용 제어 장치가 요구된다.
- 중앙 처리 장치는 입출력 프로세서에게 입출력 동작을 수행하도록 입출력 명령을 지시한 후, (입출력 프로세서가 독립적으로 입출력 처리를 수행하는 동시에)중앙 처리 장치는 다른 일을 수행하므로 중앙 처리 장치의 효율성을 증대시킬 수 있다.

8.3 입출력 제어 방식

컴퓨터 명령에 대한 수행과 제어를 실행하는 중앙 처리 장치(CPU), 입출력 제어 장치의 기능을 수행하는 채널, 프로그램 및 데이터를 저장하는 기억 장치 등의 역할 및 구성에 따라 입출력 제어 방식이 구분된다. 또한 입출력 제어 방식에 따라 입출력 장치와 기억 장치 사이에 전송되는 데이터 전송량도 다르다.

CPU가 입출력 제어장치를 단지 시동만 시키고, 입출력 장치가 독자적으로 동작하는 것을 간접(Indirect) 제어방식이라 한다.

CPU가 입출력 제어 장치를 직접 제어하는 방식을 직접 제어 방식이라 하며, CPU와는 독립적으로 전용 입출력 처리 장치(채널을 가리킴)를 이용하여 입출력 제어 장치를 제어하는 방식을 DMA 및 채널 제어 방식이라 한다.

- 직접 제어 방식 : 문자(character) 단위 전송
- DMA 및 채널 제어 방식 : 블록(block) 단위 전송

입출력 제어 방식은 초기의 직접 제어 방식으로부터 DMA 제어 방식, 채널 제어 방식으로 발전되어 왔다.

8.3.1 직접 제어 방식

입출력 장치와의 데이터 전송을 CPU가 직접 제어하는 방식으로, 이 경우에는 전용 제어 장치(입출력 프로세서)가 없는 컴퓨터 시스템이다.

데이터 전송은 CPU의 레지스터와 입출력 장치의 버퍼 레지스터(buffer register) 간에 이루어지며, 문자 단위로 전송된다.

CPU가 입출력 동작을 수행하기 위해서는 입출력 장치의 상태를 파악한 후 자료의 전송을 직접 수행해야 되므로 CPU의 사용 효율은 극히 저조하게 된다.(즉, 입출력 장치가 자료를 송수신할 때까지 CPU는 다른 동작을 못하고 기다린다.)

현재 컴퓨터에서는 이러한 제어 방식을 많이 채택하지 않고 있다.

CPU가 직접 제어하는 방식에는 프로그램에 의한 입출력 제어와 외부의 입출력 장치가 입출력을 요구할 때마다 동작하는 인터럽트 제어 방식이 있다.

- 프로그램 입출력 제어 방식 : CPU가 입출력 상태를 파악(입출력 장치의 동작상태를 나타내는 플래그(flag)를 이용)하여 레지스터에 있는 데이터를 단말 장치에 전송하고, 데이터 계수기(counter)를 증가시킨다. 일반적으로 이러한 방식을 폴링(polling)이라 부른다.
- 인터럽트 입출력 제어 방식 : 입출력 장치의 요구(인터럽트)가 있을 때 데이터를 전송한다.

그림 8-3 프로그램 입출력 제어 방식과 인터럽트 입출력 제어 방식의 동작 비교

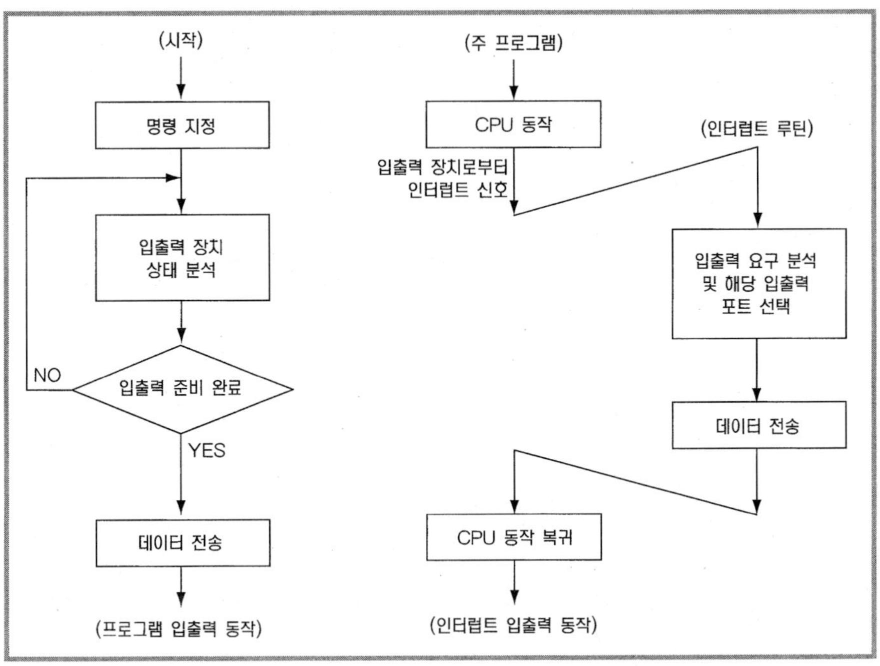

그림 8-4 직접 제어 방식의 동작

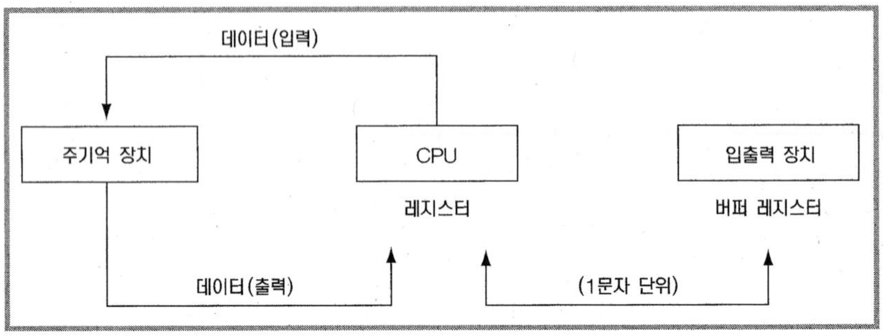

8.3.2 직접 기억 장치 접근 제어 방식

1) DMA(direct memory access) 방식의 동작

입출력 장치와 주기억 장치 사이에 독립적인 데이터 전송 경로를 만들어 데이터를 송수신하는 방식으로서, 하드웨어에 의해 주기억 장치를 직접 접근(access)한다. 이에 따라 CPU와 입출력 장치는 각각 주기억 장치에 개별적으로 접근하게 된다.

CPU가 DMA 요구를 받은 후 입출력 명령을 지시하면, 이후에는 CPU의 직접적인 제어 없이 DMA 장치의 독립적인 동작으로 주기억 장치와 입출력 장치간에 블록(block) 단위로 정보를 송수신하게 된다. 이를 위해서는 전송하는 정보의 양을 계수(count)하는 워드 카운터 레지스터, 주기억 장치의 저장 주소를 가리키는 주소 레지스터, 입출력 장치와 주기억 장치 간의 전송 데이터를 임시 저장하는 자료(data) 버퍼 레지스터가 요구된다. DMA 제어 방식의 장·단점은 다음과 같다.

- 장점
  - DMA 장치가 입출력 동작을 수행할 때 CPU는 주프로그램을 수행하므로, 입출력 전송에 따른 CPU의 부하를 줄일 수 있다.
  - DMA 장치는 블록으로 대용량의 데이터를 전송할 수 있으며, 직접 제어 방식보다는 고속으로 데이터 전송을 할 수 있다.
- 단점
  - DMA 장치와 CPU가 주기억 장치를 동시에 사용할 때는 CPU의 우선 순위가 낮으므로 DMA 장치가 주기억 장치를 접근한다(이러한 동작을 사이클 스틸링(cycle stealing)이라고 함). 이 경우 CPU의 동작은 중지된다.

그림 8-5 DMA 제어 방식

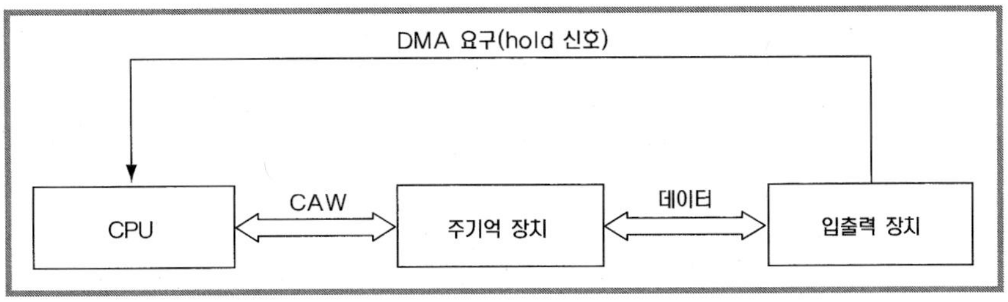

2) DMA 방식의 종류 및 사용

- DMA 방식의 종류
  - word stealing : 데이터 채널 요청을 하여 CPU가 현재 수행하는 명령의 다음 명령 사이클을 DMA가 이용하는 방식이다.
  - time stealing : 데이터 채널 요청을 하여 CPU가 현재 수행하는 기억장치의 시간 사이클의 다음 사이클을 DMA가 이용하는 방식이다.
- DMA 방식의 사용
  - 비교적 고속 전송으로 미니컴퓨터의 일부와 마이크로컴퓨터 등에서 이용하는 방식이다.
  - 입출력 속도가 빠른 자기 디스크, 플로피 디스크, 자기 테이프 등의 보조 기억 장치와 입출력할 때 사용한다.

8.3.3 채널(channel) 방식

일반 컴퓨터에서 사용하는 방식으로 채널은 채널 프로그램의 명령(command)에 따라 입출력 동작을 수행한다.

즉, 중앙 처리 장치와는 독립적으로 입출력 기능을 수행하는 입출력 채널의 제어에 의해 입출력 처리 과정을 제어하는 간접 제어 방식이므로 채널 제어기(channel controller)라고 부른다.

채널은 입출력 제어를 위한 전용 장치로 주기억 장치를 접근하여 명령(채널 프로그램)을 읽어서 입출력 기능을 수행한다.

채널의 종류에는 입출력 선택 채널, 입출력 바이트 다중 채널, 입출력 블록 다중 채널 등이 있으며, 채널의 주요 동작 기능은 다음과 같다.

- 채널의 입출력 동작과는 독립적으로 CPU는 자체적으로 동작을 수행할 수 있으므로 CPU를 효율적으로 사용할 수 있다.
- DMA는 하나의 명령에 의해 하나의 데이터 블록을 전송하나, 채널은 하나의 명령으로 여러 개의 데이터 블록을 전송할 수 있다.

그림 8-6
채널(channel) 방식

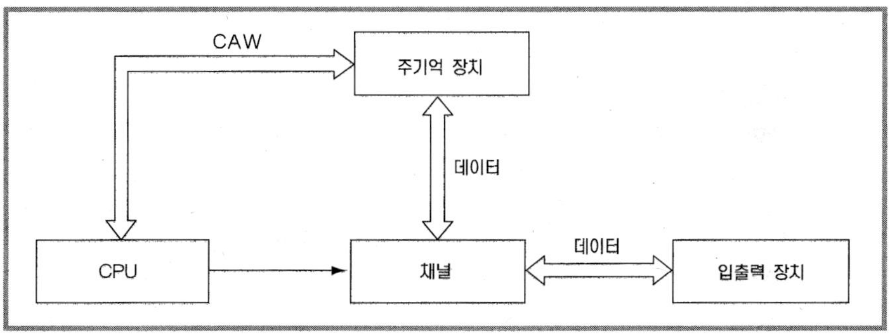

8.4 입출력 채널

8.4.1 입출력 채널의 역할

일반적으로 중앙 처리 장치(CPU)와는 독립적으로 입출력 전용 프로세서(IOP ; input output processor)가 입출력 작업을 전담하여 수행한다. 그리고 이 입출력 프로세서를 채널(channel)이라고 부르며 채널은 입출력 장치와 접속된다.

중앙 처리 장치가 프로그램에 의해 수행하는 것과 같은 방식으로서, 주기억 장치에 있는 채널 프로그램의 명령에 따라 수행된다. 즉, 채널은 채널 프로그램을 갖고 중앙 처리 장치와는 독립적으로 입출력 동작을 수행하며, 입출력 동작이 종료되면 중앙 처리 장치에게 동작이 완료되었음을 보고한다.

중앙 처리 장치와 입출력 채널의 동작을 비교하면 다음과 같다.

- 중앙 처리 장치
  - 주기억 장치의 프로그램에 따라서 동작한다.
  - 프로그램의 각 스텝을 명령(instruction)이라고 한다.
- 입출력 채널
  - 주기억 장치의 채널 프로그램에 따라서 동작한다.
  - 채널 프로그램의 각 스텝을 명령(command)이라고 한다.

또한 입출력 채널은 데이터를 전송하는 단순한 기능 외에 다음과 같은 주요 기능을 갖는다.

- 입출력 명령의 해독
- 채널 프로그램에 따른 입출력 장치의 지시 및 제어
- 중앙 처리 장치와는 독립적으로 입출력 동작을 수행

입출력 장치의 동작에 대한 효율성을 높이기 위해서는 다음과 같은 사항들이 고려될 수 있다.

- 입출력 장치에 고유 기능을 부여 및 독립적인 기능 수행
- 입출력 장치의 버퍼 공간 설치 및 확장
- 주기억 장치와 입출력 장치간의 경로를 복수개로 만듬

8.4.2 채널의 명령 형식

1) 명령 및 프로그램의 구성

컴퓨터 시스템이 입출력 동작을 할 때 채널은 채널 명령어로 구성된 주기억 장치의 채널 프로그램을 읽어와서 해독하고, 입출력 제어 장치의 동작을 지시한다.

채널 프로그램은 채널 명령어(CCW ; channel command word)의 집합이며, 채널 명령어는 다음 그림 8-7과 같이 구성된다.

그림 8-7 채널 명령어의 구성

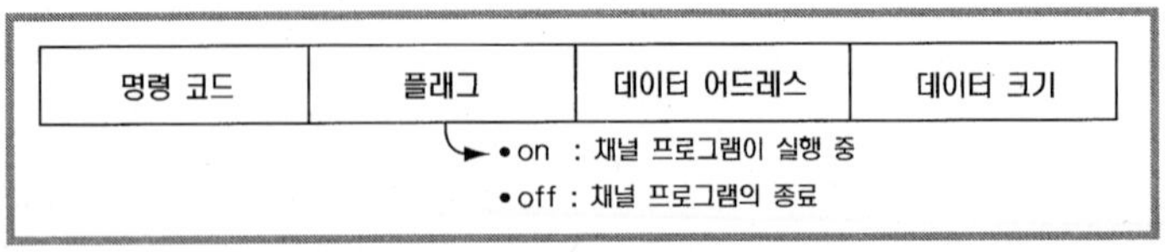

채널 명령어의 구성은 명령 코드(operation code), 플래그(flag), 데이터 어드레스(data address), 데이터 크기(data size)로 구성된다. 플래그는 명령어의 상호 연결(chain)을 나타내는데, 이것은 사용하고자 하는 하나의 입출력 장치에 대하여 계속적으로 명령(그림 8-8 참고)을 수행하기 위함이다. 여기서의 데이터는 블록(block) 단위를 가리킨다.

그림 8-8 자기 디스크에 데이터를 저장하는 경우의 채널 프로그램의 구성

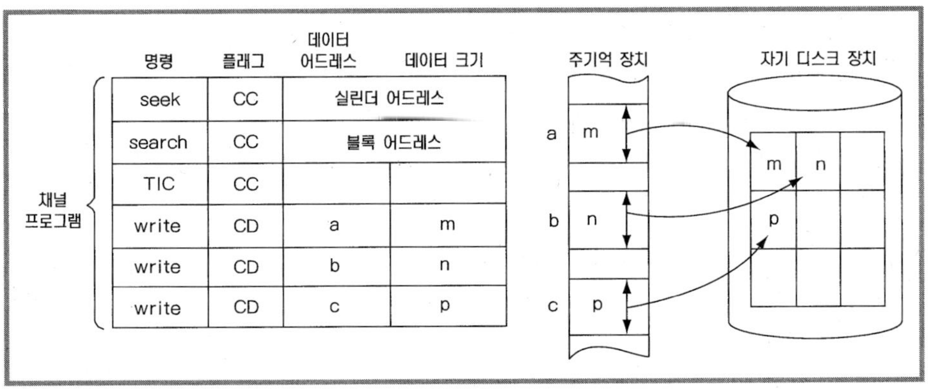

- CC(command chain) : 명령어 연결
- CD(data chain) : 데이터 연결
- TIC(transfer in channel) : HDD의 상태를 채널에게 보고

2) 채널의 입출력 동작 과정

채널에게 입출력 동작을 명령하는 채널의 명령어(CCW)는 주기억 장치에 저장되어 있으며, 주기억 장치의 채널 명령어에 대한 시작 위치는 CAW(채널 주소어 ; channel address word)에 저장한다. CCW와 마찬가지로 CAW도 기억 장치에 저장된다.

중앙 처리 장치가 CSW(채널 상태어 ; channel status word)를 이용하여 입출력

장치의 상태를 조사한 후, 채널에게 입출력 명령을 보내는 채널의 입출력 동작 과정은 다음과 같다.

(1) 중앙 처리 장치(CPU)가 입출력 동작을 수행하기 위해 먼저 CCW로 구성된 채널 프로그램을 주기억 장치에 저장하고 그 시작 위치를 CAW에 저장한다.
(2) CPU는 채널에 입출력 명령을 지시한다.
 –입출력 동작의 개시 명령 : SIO(start I/O) 명령
(3) 채널은 CAW를 참조하여 채널 프로그램의 주소를 얻으며, 그 데이터인 CCW를 하나씩 읽어들여 입출력 동작을 수행한다.
(4) 입출력 동작의 종료시에는 중앙 처리 장치에게 보고한다.
 –인터럽트 등의 방법으로 보고한다.
(5) CPU는 입출력 동작의 정상 혹은 오류 발생 여부에 대하여 CSW를 검사한 후, 정상이면 입력 데이터를 받아 저장한다.

그림 8-9 채널의 입출력 동작 과정

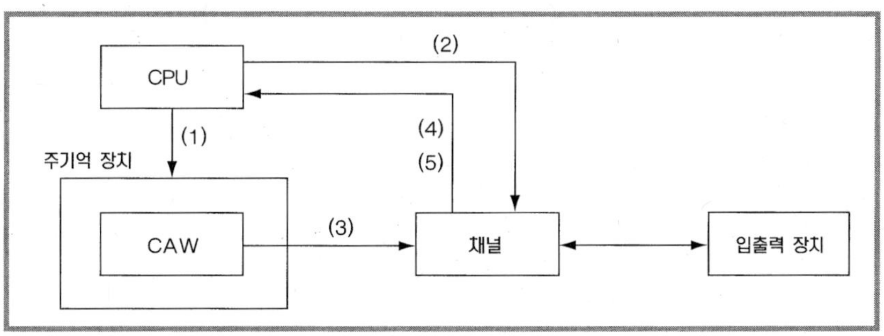

8.4.3 채널의 종류

1) 선택 채널(셀렉터 채널 ; selector channel)

- 종류가 상이한 입출력 장치가 접속되어 있는 경우, 채널은 한 동작으로 하나의 입출력 장치를 제어한다.
- 전송 속도는 106비트/초 이상이 가능하다.
- 고속의 입출력 장치에 적합하고 버스트(burst) 방식으로 데이터를 전송한다.

- 자기 디스크, 플로피 디스크 등의 입출력 장치를 연결할 때 사용하는 방식이다.

2) 바이트 다중 채널(바이트 멀티플렉서 채널 : byte multiplexer channel)

- 비교적 저속인 다수의 입출력 장치를 한 회선에 접속하는 채널이다.
- 선택 채널에 저속인 입출력 장치를 접속하는 경우에는 채널에 많은 빈 공간의 시간이 발생하여 효율이 떨어지는데, 이것을 보완하기 위해 시분할로 입출력을 접속하는 방식이다. 복수의 입출력 장치를 동시에 동작시킬 수 있다.

3) 블록 다중 채널(block multiplexer channel)

- 다수 개의 입출력 장치가 한 개의 데이터 경로를 이용하는 바이트 다중 채널의 장점과 버스트 방식으로 데이터를 고속으로 입출력하는 선택 채널의 장점을 갖춘 채널이다.
- 대형 컴퓨터에서 널리 사용되는 채널 방식이다.

8.5 단말 장치

8.5.1 단말 장치의 역할

단말 장치는 데이터 통신 시스템의 종단에 위치하며, 데이터 전송 회선을 이용하여 컴퓨터와 연결된 입출력 장치를 가리킨다. 일반적인 단말 장치의 구성은 그림 7-10과 같다. 단말장치에서 데이터 통신을 담당하는 전송 제어부의 기능을 설명하면 다음과 같다

- 입출력 데이터의 직렬, 병렬 교환 기능을 수행한다.
  - 단말장치와 통신회선을 연결하는 변복조장치(MODEM)의 기능을 설명하면 다음과 같다.
  - 직렬 펄스(pulse) 신호 ⟷ 병렬 펄스(pulse) 신호
- 데이터 오류가 발생한 비트(bit)를 검사한다.

- 변복조 장치는 전송 제어부로 부터 전송되는 직렬 펄스(pulse) 신호 즉, 디지털 신호(digital signal)를 아날로그 신호(analog signal)로 변환(변조)하고, 통신 회선으로부터 전송되어 오는 아날로그 신호를 직렬 펄스 신호로 변환(복조)한다.

그림 8-10 단말 장치의 구성

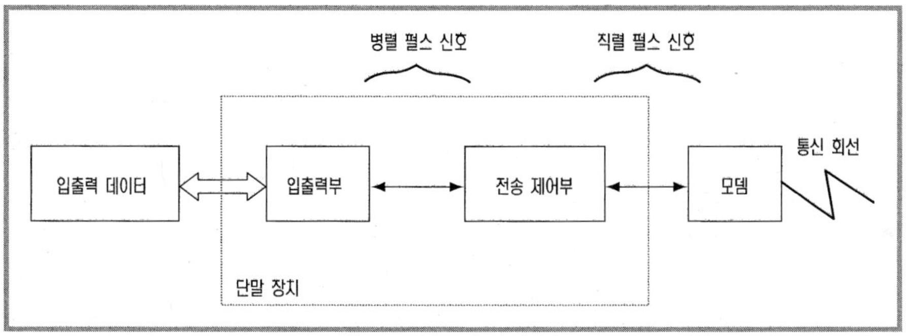

8.5.2 단말 장치의 종류

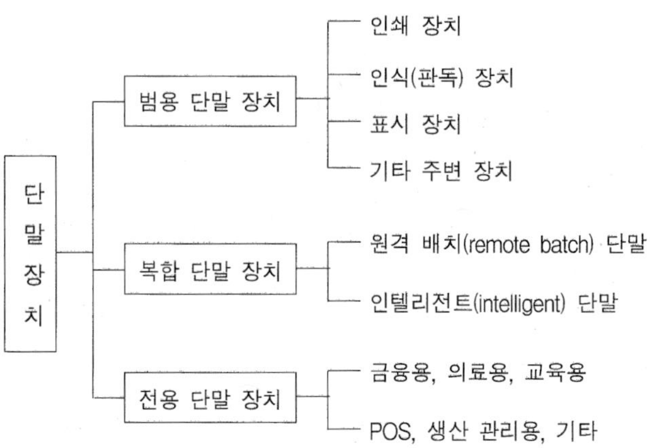

8.6 온라인 시스템과 오프라인 시스템

8.6.1 온라인 시스템(On Line System)

단말 장치를 중앙 컴퓨터에 직접 연결하여 데이터를 전송하는 시스템이다. 이 시스템은 단말 장치, 통신 회선(cable), 전송 제어 장치로 구성하며, 또한 자료 처리 시점을 기준으로 하면 실시간 처리(Real Time Processing), 일괄 처리(Batch Processing) 시스템으로 구분된다.

- 온라인 실시간 처리(Real Time Processing) 시스템
  - 단말 장치에서 자료 처리를 요구할 때마다 중앙 컴퓨터에서 처리 결과를 전송하므로 단말 장치가 즉시 응답을 받아볼 수 있다.
- 온라인 일괄처리(Batch Processing) 시스템
  - 중앙 컴퓨터가 모든 단말 장치로부터 자료 처리 요구를 받은 후 어느 정도의 시간 후에, 또는 어느 정도의 자료가 저장된 후에 그 결과를 처리하여 단말 장치에게 결과 자료를 전송한다.

8.6.2 오프라인 시스템(Off Line System)

온라인 시스템과 반대되는 기능을 갖는 시스템으로, 단말 장치가 중앙 컴퓨터의 처리 결과에 의존하지 않고 독자적으로 기능을 수행한다.

용어정의

1. 주변 장치(peripheral)

컴퓨터 시스템의 중앙 처리 장치와 케이블로 접속되어 있는 장치로서, 많은 양의 데이터를 보관하는 보조 기억 장치, 입출력 기능을 담당하는 입출력 장치들을 주변 장치라고 부른다.

2. 프로토콜(protocol)

컴퓨터와 컴퓨터 또는 입출력 장치와 데이터를 교환하기 위해 요구되는 상호 약속된 데이터 통신 규약을 프로토콜이라 부른다.

3. 입출력 장치의 입력과 출력

- 입력(input) : 외부 장치의 데이터를 컴퓨터에 저장하기 위해, CPU가 입력 매개체(input media)를 통하여 데이터를 기억 장치에 저장하는 동작을 입력이라고 한다.
- 출력(output) : 프로그램 또는 사용자의 데이터를 CPU가 처리하여 얻어진 그 결과 데이터를 출력 매개체(output media)를 통해서 외부 장치에 전송하는 동작을 출력이라 한다.
- 입출력 장치 : 일반적으로 데이터를 처리하는 외부 장치들은 입력 또는 출력기능을 수행하므로 통상 입출력 장치(input-output device)라고 한다.
- 버퍼 : 데이터를 입출력할 때 임시 저장하는 장소를 가리킨다.

4. 인터페이스(interface)

중앙 처리 장치(CPU)와 주변 장치(또는 입출력 장치)를 연결시켜 주는 접속이다. 접속을 위해서는 회선 연결 방식, 회선 제어 방식, 데이터 송수신 절차 및 전송 방식, 전기 신호 규격 등의 일치가 요구된다.

5. 버스트(burst)

많은 데이터가 어느 시간에 집중적으로 일어나거나 전송하는 것을 가리킨다. 일반적으로 데이터를 한 번에 블록 단위로 전송한다.

6. 단말 장치(terminal)

컴퓨터에 데이터를 입력하거나 출력하기 위하여 사용하는 장치로서, 컴퓨터에 종속되어 동작한다. 일반적으로 은행 창구에 있는 단말기(banking terminal), 백화점이나 상가의 단말기(POS) 등이 이에 속한다.

7. 핸드 셰이킹(hand shaking)

- CPU(마이크로 프로세서, 중앙 처리 장치)와 입출력 장치(주변 장치, 단말 장치) 사이의 접속(interface)을 가리킨다.
  - 데이터의 송수신에 대한 약속으로 CPU와 입출력 장치 사이의 제어 신호기라고도 부른다.
  - 입출력의 준비 신호(RDY), 완료 신호(STB)를 사용한다.
  - 세개의 회선으로 구성되는 핸드 셰이킹의 신호 : DAV(DAta Valid), RFD (Request For Data), DAC(Data ACcept)
- 프로그램된 입출력 장치에서 핸드 셰이킹과 관련된 비트는 인터럽트(interrupt)비트이다.
  - 이 비트는 주변 장치가 데이터를 입출력하기 위한 준비 상태를 가리킨다.
- CPU로부터 단말 장치에 데이터가 전송(write)되는 경로는 다음과 같다.
  - CPU → I/O 포트(port) → 단말 장치

8. I/O(Input-Output) 프로그램

- CPU와 I/O 장치 간의 통신을 수행한다.
- I/O 장치를 구동시키는 프로그램이다.
- 주로 CPU와는 인터럽트(Interrupt) 신호를 통하여 접속된다.

9. 입력 자료 준비 장치와 입력 장치

- 입력 자료 준비 장치 : 자료를 입력하기 전에 편집, 준비할 수 있는 장치로 Key punch machine이 해당된다.
- 입력 장치 : 컴퓨터에 자료를 입력시키는 장치로, Key to-가 해당된다.
- 입력 자료 준비 및 입력 장치 : 텔레타이프(Teletype)가 해당된다.

10. 시분할 시스템(Time Sharing System)

하나의 컴퓨터를 여러 사용자 또는 단말 시스템이 동시에 사용하는 시스템이다. 그 처리 속도가 매우 빠르므로 각 단말 시스템은 동시에 사용하는 것처럼 보인다. 이 시스템은 영상 표시 장치(CRT) 등에 적합하다.

11. 대화형 단말기(Interactive Terminal)

일반 컴퓨터의 영상 출력 장치(CRT), 키보드와 같은 단말 시스템을 가리키며 중앙 처리 장치의 응답이 매우 빠르다.

기출문제 입출력장치

1. **입출력 장치와 기억장치의 차이점에 대한 설명 중 옳지 않은 것은?**

(정보처리 2003.3, 2000.3)(조직응용 2003.3)

㉮ 기억장치의 동작 속도가 빠르다.
㉯ 입출력장치는 자율적으로 동작한다.
㉰ 기억장치의 정보, 단위는 Word이다.
㉱ 입출력장치가 착오, 발생률이 적다.

☞ 8.1.2의 1 입출력 장치 제어의 고려 사항 참조

2. **다음 중 출력장치로만 사용할 수 있는 것은?** (정보처리 2000.10)

㉮ 인쇄 장치
㉯ 카드 판독 장치
㉰ 자기 테이프 장치
㉱ 자기 디스크 장치

☞ 그림 8-1 참조

3. **다음 중 전자계산기의 입·출력에 필요한 기능이 아닌 것은?** (정보처리 2001.6)

㉮ 입·출력 버스
㉯ 입·출력 인터페이스
㉰ 입·출력 제어
㉱ 입·출력 기억

☞ 8.2 입출력 시스템 구성 참조

4. **입력장치인 동시에 출력 장치로도 사용할 수 있는 장치는?** (정보처리 2001.6)

㉮ 카드판독장치
㉯ 카드천공장치
㉰ 인쇄장치
㉱ 자기테이프장치

☞ 그림 8-1 참조

5. **DMA의 장점에 해당되는 것은?** (정보처리 1999.4)(조직응용 2003.3, 2002.8)

㉮ 속도가 느린 메모리가 사용될 수 있다.
㉯ 마이크로프로세서가 데이터 전송을 제어한다.
㉰ 데이터 전송회로가 보다 덜 복잡하다.
㉱ 보다 빠른 데이터의 전송이 가능하다.

☞ 8.3.2의 1 DMA 방식의 동작 참조

---

1. ㉱ **2.** ㉮ **3.** ㉱ **4.** ㉱ **5.** ㉱

6. 다음 중 동시에 여러 개의 입·출력 장치를 제어할 수 있는 채널은?

(정보처리 1999.6)(정보통신 1994.3)

㉮ 멀티플렉서 채널　　㉯ Duplex 채널
㉰ 레지스터 채널　　㉱ Simplex 채널

☞ 8.4.3 채널의 종류 참조

7. 입·출력 장치와 기억장치의 데이터 전송을 위하여 입·출력 제어기가 필요한 가장 중요한 이유는?

(정보처리 2002.3)(조직응용 2002.3)

㉮ 동작속도　　㉯ 인터럽트
㉰ 정보의 단위　　㉱ 메모리의 관리

☞ 8.1.2 입출력 장치의 특성 참조

8. 기억장치와 입·출력장치의 동작상 차이 중 가장 중요시되는 것은? (정보처리 2003.5)

㉮ 정보의 단위　　㉯ 동작의 자율성
㉰ 착오의 발생율　　㉱ 동작의 속도

☞ 8.1.2 입출력 장치의 특성 참조

9. 데이터 대량전송(burst transfer)및 사이클 스틸링(cycle stealing)과 관계있는 것은?

(정보처리 2003.5)

㉮ DMA에 의한 전송　　㉯ 벡터 인터럽트에 의한 전송
㉰ 프로그램된 I/O 데이터 전송　　㉱ 비벡터 인터럽트에 의한 전송

☞ 8.3.2의 1. DMA 방식의 동작 참조

10. CPU의 명령을 받고 입·출력 조작을 개시하면 CPU와는 독립적으로 조작을 하는 것은?

(정보처리 2003.5)(조직응용 2005.3)(전자계산 2002.5)

㉮ Register　　㉯ Channel
㉰ Terminal　　㉱ Buffer

☞ 8.3.3 채널 방식 참조

11. 다음 주변장치 중 입력장치가 아닌 것은? (정보처리 2003.8)

㉮ 스캐너(scanner)　　㉯ 프린터(printer)
㉰ 디지타이저(digitizer)　　㉱ 키보드(keyboard)

☞ 그림 8-1 참조

---

6. ㉮　**7.** ㉮　**8.** ㉱　**9.** ㉮　**10.** ㉯　**11.** ㉯

12. 주변장치와 기억장치 사이에서 중앙처리장치의 지시를 받아 정보를 이송하는 기능을 가진 것은? (조직응용 2002.8)

㉮ 인쇄장치(Line Printer) ㉯ 채널(Channel)
㉰ 연산장치 ㉱ 보조기억장치

☞ 8.3.3 채널 방식 참조

13. I/O 장치와 메모리간에 CPU를 통하지 않고 고속으로 직접 데이터를 주고받는 입·출력 제어 방법을 무엇이라 하는가? (정보처리2 1993.3)

㉮ CAM ㉯ interrupt
㉰ DMA ㉱ time sharing

☞ 8.3.2 직접 기억 장치 접근 제어 방식 참조

14. 다음 채널 중에서 속도가 가장 느린 장치에 연결되는 채널은 무엇인가? (정보처리2 1993.1)

㉮ 멀티 플렉서 채널 ㉯ 셀렉터 채널
㉰ 블록 멀티플렉서 채널 ㉱ 블록 채널

☞ 8.4.3 채널의 종류 참조

15. 컴퓨터와 주변 장치 사이에 데이터 전송을 할 때 입·출력의 준비나 완료를 나타내는 신호(RDY, STB)를 사용하여 데이터 입·출력을 하는 방식은 무엇인가? (정보처리2 1993.1)

㉮ polling 방식 ㉯ interrupt 방식
㉰ X on/off 방식 ㉱ handshaking 방식

☞ 용어정의 7. 참조

16. 콘솔(CONSOLE) 장치의 기능이 아닌 것은? (정보처리2 1991.4)

㉮ 입·출력장치의 선택 ㉯ 컴퓨터 동작의 개시와 정지
㉰ 컴퓨터 동작상태의 변경 ㉱ DATA의 관리

☞ 8.1.1의 2. 주요 입출력 장치의 기능 참조

17. 영상 출력 장치에 해당 하는 것은? (조직응용 2004.8)

㉮ 마우스 ㉯ 키보드
㉰ CRT 모니터 ㉱ 카드 판독기

☞ 그림 8-1 참조

---

12. ㉯ **13.** ㉰ **14.** ㉮ **15.** ㉱ **16.** ㉱ **17.** ㉰

18. 다음 입·출력 방식에서 중앙 처리 장치의 효율을 높이기 위한 방법은 무엇인가?

(정보처리 1993.10)

㉮ 인터럽트에 의한 입·출력
㉯ DMA 방식
㉰ 채널(channel)
㉱ 입·출력 전용 컴퓨터의 이용

☞ 8.3.2의 1. DMA 방식의 동작 참조

19. 다음의 인쇄 장치 중에서 인쇄되는 문자가 보통 활자체로 되어 있지 않고 점에 의해 나타나는 프린터는 무엇인가? (정보처리 1993.1)

㉮ 프린트 휠 프린터(print wheel printer)
㉯ 매트릭스 프린터(matrix printer)
㉰ 체인 프린터(chain printer)
㉱ 바 프린터(bar printer)

☞ 8.1.1의 2. 주요 입출력 장치의 기능 참조

20. 어떤 명령과 다음 명령의 수행 사이를 이용해서 하나의 워드씩 정보를 직접 전송하는 DMA 방식을 무엇이라 하는가? (정보처리 1993.1)

㉮ word stealing
㉯ word transfer
㉰ time stealing
㉱ time transfer

☞ 8.3.2의 2. DMA 방식의 종류 및 사용 참조

21. DMA란 무엇인가? (정보처리 1993.1)

㉮ 인터럽트와 같다.
㉯ Direct Memory Acknowledge의 약자이다.
㉰ Direct Main Accumulator의 약자이다.
㉱ 메모리와 입·출력 디바이스 사이에 입·출력을 주고받음이 직접 행해지는 기법이다.

☞ 8.3.2 직접 기억 장치 접근 제어 방식 참조

22. DMA 제어기의 구성에 포함되지 않는 것은 무엇인가? (정보처리 1993.10)

㉮ 워드 카운터 레지스터
㉯ 데이지 체인
㉰ 주소 레지스터
㉱ 자료 버퍼 레지스터

☞ 8.3.2의 1. DMA 방식의 동작 참조

---

18. ㉯ **19.** ㉯ **20.** ㉮ **21.** ㉱ **22.** ㉯

23. 속도가 빠른 마그네틱 디스크에 연결하는 채널(channel)은 무엇인가?

(정보처리2 1993.10, 1991.8)

㉮ 셀렉터 채널 ㉯ 서브 채널
㉰ 멀티플렉서 채널 ㉱ 바이트 채널

☞ 8.4.3의 1. 선택 채널 참조

24. 온라인 시스템과 관련이 없는 것은 무엇인가? (정보처리2 1993.10)

㉮ 단말 장치 ㉯ 통신 회선
㉰ 전송 제어 장치 ㉱ 카드 천공 장치

☞ 8.6.1 온라인 시스템 참조

25. 입·출력 장치와 주기억 장치를 연결하는 중개 역할을 담당하는 부분을 무엇이라 하는가?

(정보처리 2005.5)(정보기술 2002.8)

㉮ bus ㉯ buffer
㉰ channel ㉱ console

☞ 8.3.3 채널 방식 참조

26. 시분할 처리 방식에 적합한 단말 장치는 어느 것인가? (정보처리2 1993.10)

㉮ 카드 천공 장치 ㉯ 종이 테이프 장치
㉰ 영상 표시 장치 ㉱ 광학식 문자 해독 장치

☞ 용어정의 10. 참조

27. 고속 입·출력 장치에 사용되는 프로세서는 다음 중 어느 것인가? (정보처리 1993.3)

㉮ selector channel ㉯ multiplexer channel
㉰ 데이터 통신 프로세서 ㉱ 데이터 채널

☞ 8.4.3의 1. 선택 채널 참조

28. 다음 중 출력 장치에 해당하지 않는 것은? (정보처리2 1988.4)

㉮ 광학 문자 판독기(OCR) ㉯ 종이 테이프 천공기(paper tape punch)
㉰ 카드 천공기(card punch) ㉱ 프린터 장치(line print)

☞ 그림 8-1 참조

---

23. ㉮ **24.** ㉱ **25.** ㉰ **26.** ㉰ **27.** ㉮ **28.** ㉮

29. 싱크로너스(synchronous) 작동이란 다음 문장 중 어느 것인가? (정보통신2 1994.3)

㉮ 단일 제어 장치로 각 장치를 제어하는 동작
㉯ 제어 장치가 달린 장치는 독립적으로 운영되는 동작
㉰ 단일 제어로 독립된 장치를 독립 운영하는 동작
㉱ 각 장치마다 별도로 제어 동작을 하나로 서로 연결되어 있는 동기식 동작

☞ 8.2.1의 2. 동기 방식 참조

30. 데이터 처리면에서 CPU와 입출력 장치와의 속도 차이에서 오는 비효율적인 요소를 최대한으로 줄이기 위한 것은? (정보통신2 1994.3)

㉮ 병렬 연산 장치 ㉯ 채널 제어 장치
㉰ 인덱스 레지스터(index register) ㉱ 부동 소수점(浮動小數點) 부가 기구

☞ 8.4.1 입출력 채널의 역할 참조

31. 광학식 문자 판독 장치를 무엇이라 하는가? (정보기술 2002.8)(전자계산 2003.8)

㉮ OCR ㉯ OMR
㉰ MICR ㉱ X-Y Plotter

☞ 8.1.1의 2.(5) OMR/OCR 참조

32. 다음 장치 중 입력 장치로서 적당하지 않는 것은? (정보처리2 1991.8, 1987.8)

㉮ Magnetic disc subsystem ㉯ OCR unit
㉰ Line printer ㉱ Magnetic tape unit

☞ 그림 8-1 참조

33. 컴퓨터의 기억장치와 입·출력 장치의 가장 중요한 차이점이라고 할 수 있는 것은? (정보기술 2003.8)

㉮ 동작 속도 ㉯ 가격(cost)
㉰ 소형, 경량화 ㉱ 정보 표현

☞ 8.1.2의 1. 입출력 장치 제어의 고려사항 참조

34. 데이터 전송 방식에 따른 I/O 설계 방식이 아닌 것은? (정보기술 2003.8)

㉮ DMA 방식의 I/O ㉯ 인터럽트 방식의 I/O
㉰ 프로그램 방식의 I/O ㉱ 명령 사이클 방식의 I/O

☞ 8.3 입출력 제어 방식 참조

---

29. ㉱ **30.** ㉯ **31.** ㉮ **32.** ㉰ **33.** ㉮ **34.** ㉱

35. 입력장치가 아닌 것은? (정보처리2 1991.8)

㉮ 카드 독취기(card reader)
㉯ 텔레타이프(TTY)
㉰ CRT
㉱ 플로터(plotter)

☞ 그림 8-1 참조

36. 입·출력장치−주기억장치와 중앙처리장치−주기억장치의 동작의 차이점을 보완하는데 사용되는 회로가 아닌 것은? (정보기술 2004.8)

㉮ 각종 Bus
㉯ channel
㉰ interface
㉱ DMA(direct memory access)

☞ 8.3 입출력 제어 방식 참조

37. 대량의 자료를 장기간 보관할 때 가장 유리한 장치는? (정보처리2 1991.2)

㉮ 자기 테이프장치
㉯ 자기 디스크장치
㉰ 자기 드럼장치
㉱ OMR 카드장치

☞ 7.2.2의 4. (4) 참조

38. A와 B 두개의 저장 블록(memory block)이 있다고 가정할 때 A가 채워진 후 output을 행할 때 B 블록에 채우고 다시 B블록이 채워진 후 output을 행할 때 A 블록에 채우게 되는 output 과정을 반복하는 것을 무엇이라고 하는가?

(정보처리2 1987.4)(정보통신 1994.3)

㉮ Storing scheme
㉯ Queueing scheme
㉰ Buffering scheme
㉱ 위 모두 아니다.

☞ 용어정의 3. 참조

39. 변복조(變復調) 장치란 주로 어디에 쓰이는 장치인가? (정보처리2 1987.4)(정보통신 1994.3)

㉮ CPU의 나중 처리
㉯ 수송 계획의 고속 처리
㉰ 재고 관리 시스템의 대량 처리
㉱ 데이터 통신

☞ 8.5.1 단말 장치의 역할 참조

---

35. ㉱ **36.** ㉮ **37.** ㉮ **38.** ㉰ **39.** ㉱

40. 자기 테이프에서 많이 쓰는 BPI라는 단위는 무슨 뜻인가? (정보처리2 1988.3)

㉮ Byte Per Inch ㉯ Bit Per Inch
㉰ Baud Per Inch ㉱ Binary Per Inch

☞ 7.2.2의 4. (4) 참조

41. 다음 중 카드 리더(card reader)나 프린터와 같은 비교적 저속의 입출력 장치를 제어하는 채널(channel)은? (정보통신 1994.3)

㉮ multiplexer channel ㉯ Interrupt channel
㉰ Select channel ㉱ Serial channel

☞ 8.4.3의 2. 다중 채널 참조

42. 채널 프로그램의 설명 중 잘못된 것은? (정보처리2 1987.4)(정보통신 1994.3)

㉮ 입출력 조작을 제어하는 지령의 집합이다. ㉯ 주기억 장치에 저장되어 있다.
㉰ 입출력 채널에 의해 해독 실행한다. ㉱ CPU에 의해 해독 실행한다.

☞ 8.4 입출력 채널 참조

43. 다음 중 입력 장치만으로 구성된 항은? (정보처리2 1987.6)(정보통신 1994.3)

㉮ 자기 디스크, 라인 프린터, OMR ㉯ OMR, OCR, 콘솔 키보드
㉰ 콘솔 키보드, 카드 리더, XY-플로터 ㉱ XY-플로터, OMR, 라인 프린터

☞ 그림 8-1 참조

44. Channel이 하는 일은? (정보처리2 1987.4)

㉮ 자료전송을 추진한다. ㉯ 자료의 입력을 추진한다.
㉰ 컴퓨터에 달려 있는 I/O 장치를 통제한다. ㉱ 어느 한 장치에만 자료를 전송한다.

☞ 8.3.3 채널 방식 참조

45. 핸드 세이크(hand shake)를 사용하는 Write동작에 있어 데이터 경로를 나타낸 것 중 옳은 것은? (정보처리2 1991.6)

㉮ CPU→I/O 포트→외부장치 ㉯ CPU→외부장치→I/O포트
㉰ 외부장치→I/O 포트→CPU ㉱ 외부장치→CPU→I/O포트

☞ 용어정의 7. 참조

---

40. ㉯ **41.** ㉮ **42.** ㉱ **43.** ㉯ **44.** ㉰ **45.** ㉮

46. 먼 거리에 있는 원격 단말장치(remote terminal)와 컴퓨터가 서로 정보를 보내고 받는데 필요한 것은? (정보처리2 1987.6)

㉮ Card Reader와 Line Printer ㉯ 무선전신기 또는 유선전신기
㉰ Modem 혹은 Dataset ㉱ Accumulator

☞ 그림 8-10 참조

47. 중앙 처리 장치의 응답이 가장 빠른 것은? (정보처리2 1992.8)

㉮ 카드 리더(card reader) ㉯ 인터렉티브터미널(interactiveterminal)
㉰ 배치 터미널(batch terminal) ㉱ 인행 장치(line prienter)

☞ 용어정의 11. 참조

48. 인다이렉트(indirect) I/O란? (정보처리2 1992.8)

㉮ 중앙 처리 장치가 I/O의 시동 및 완전한 동작을 한다.
㉯ 중앙 처리 장치가 I/O의 시동만 하고 남은 동작은 독자적으로 한다.
㉰ 중앙 처리 장치가 남은 동작만 하고 I/O가 시동을 한다.
㉱ 중앙 처리 장치와 I/O는 전혀 관계가 없다.

☞ 8.3 입출력 제어 방식 참조

49. 다음 중 동시에 여러 개의 입출력 장치를 제어할 수 있는 채널은? (정보처리2 1994.10)

㉮ 멀티플렉서 채널 ㉯ duplex 채널
㉰ 레지스터 채널 ㉱ simplex 채널

☞ 8.4.3의 2. 다중 채널 참조

50. 입출력 장치와 CPU 사이에 속도문제를 해결하기 위해 사용되는 것은? (정보처리2 1992.3)

㉮ console 장치 ㉯ general register
㉰ channel 장치 ㉱ terminal 장치

☞ 8.3.3 채널 방식 참조

---

46. ㉰ **47.** ㉯ **48.** ㉯ **49.** ㉮ **50.** ㉰

51. 다음 채널방식 중 비교적 저속인 입출력 장치의 자료를 전송할 때 사용하는 방식은?

(정보처리2 1992.3)

㉮ 버스트 방식 ㉯ 바이트 다중 방식
㉰ 입출력 선택 채널 ㉱ 입출력 블록 다중 채널

☞ 8.4.3 채널의 종류 참조

52. 입출력 장치와 CPU 사이에 존재하는 속도의 차이로 인하여 발생하는 단점을 해결하기 위해서 고려된 장치는? (정보처리2 1995.3)

㉮ 콘솔 장치 ㉯ 채널 조절 장치
㉰ 터미널 장치 ㉱ 레지스터

☞ 8.3.3 채널 방식 참조

53. 채널 명령어를 구성하는 요소가 아닌 것은? (정보처리2 1994.6)

㉮ 입출력 명령의 종류 ㉯ 입출력 대상 자료 블록의 기억 장치
㉰ 자료의 작성 일자 ㉱ 입출력 대상 자료 블록의 크기

☞ 그림 8-7 참조

54. DMA 입출력에 관한 설명 중 옳은 것은? (정보처리2 1994.10)

㉮ 일반적으로 속도가 느린 입출력 장치에 대하여 사용된다.
㉯ 미니 컴퓨터에서만 가능하다.
㉰ 중앙 처리 장치에 관계없이 자료를 직접 기억 장치에 입출력한다.
㉱ DMA 입출력을 수행할 때는 중앙 처리 장치는 다른 일을 할 수 없다.

☞ 8.3.2의 1. DMA 방식의 동작 참조

55. 인터페이스 버스(interface Bus)가 핸드셰이킹(Handshaking)방식을 사용할 때 쓰지 않는 신호는? (정보처리2 1994.10)

㉮ End of Messsage(EOM) ㉯ Data Valid(DAV)
㉰ Request for data(RFD) ㉱ Data Accepted(DAC)

☞ 용어정의 7. 참조

---

51. ㉯ 52. ㉯ 53. ㉰ 54. ㉰ 55. ㉮

56. 입·출력 장치를 기억 장치에 직접 연결시켜 입·출력할 수 없는 이유는?

(조직응용 1992.10)

㉮ 처리하는 정보의 단위가 다르므로　　㉯ 입·출력 장치는 자율적으로 동작하므로
㉰ 동작 속도가 다르므로　　㉱ 에러(error) 발생율이 크기 때문에

☞ 8.1.2의 1. 입출력 장치 제어의 고려 사항 참조

57. computer 주변 장치 처리 속도와 CPU 처리 속도와의 차이를 줄이기 위한 장치는?

(정보처리2 1994.6)

㉮ queue　　㉯ port
㉰ console　　㉱ channel

☞ 8.3.3 채널 방식 참조

58. 중앙 처리 장치에 의한 입출력 방식에는 입출력 장치에 약간의 자율성을 두어 동작하도록 할 수 있다. 그 방법은 무엇인가? (정보처리2 1994.3)

㉮ 인터럽트 체제 이용　　㉯ 서브루틴 이용
㉰ 채널 이용　　㉱ 입출력 버퍼 이용

☞ 8.3.3 채널 방식 참조

---

56. ㉰ **57.** ㉱ **58.** ㉰

제 9 장

인터럽트

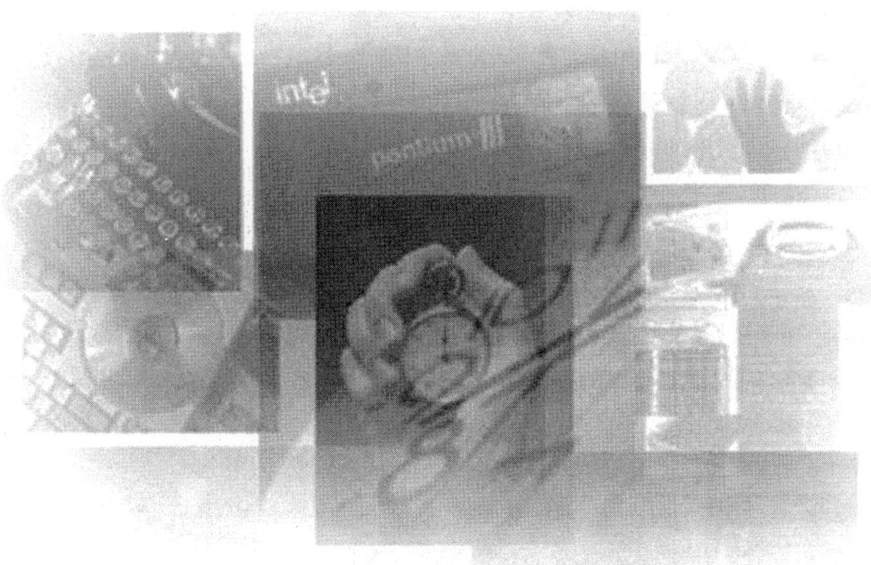

9.1 인터럽트 개요

CPU(중앙 처리 장치)가 프로그램에 따라 동작을 수행하고 있는 중에 컴퓨터 내외에서 어떠한 상태 변화가 일어났을 때, CPU가 현재의 동작을 중단하고 발생한 상태 변화에 대응하는 동작이 인터럽트(interrupt)이다. CPU가 인터럽트 동작을 완료한 후에는 다시 복귀하여 프로그램의 동작을 계속 수행한다.

이때 상태 변화를 CPU에게 알려주는 것을 인터럽트 요구(interrupt request)라하고, CPU가 현재의 일을 중단하고 상태 변화에 대응(인터럽트 응답 ; interrupt acknowledge)하여 동작하는 것을 인터럽트 처리(interrupt handling 또는 interrupt processing)라 한다.

CPU 동작을 일시적으로 중단시키는 인터럽트의 발생 원인은 다음과 같은 상태 변화가 발생된 경우이다.

- 컴퓨터 자체의 기계적인 문제 발생
  - 컴퓨터 하드웨어(hardware)의 잘못에 기인한 문제
  - 컴퓨터 수행 중의 정전
  - 자료 전달 과정에서의 에러(error) 발생
- 프로그램의 문제 발생
  - 보호된 기억 공간의 접근(access)
  - 연산 과정에서의 오버플로(overflow) 발생
  - 0으로 나누는 경우의 연산 오류
  - 명령 또는 데이터의 잘못 사용
  - 번지의 오류(error)
- 사용자의 의도적인 인터럽트 발생(SVC ; supervisor call)
  - 사용자 프로그램(program)의 시스템 호출 또는 관리자 호출
- CPU 자체 검사 발생(machine check interrupt)
  - CPU 내에서의 에러(error) 발생
- 외부로부터의 인터럽트 발생(external interrupt)
  - 주변 장치들이 중앙 처리 장치(CPU)에게 입출력 동작을 요구
  - 키보드(key board)로부터 키(key)를 입력하거나 버튼(button)을 입력
  - 할당된 시간을 초과한 경우(time out)

- 제어(호출) 인터럽트 발생
  - 프로그램에 의해 특정 서비스를 요구하는 명령
  - SVC 인터럽트라고 할 수 있다.

9.2 인터럽트 동작

CPU가 주프로그램(main program)을 수행하는 중에 인터럽트 요구 신호(interrupt request signal)를 받으면, CPU는 현재 프로그램의 수행을 중단하고(수행 중인 프로그램의 상태를 저장) 인터럽트 처리 프로그램(인터럽트 루틴 ; interrupt routine)으로 옮겨가서 요구하는 인터럽트의 동작(입출력 데이터 전송, 문제 발생에 대한 진단 등)을 수행한다. 이 때 CPU는 주요 레지스터(PC, A 등)의 내용을 스택에 저장한다.

다른 인터럽트에 의해 현재 인터럽트 프로그램의 동작이 방해를 받지 않기 위해서는 인터럽트 플래그(interrupt flag)를 세트(IF=1)하고, 인터럽트 프로그램이 종료되면 리셋(IF=0)한다.

인터럽트 프로그램의 실행이 종료된 후에는 인터럽트 때문에 중단했던 주프로그램의 상태를 복구하고 그 동작을 계속 수행한다. 또한, 인터럽트 프로그램 실행 중에 우선 순위(priority)가 높은 인터럽트가 발생하면 현재의 인터럽트 실행을 중단하고 우선 순위가 높은 인터럽트를 수행한다.

인터럽트가 요청되어 현재 수행중인 프로그램을 중단할 때의 동작 기능은 다음과 같다.

- 프로그램의 위치(프로그램 카운터의 내용)를 스택에 보관
- 인터럽트 플래그를 세트
- 인터럽트를 요청하는 입출력 장치를 찾음
- 해당 인터럽트 서브루틴으로 점프(jump)

그림 9-1 인터럽트의 동작 흐름

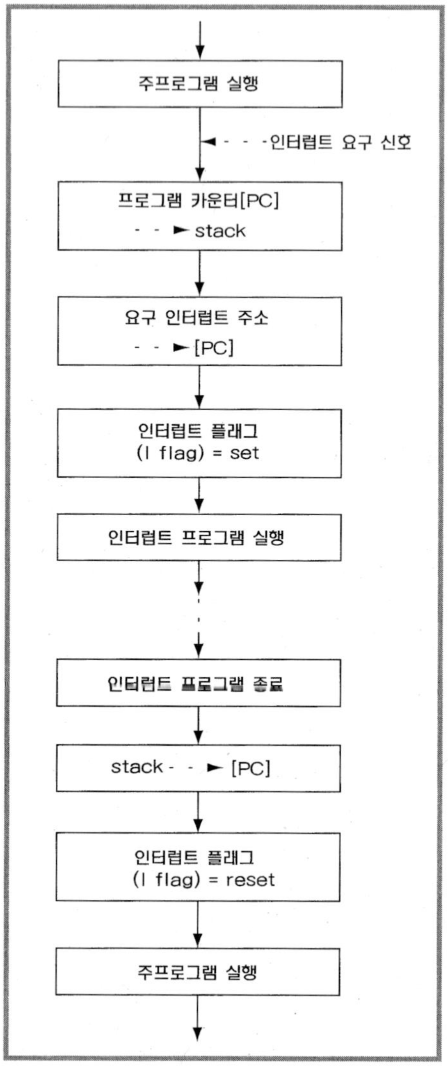

인터럽트의 동작 흐름을 살펴보면 인터럽트 수행을 위해서는 다음과 같이 기본적으로 요구되는 필요 요소를 발견할 수 있다.

- 인터럽트 요구 신호(interrupt request signal)
- 인터럽트 서브루틴(interrupt subroutine)
- 인터럽트 처리(interrupt processing)
- 스택(stack)

9.3 인터럽트 체계

9.3.1 인터럽트 체계 구성

입출력 장치가 하나 이상인 경우에는 CPU의 효율적인 인터럽트 처리, 입출력 장치의 효과적인 운영을 위하여 CPU와 입출력 장치의 접속 연결, 입출력 장치의 인터럽트에 대한 CPU의 대응이 중요하다.

여기서 CPU의 대응은 어느 입출력 장치가 인터럽트를 요구하였는가를 찾아내고, 여러 개의 인터럽트가 발생한 경우에는 어느 인터럽트를 우선적으로 실행할 것인가를 판단하는 것이다.

일반적으로 CPU와 입출력 장치 사이에서 인터럽트를 발생시키는 방법에는 모든 입출력 장치가 단일 회선을 공동으로 사용하여 인터럽트를 발생시키는 방법(그림 9-2 참조)과 각 입출력 장치가 개별적인 인터럽트 회선을 갖고 인터럽트를 요구하는 방법(그림 9-3 참조)이 있다.

단일 회선 인터럽트 체계에서는 모든 입출력 포트(port)가 하나의 인터럽트 요구 신호선(interrupt request signal line)을 공유하므로, 인터럽트가 발생된 경우에는 CPU가 모든 입출력 장치를 직접 조사하여 어느 입출력 장치가 인터럽트를 요구했는가를 찾아야 한다.

그림 9-2 단일 회선 인터럽트 체계

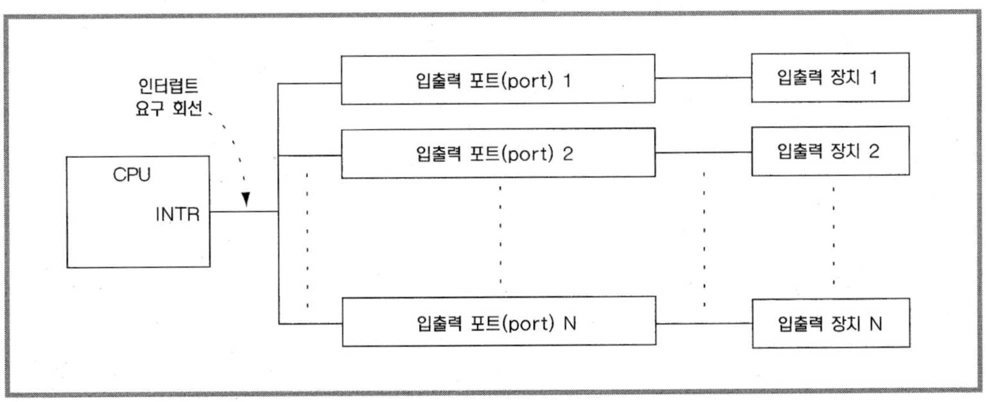

그림 9-3 다중 회선 인터럽트 체계

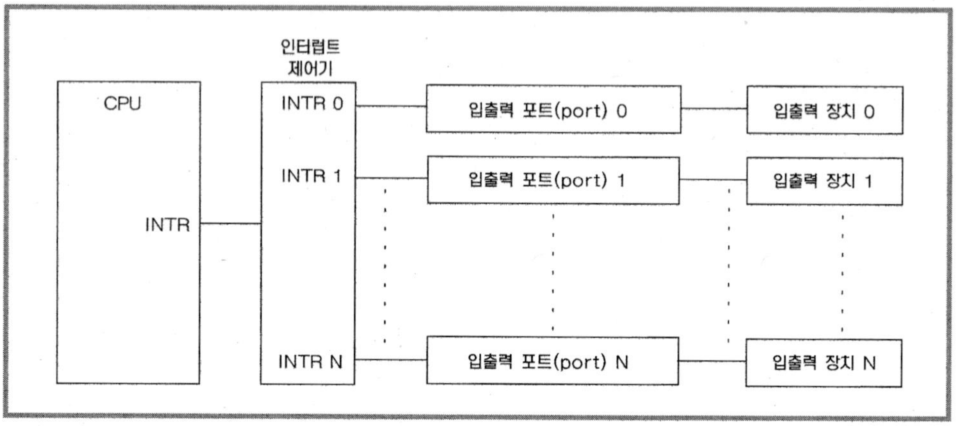

이 경우 단일 회선 인터럽트 응답 신호의 연결 방식은 일반적으로 데이지 체인(daisy chain)으로 구성되며, CPU에서 가까이 있는 순서대로 입출력 장치들의 우선 순위가 부여된다.

단일 회선 인터럽트 체계에서 CPU에 인터럽트를 요구한 입출력 장치를 찾는 방법에는 소프트웨어 방법과 하드웨어 방법의 두 경우가 있다.

9.3.2 소프트웨어(software) 방법

- 소프트웨어적으로 CPU가 모든 입출력 장치에 대해 인터럽트 요구를 했는가를 조사하여 해당 입출력 장치의 인터럽트 프로그램을 실행하는 방법으로 폴링(polling) 방식이라 부른다.
- 폴링 방식의 특징을 설명하면 다음과 같다.
  - 프로그램으로 인터럽트를 요구한 입출력 장치를 조사하므로 융통성이 높다(즉, 입출력 장치의 우선 순위 조정이 자유롭다).
  - 인터럽트 요구를 위한 하드웨어 회로가 필요없다.
  - 인터럽트가 발생될 때마다 CPU가 모든 입출력 장치를 검색해야 하므로 처리 속도(인터럽트 응답 시간 ; interrupt response time)가 느리다.
  - 인터럽트 프로그램(인터럽트 서브루틴)을 실행하기 전에 다른 인터럽트를 받지 않기 위해 IR(interrupt request)를 0으로 리셋시킨다.

9.3.3 하드웨어(hardware) 방법

- 인터럽트 요구 신호를 받은 CPU가 인터럽트 응답 신호(INTA : interrupt acknowledge)를 입출력 장치에게 보내면, 하드웨어적으로 어느 장치가 인터럽트를 요구하는지 그 정보를 CPU에게 전송하는 방법이다.
- 즉, 인터럽트를 요구한 장치가 자신의 장치 번호를 CPU에게 알려주면 CPU는 이 번호를 참고하여 인터럽트 처리 프로그램을 실행한다.
- 인터럽트 벡터(interrupt vector) 데이터를 CPU에게 알려주어 CPU가 해당 인터럽트 프로그램으로 분기하는 방식을 벡터 인터럽트 방식이라고 부른다.
- 일반적으로 각 입출력 장치의 구성은 그림 9-4와 같이 데이지 체인(daisy chain) 방식으로 하며, CPU로부터 전기적으로 가까울수록 우선 순위가 높다.
- 하드웨어 방법의 구성 체제에 대한 특징을 설명하면 다음과 같다.
  - 소프트웨어 방법의 구성보다 인터럽트 응답 시간이 빠르다.
  - 하지만 우선 순위를 결정하고, 입출력 장치의 장치 번호를 전송하는 하드웨어가 필요하다.
  - 새로운 입출력 장치를 추가할 때에는 하드웨어를 다시 확장 설치해야 한다.

하드웨어 방법의 구성 체계에서 인터럽트 벡터를 이용한 인터럽트 동작은 다음 그림 9-5와 같다.

그림 9-4 데이지 체인 구성 체계

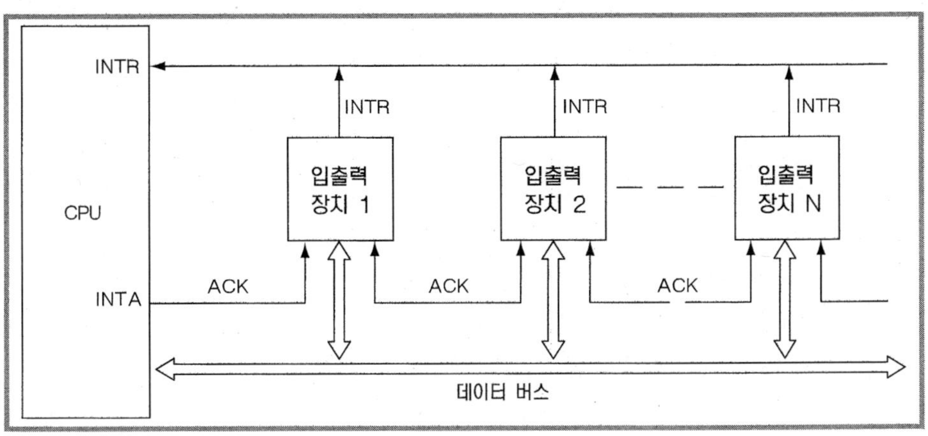

그림 9-5 하드웨어 방법의 구성 체계에서 인터럽트 벡터를 이용한 인터럽트 동작

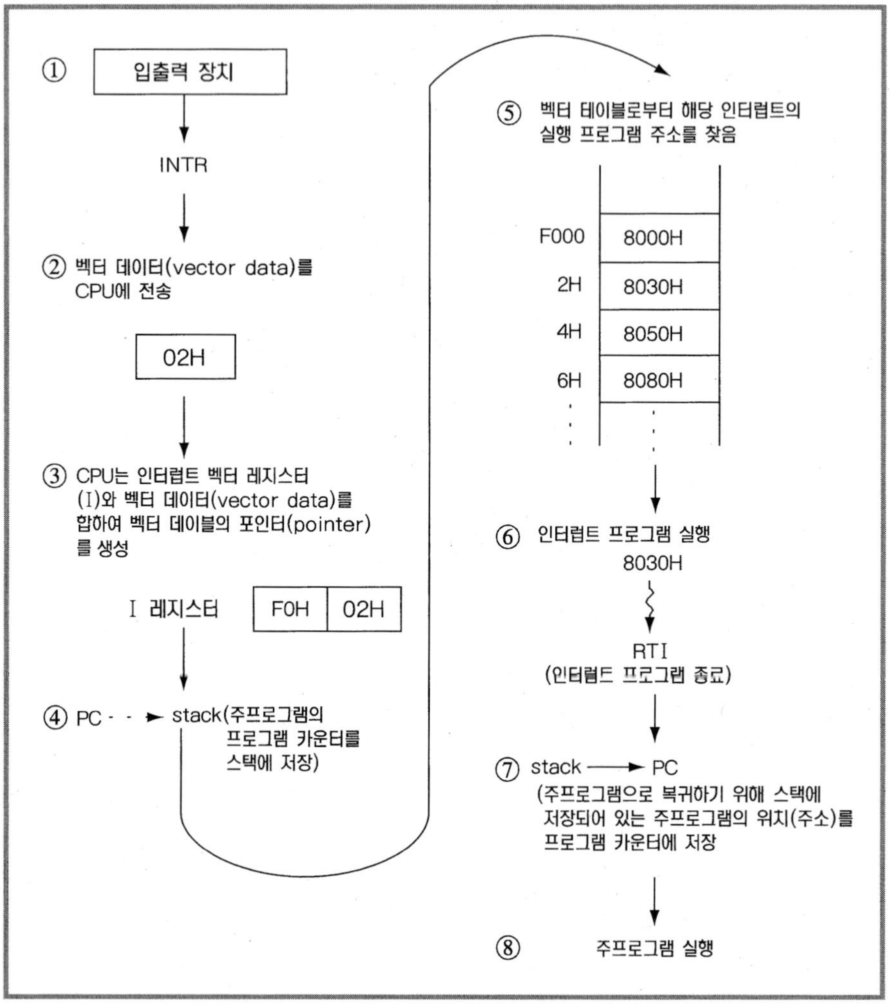

9.4 인터럽트 우선 순위

컴퓨터 내외부로부터 동시에 인터럽트 요구 신호 (interrupt request signal)가 발생했을 경우에 CPU가 어떠한 인터럽트를 우선적으로 처리할 것인가를 결정하는 것이 우선 순위(priority) 체계이다.

전원, 하드웨어 고장 등의 인터럽트는 우선 순위가 높고 입출력 장치의 데이터 전

송 요구, 관리자 호출 등의 인터럽트는 우선 순위가 낮다.

9.4.1 인터럽트의 우선 순위

- 기계의 착오 인터럽트 : 컴퓨터의 정전, 일부 하드웨어의 고장 등
- 입출력 인터럽트 : 입출력 장치로부터 발생되는 인터럽트(입출력 시작 및 종료시의 인터럽트, 입출력 전송시에 오류가 발생한 경우의 인터럽트)
- 프로그램 에러(error) 인터럽트
  - 프로그램 실행중의 오류, 잘못된 명령의 사용 등
  - 연산 처리 중의 오류(오버플로 발생), 0으로 나눈 경우 등
- 관리자 호출(SVC : supervisor call) 인터럽트

9.4.2 인터럽트의 우선 순위 부여 방법

- 입출력 장치의 인터럽트에 대해 우선 순위를 부여하는 방법은 크게 소프트웨어와 하드웨어 방식으로 구분된다.
- 소프트웨어적인 방법으로는 폴링(polling)이 있으며, 하드웨어적인 방법으로는 데이지 체인(daisy chain), 병렬 우선 순위 인터럽트가 있다.

1) 폴링(polling) 방법

폴링 처리 프로그램에 의해 부여된 순서대로 어느 입출력 장치가 인터럽트를 요구했는가를 찾는 방법이다.

2) 데이지 체인(daisy chain) 방법

하드웨어적으로 연결되어 있는 입출력 장치의 순서에 따라 우선 순위가 결정된다. 각 입출력 장치의 인터럽트 구성은 우선 순위에 따라 직렬로 연결한다.

3) 병렬 우선 순위

- 하드웨어적으로 구현하는 방법으로 각 입출력 장치의 인터럽트 요구에 대응하여

각 비트를 세트(set)하는 레지스터를 사용한다.

- 우선 순위는 레지스터 비트의 위치에 따라 결정된다.
- 마스크 레지스터(mask register)를 이용하여 각 인터럽트의 요구를 조절할 수 있다.
- 높은 순위의 인터럽트가 수행되는 동안에는 낮은 순위의 인터럽트를 마스크시키고, 낮은 순위의 인터럽트가 수행되는 동안에는 높은 순위의 인터럽트 요구가 가능하도록 한다.
- 반응 시간이 빠르지만 비경제적이다.

4) 단일 회선 체제에서의 우선 순위 설정 방법

- 우선 순위 등급별로 입출력 장치에게 인터럽트 권한을 부여한다.
  - 낮은 등급의 입출력 장치는 높은 등급이 요청하고 있으면 요청을 하지 못한다.
- 인터럽트 요청 체인(interrupt request chain)
  - 인터럽트를 요청한 입출력 장치 중에서 가장 우선 순위가 높은 입출력 장치에게 CPU에 대한 인터럽트 요청 권한을 준다.
- 인터럽트 우선 체인(interrupt priority chain)
  - 인터럽트를 요청한 입출력 장치 중에서 가장 우선 순위가 높은 입출력 장치가 버스(bus)를 이용하여 자신의 장치 번호를 CPU에게 보낸다.

용어정의

1. 인터럽트 응답 시간(interrupt response time)

인터럽트 요구 신호가 발생된 시간으로부터 CPU가 해당 인터럽트 처리 프로그램(interrupt routine)을 시작할 때까지의 시간을 의미한다.

2. 인터럽트 벡터 및 벡터 인터럽트

- 벡터 인터럽트(vectored interrupt) : 입출력 장치가 인터럽트 요청 신호를 CPU에게 전송할 때 자신의 인터럽트 벡터를 데이터 버스에 함께 실어 보내는 인터럽트이다.
- 인터럽트 벡터(interrupt vector) : 인터럽트를 요청할 때 각 입출력 장치 고유의 벡터값(장치 번호)을 보내는데, 이 데이터를 인터럽트 벡터라고 한다. 이 데이터는 해당 입출력 장치의 인터럽트 서브루틴을 찾을 때 주소(또는 분기번지)로 사용된다.

3. 인터럽트 수행시의 스택(stack) 사용

주프로그램(main program)을 수행하는 중에 인터럽트가 발생되면 주프로그램의 수행을 중단하고 인터럽트 서브루틴을 수행하며, 인터럽트 서브루틴이 종료되면 주프로그램의 중단 위치로 복귀하여 주프로그램을 수행한다. 이때 주프로그램의 중단된 위치를 갖고 있는 프로그램카운터(PC ; program counter)의 내용을 저장하기 위하여 스택(stack)을 사용한다.

스택포인터(stack pointer)는 항상 스택의 top을 가리킨다.

4. 포인터(pointer)

주기억 장치의 특정한 주소(address) 또는 위치를 가리키는 주소이다. 복잡한 자료 구조에서 자료(data)를 첨가하거나 삭제하는 위치를 나타낼 때 사용한다.

5. PSW(program status word)

- 컴퓨터 내부의 순간 순간에 대한 상태를 나타내는 정보를 갖는 레지스터이다.
- 주프로그램 실행 중에 인터럽트가 발생될 때, 현재 CPU의 상태를 기록하고 보관한다.

6. 사이클 스틸링(cycle stealing)

- 컴퓨터의 CPU와 주변 장치들이 컴퓨터의 기억 장치에 하나의 버스로 연결되어 있을 때 발생한다.
- 주변장치가 기억장치를 접근(access)할 때 CPU가 기억 장치를 접근하지 못하게 한다.
- 이에 따라 입출력 장치의 데이터 전송 효율을 높일 수 있다.

7. 인터럽트 마스크(Interrupt mask)

- CPU에 인터럽트가 입력되는 것을 방지한다.

8. 트랩(trap)

- 넓은 범위로는 인터럽트와 같다.
- 입출력의 완료, 레지스터의 오버 플로우, 기타의 고장 등에 의해 이루어지는 내부 인터럽트의 일종이다.
- 예를 들면 0으로 나눌 때 발생되는 인터럽트이다.

기출문제 인터럽트

1. 다음의 인터럽트 처리 방식 중 인터럽트 신호 선을 공유하면서 연결 순서에 따라 우선 순위가 결정되는 것은? (정보처리 2000.3)

㉮ Multiple Interrupt Line 방식
㉯ Daisy-chain 방식
㉰ software poll 방식
㉱ Bus Arbitration 방식

☞ 9.3.3 하드웨어 방법 참조

2. 인터럽트 수행 후에 처리되는 동작을 올바로 설명한 것은?

(정보처리 2006.9, 2002.9, 2001.3, 2000.3)(전자계산 2004.9)

㉮ 전원을 다시 동작시킨다.
㉯ 모니터 화면에 인터럽트 종류를 디스플레이 한다.
㉰ 메모리의 내용을 지워서 다른 프로그램이 적재될 수 있도록 한다.
㉱ 인터럽트 처리 시 보존시켰던 PC 및 제어상태 데이터를 PC와 제어상태 레지스터에 복구한다.

☞ 용어 정의 3 참조

3. 인터럽트 반응시간(interrupt response time)에 대한 설명으로 올바른 것은?

(정보처리 2000.3)(전자계산 2002.9)

㉮ 인터럽트 요청신호를 발생한 후부터 인터럽트 취급 루틴의 수행이 시작될 때까지이다.
㉯ 일반적으로 하드웨어에 의한 방식이 소프트웨어에 의한 처리보다 느리다.
㉰ 인터럽트 반응 속도는 하드웨어나 소프트웨어에 필요한 기억 공간에 의한 영향이 없다.
㉱ 인터럽트 요청 신호의 발생 후부터 취급 루틴의 수행이 완료될 때까지의 시간이다.

☞ 용어 정의 1 참조

4. 서브루틴을 수행한 후 주프로그램으로 돌아오기 위한 복귀 주소는 어느 곳에 기억시켜 두는가?

(정보처리 2000.3)

㉮ Program counter
㉯ Stack
㉰ Instruction register
㉱ General register

☞ 용어 정의 3 참조

---

1. ㉯ 2. ㉱ 3. ㉮ 4. ㉯

5. 다음 중 인터럽트 원인이나 종류를 소프트웨어로 판별하는 방법은?

(정보처리 2004.5, 2001.6, 2001.3, 2000.3)

㉮ Polling　　㉯ Daisy chain

㉰ Decoder　　㉱ Multiplex

☞ 9.3.2 소프트웨어 방법 참조

6. 다음 인터럽트(interrupt) 중 가장 우선 순위가 높은 것은?

(정보처리 2002.5, 2000.10)(전자계산 2004.5)

㉮ Program Interrupt　　㉯ I/O Interrupt

㉰ Paging Interrupt　　㉱ Power Failure Interrupt

☞ 9.4 인터럽트 우선 순위 참조

7. 다음 중 인터럽트 요인이 받아들어 졌을 때 CPU가 확인하여야 할 사항에 불필요한 것은?

(정보처리 2001.3, 2000.5, 1995.3)

㉮ 프로그램 카운터의 내용　　㉯ 상태 조건의 내용

㉰ 레지스터의 내용　　㉱ 스택 메모리의 내용

☞ 9.2 인터럽트 동작 참조

8. 다음 인터럽트의 종류 중 발생 요인이 전혀 다른 인터럽트는? (정보처리 2001.6)

㉮ external interrupt　　㉯ internal interrupt

㉰ trap　　㉱ software interrupt

☞ 9.1 인터럽트 개요 참조

9. 데이지체인(daisy chain) 우선 순위 인터럽트 방법에서 인터럽트를 발생하는 장치들의 연결 방법은?

(정보처리 2004.3, 2001.6, 1993.3)(조직응용 2004.3)

㉮ 모든 장치를 직렬로 연결한다.　　㉯ 모든 장치를 병렬로 연결한다.

㉰ 직렬과 병렬로 연결한다.　　㉱ 우선 순위에 따라 직렬 및 병렬로 연결한다.

☞ 9.4.2의 2 데이지 체인 방법 참조

---

5. ㉮ **6.** ㉱ **7.** ㉱ **8.** ㉮ **9.** ㉮

10. 인터럽트 벡터에 필수적인 것은? (정보처리 2001.6)(전자계산 2003.8)

㉮ 분기번지 ㉯ 메모리
㉰ 제어규칙 ㉱ Acc

☞ 용어 정의 2 참조

11. 인터럽트 요인이 발생하였을 때 CPU가 확인하여야 할 사항은? (정보처리 2001.9)

㉮ 메모리 내용 ㉯ 입·출력 장치
㉰ 시간 ㉱ 모든 레지스터의 내용

☞ 9.2 인터럽트 동작 참조

12. Computer system에 예기치 않은 일이 발생하였을 때 제어 프로그램에게 알려주는 것을 무엇이라 하는가?
(정보처리 2003.5, 2002.3, 2001.9, 1999.4, 1994.3, 1991.6, 1987.8)(조직응용 2002.3)

㉮ Interrupt ㉯ PSW(Program Status Word)
㉰ Problem State(처리프로그램 상태) ㉱ Program Library

☞ 9.1 인터럽트 개요 참조

13. 스택(stack) 메모리가 사용되는 경우는? (정보처리 2000.5, 1993.3)

㉮ 무조건 점프(Jump) 요구가 받아 들여졌을 때 ㉯ 브랜치 명령이 실행될 때
㉰ 메모리 요구가 받아 들여졌을 때 ㉱ 인터럽트가 받아 들여졌을 때

☞ 용어 정의 3 참조

14. 인터럽트를 발생한 장치가 프로세서에게 분기(branch)할 곳의 정보를 제공해 주는 것과 관계가 있는 것은? (정보처리 2006.3, 2000.5, 1994.6)

㉮ PSW ㉯ 서브루틴
㉰ 인터럽트 인에이블(enable)신호 ㉱ 인터럽트 벡터(vector)

☞ 용어 정의 2 참조

---

10. ㉮ **11.** ㉯ **12.** ㉮ **13.** ㉱ **14.** ㉱

15. 다음 중 인터럽트가 발생할 수 있는 상황인 것은? (전자계산 2004.9)

㉮ 입·출력 장치 동작에 CPU의 기능이 요청 될 때
㉯ 실행 중인 프로그램의 일부를 변경하고자 할 때
㉰ 컴퓨터 조작자가 처리의 순서를 바꾸고자 할 때
㉱ 정전 통보시간 5분전

☞ 9.1 인터럽트 개요 참조

16. 다음 설명 중 옳지 않은 것은? (정보처리 2005.5)

㉮ 인터럽트가 발생하면 중앙처리장치의 모든 기능은 중지된다.
㉯ 사이클 스틸의 발생 시 중앙처리장치의 상태 보존이 필요 없다.
㉰ 사이클 스틸은 DMA 인터페이스에 의해서 이루어진다.
㉱ 인터럽트 발생 시 중앙처리장치의 상태 보존이 필요하다.

☞ 9.2 인터럽트 동작 참조

17. 서브루틴을 호출할 때 복귀번지(return address)를 기억하는데 주로 사용되는 것은? (정보처리 1999.8)

㉮ stack pointer ㉯ flag
㉰ program counter ㉱ ALU

☞ 용어 정의 3 참조

18. 인터럽트 발생시 처리할 사항이 아닌 것은? (정보처리 1999.8)

㉮ return address의 기억 ㉯ 스택의 크기 계산
㉰ CPU내의 레지스터 내용 기억 ㉱ 인터럽트 마스크 상태 제어

☞ 9.2 인터럽트 동작 참조

19. 인터럽트(interrupt)를 발생하는 모든 장치들을 직렬로 연결하여 우선 순위를 결정하는 방식은? (정보처리 2005.9, 2005.5, 2003.8, 2002.3, 1999.8)(조직응용 2002.3)

㉮ step by step 방식 ㉯ serial encoder 방식
㉰ interrupt register 방식 ㉱ daisy-chain 방식

☞ 9.4.2의 2 데이지 체인 방법 참조

---

15. ㉮ **16.** ㉮ **17.** ㉮ **18.** ㉯ **19.** ㉱

20. 다음 중 인터럽트 회선에 대하여 우선 순위를 배정하는 일차적 목적은? (정보처리 1999.10)

㉮ 인터럽트 루틴 어드레스를 선택한다.
㉯ 어느 인터럽트가 가장 자주 사용하는가 결정한다.
㉰ 인터럽트가 하나 이상 발생 할 때 어느 것이 선택되어야 하는가를 지적한다.
㉱ 마이크로프로세서가 하나 이상의 인터럽트 루틴을 동시에 실행하는 것을 방지한다.

☞ 9.4 인터럽트 우선 순위 참조

21. 인터럽트가 컴퓨터에서 발생하였을 때 프로세서의 인터럽트 서비스가 특정의 장소로 점프하도록 되어 있는 것과 관계있는 것은 무엇인가? (정보처리 2002.5)(전자계산 2003.5)

㉮ 인터럽트 인에이블　　㉯ 인터럽트 핸들러
㉰ 백터 인터럽트　　㉱ 인터럽트 마스크

☞ 그림 9-5, 용어정의 2. 참조

22. 다음 중 daisy chain에 대하여 가장 설명이 잘된 것은 어느 것인가? (정보처리2 1993.3)

㉮ 인터럽트를 하드웨어적으로 enable 하거나 disable하기 위한 방법이다.
㉯ 인터럽트의 우선 순위를 결정하기 위하여 직접 연결한 H/W 회로이다.
㉰ 입·출력 장치의 상태 레지스터를 polling하는 순서를 정하는 것이다.
㉱ 인터럽트 요구를 하드웨어적으로 disable하도록 한 회로이다.

☞ 그림 9-4 참조

23. 인터럽트(interrupt)의 발생요인이 아닌 것은 어느 것인가? (정보처리 2004.9)(전자계산 2002.5)

㉮ 에러(error)　　㉯ 정 전
㉰ 입출력　　㉱ 서브루틴 콜(subroutine call)

☞ 9.1 인터럽트 개요 참조

24. 다음 인터럽트(interrupt) 중에서 top priority인 것은? (정보처리 2002.9)(전자계산 2004.9)

㉮ Power fail interrupt　　㉯ Arithmetic overflow interrupt
㉰ Input output interrupt　　㉱ Parity error interrupt

☞ 9.1 인터럽트 개요 참조

---

20. ㉰ **21.** ㉰ **22.** ㉯ **23.** ㉱ **24.** ㉮

25. 인터럽트 발생시 복귀 주소를 기억시키는 데 사용되는 것은 무엇인가?

(정보처리 2004.5, 1993.1)

㉮ accumulator　　㉯ stack
㉰ queue　　㉱ program counter

☞ 그림 9-5 참조

26. 소프트웨어적으로 우선순위가 높은 인터럽트를 알아내는 방법은?

(정보처리 2003.5)(정보기술 2002.8)(조직응용 2005.3)(전자계산 2005.5)

㉮ 폴링(polling)　　㉯ 데이지 체인(daisy chain)
㉰ 점프(jump)　　㉱ 인터럽트 벡터

☞ 9.3.2 소프트웨어 방법 참조

27. 소프트웨어 인터럽트 사용 시 가장 큰 장점은? (정보기술 2003.8)

㉮ 속도가 빠르다.　　㉯ 비용이 비싸다.
㉰ 데이지체인 방식이다.　　㉱ 우선순위 변경이 쉽다.

☞ 9.3.2 소프트웨어 방법 참조

28. 입출력 제어 장치의 역할이 아닌 것은? (정보처리 2002.3)(조직응용 2002.3)

㉮ 데이터 버퍼링　　㉯ 제어 신호의 논리적 변환
㉰ DMA 제어　　㉱ 제어 신호의 물리적 변환

☞ 9.3 인터럽트 체계 참조

29. 중단(interrupt)발생시 수행되어야 할 일이 아닌 것은? (전자계산 2002.9)

㉮ 수행중인 프로그램을 보조 기억 장치에 보관한다.
㉯ 프로그램 카운터의 내용을 보관한다.
㉰ 인터럽트의 처리 루틴을 수행한다.
㉱ 어느 장치에서 인터럽트가 요청되었는지를 조사한다.

☞ 9.2 인터럽트 동작 참조

---

25. ㉯　**26.** ㉮　**27.** ㉱　**28.** ㉰　**29.** ㉮

30. 우선순위 인터럽트 중에서 소프트웨어적으로 우선순위가 높은 인터럽트를 알아내는 방식을 무엇이라고 하는가? (정보처리 2006.9)(정보기술 2003.8)

㉮ 폴링(Polling) ㉯ 데이지체인(daisy-chain)
㉰ 병렬우선순위 인터럽트 ㉱ 직렬우선순위 인터럽트

☞ 9.3.2 소프트웨어 방법 참조

31. 인터럽트 벡터의 내용은? (정보기술 2004.8)

㉮ 분기번지 ㉯ 메모리
㉰ 제어규칙 ㉱ Acc

☞ 9.3.3 하드웨어 방법 참조

32. 프로그램 실행 도중 분기가 발생하면 CPU 내의 어떤 장치의 내용을 먼저 변화시켜야 하는가? (정보기술 2002.8)

㉮ MAR(Memory Address Register) ㉯ PC(Program Counter)
㉰ MBR(Memory Buffer Register) ㉱ IR(Instruction Register)

☞ 그림 9-5 참조

33. 인터럽트 처리 과정 중 인터럽트를 요청한 장치를 차례대로 검사하는 방식은? (정보기술 2004.8)

㉮ 폴링 ㉯ 핸드쉐이킹
㉰ 벡터 인터럽트 ㉱ 데이지체인

☞ 9.3.2 소프트웨어 방법 참조

34. 다음에서 인터럽트의 기본 요소가 아닌 것은 어느 것인가? (정보처리2 1993.10, 1988.4)

㉮ 인터럽트 요청 신호 ㉯ 인터럽트 처리 기능
㉰ 인터럽트 스테이트(state) ㉱ 인터럽트 취급 루틴

☞ 9.2 인터럽트 동작 참조

---

30. ㉮ **31.** ㉮ **32.** ㉯ **33.** ㉮ **34.** ㉰

35. 인터럽트 발생 시에 반드시 보존되어야 하는 레지스터는? (정보처리 2005.5, 2003.8)(조직응용 2002.8)

㉮ MAR ㉯ Stack
㉰ PC ㉱ MBR

☞ 그림 9-5 참조

36. 중앙 처리 장치 안에서 오차(error)가 발생했을 때의 interrupt는? (정보통신 1994.3)

㉮ Supervisor call interrupt ㉯ Machine check interrupt
㉰ Program interrupt ㉱ Input ouput interrupt

☞ 9.1 인터럽트 개요 참조

37. STACK에 관하여 올바르게 설명한 것은? (정보처리 2004.3)(조직응용 2004.3)

㉮ 복귀 번지를 저장하기 위한 메모리이다. ㉯ PUSH 명령으로 의해 데이터를 꺼낸다.
㉰ 1-address구조를 갖는다. ㉱ FIFO구조를 갖는다.

☞ 용어정의 3. 참조

38. 다음 중 인터럽트 발생 원인이 아닌 것은? (정보처리 1993.1)(정보통신 1994.3)

㉮ 정 전 ㉯ 기억 공간 내 허용되지 않는 곳에의 접근 시도
㉰ operator의 조작 ㉱ 임의의 부프로그램에 의한 호출

☞ 9.1 인터럽트 개요 참조

39. 인터럽트(interrupt)의 설명에 관해서 틀린 것은? (정보처리 1987.4)(정보통신 1994.3)

㉮ 하드웨어의 기능이다.
㉯ 인터럽트 기능에 의하여 프로그램 착오는 자동적으로 정정(訂正)하게 된다.
㉰ 시스템에 예외 상태가 발생했을 때 일어난다.
㉱ CPU안의 PSW가 교체됨으로써 프로그램의 진행 순서가 바뀐다.

☞ 9.1 인터럽트 개요 참조

---

35. ㉰ **36.** ㉯ **37.** ㉮ **38.** ㉱ **39.** ㉯

40. 다음 중 외부 인터럽트(interrupt)는?

(정보처리 1995.3, 1988.4, 1985.6)(정보통신 1994.3)

㉮ 기계 착오 인터럽트
㉯ 프로그램 착오 인터럽트
㉰ 입출력 인터럽트
㉱ 계시 기구(timer) 인터럽트

☞ 9.1 인터럽트 개요 참조

41. 다음에서 인터럽트 작동순서가 올바른 것은? (정보처리 2004.3)(조직응용 2004.3)

① 리턴에 의한 복귀
② 벡터 인터럽트 처리
③ CPU에게 인터럽트 요청
④ 인터럽트 인지신호 발생
⑤ 현재 작업 중인 주소를 메모리에 저장

㉮ ③-⑤-④-②-①
㉯ ④-③-⑤-②-①
㉰ ⑤-②-③-①-④
㉱ ①-③-④-⑤-②

☞ 그림 9-5 참조

42. 다음 중 인터럽트의 발생 원인으로서 적당하지 않은 것은 어느 것인가? (조직응용 2003.8)

㉮ Supervisor Call
㉯ 정 전
㉰ 부프로그램 호출
㉱ 불법적인 인스트럭션 수행

☞ 9.1 인터럽트 개요 참조

43. 프로그램 실행 도중 분기가 발생하면 CPU 내의 어떤 장치의 내용을 먼저 변화시켜야 하는가?

(정보처리 2004.5)

㉮ MAR(Memory Address Register)
㉯ PC(Program Counter)
㉰ MBR(Memory Buffer Register)
㉱ IR(Instruction Register)

☞ 그림 9-5 참조

44. 소프트웨어적인 인터럽트 요구 장치 판별법은? (정보처리 2006.5, 2004.9)(전자계산 2003.8)

㉮ 벡터 인터럽트
㉯ 폴링
㉰ 스택
㉱ 핸드쉐이킹

☞ 9.3.2 소프트웨어 방법 참조

---

40. ㉰ 41. ㉮ 42. ㉰ 43. ㉯ 44. ㉯

45. 인터럽트를 요청한 I/O 장치가 자신의 서비스 루틴이 어디에 있는가 하는 정보를 가르쳐 주는 인터럽트는? (전자계산 2005.5)

㉮ I/O 인터럽트 ㉯ Nonvectored 인터럽트
㉰ Vectored 인터럽트 ㉱ 소프트웨어 인터럽트

☞ 9.3.3 하드웨어 방법 참조

46. 전자 계산기의 처리 도중 인터럽트가 요청되었을 때 상태의 보존이 가장 필요한 것은 프로그램 카운터(PC)인데, 이 PC는 일반적으로 다음 중 어느 장소에 기억시키도록 되어 있는가? (정보통신 1994.3)

㉮ 0번지 ㉯ 1번지
㉰ 100번지 ㉱ 10000번지

☞ 표 6-3 참조

47. 전자계산기에서 어떤 특수한 상태가 발생하면 그것이 원인이 되어 현재 실행하고 있는 프로그램이 일시 중단되고, 그 특수한 상태를 처리하는 프로그램으로 옮겨져 처리한 후 다시 원래의 프로그램을 처리하는 현상은? (정보처리 2003.9)

㉮ 인터럽트 ㉯ 다중처리
㉰ 시분할 시스템 ㉱ 다중 프로그램

☞ 9.1 인터럽트 개요 참조

48. 컴퓨터가 프로그램을 수행하는 동안 컴퓨터 내부나 주위에서 응급 사태가 발생하여 현재 실행되는 프로그램이 일시적으로 중지되는 상태는 무엇인가? (정보처리 2003.8)

㉮ break ㉯ stop
㉰ pause ㉱ interrupt

☞ 9.1 인터럽트 개요 참조

49. 다음이 설명하고 있는 것은? (정보처리 2005.9)

- 분기 명령어가 실행되는 경우에는 그 목적지 주소로 갱신된다.
- 다음에 인출할 명령어의 주소를 가지고 있는 레지스터이다.

㉮ 누산기 ㉯ 인덱스 레지스터
㉰ MAR ㉱ 프로그램 카운터

☞ 그림 9-5 참조

---

45. ㉰ **46.** ㉮ **47.** ㉮ **48.** ㉱ **49.** ㉱

50. 다음의 병렬 우선순위 인터럽트에 대한 설명으로서 틀리는 것은 어느 것인가? (정보처리 2003.8)

㉮ 마스크 레지스터(mask register)를 갖고 있다.
㉯ 우선순위는 레지스터의 bit의 위치에 따라서 결정될 수 있다.
㉰ 마스크 레지스터는 우선순위가 높은 것이 서비스 받고 있을 때 우선순위가 낮은 것을 비활성화 시킬 수 있다.
㉱ 마스크 레지스터는 우선순위가 낮은 것이 서비스 받고 있을 때 우선순위가 높은 것이 CPU에 인터럽트를 요청할 수 없도록 한다.

☞ 9.4.2 인터럽트의 우선 순위 부여 방법 참조

51. 컴퓨터 조작자가 의도적으로 인터럽트를 발생 할 수 있다. 이 경우의 인터럽트 종류는? (전자계산 2002.9)

㉮ Machine check interrupt
㉯ Program interrupt
㉰ External interrupt
㉱ I/O interrupt

☞ 9.1 인터럽트 개요 참조

52. 데이지 체인(Daisy chain) 방식과 폴링(Polling) 방식의 설명으로 옳지 않은 것은? (조직응용 2003.8)

㉮ 폴링 방식은 소프트웨어 방식이다.
㉯ 데이지 체인 방식은 하드웨어 방식이다.
㉰ 데이지 체인 방식이 폴링 방식보다 속도가 빠르다.
㉱ 폴링 방식이 데이지 체인 방식보다 속도가 빠르다.

☞ 9.3 인터럽트 체계 참조

53. interrupt에 관한 설명 중 옳지 않은 것은? (조직응용 2005.3)

㉮ program 착오 시 발생된다.
㉯ hardware 착오 시 발생된다.
㉰ operator가 임의로 발생시킬 수 없다.
㉱ 주변장치의 입·출력 요청 시 발생된다.

☞ 9.1 인터럽트 개요 참조

54. 인터럽트 요인이 발생하였을 때 CPU가 처리하지 않아도 되는 것은? (조직응용 2005.3)

㉮ 프로그램 카운터의 내용
㉯ 관련 레지스터의 내용
㉰ 스택(stack)의 내용
㉱ 입·출력장치 내용

☞ 9.2 인터럽트 동작 참조

---

50. ㉱ **51.** ㉰ **52.** ㉱ **53.** ㉰ **54.** ㉱

55. **인터럽트 처리 과정 중 인터럽트를 소프트웨어로 판별하는 방법은?**
(조직응용 2004.8)(전자계산 2002.5)

㉮ 폴링 ㉯ 벡터 인터럽트
㉰ 스택 ㉱ 핸드쉐이킹

☞ 9.3.2 소프트웨어 방법 참조

56. **인터럽트의 발생 조건이 아닌 것은?** (전자계산 2003.5)

㉮ 정전 ㉯ 오버플로우
㉰ 잘못된 명령어 입력 ㉱ 전압 변화나 온도 변화

☞ 9.1 인터럽트 개요 참조

57. **스택 메모리가 사용되는 경우는 언제인가?** (정보처리 1993.8)

㉮ 인터럽트가 받아들여졌을 때
㉯ DMA 요구가 받아들여졌을 때
㉰ 인터럽트와 DMA 요구가 받아들여졌을 때 모두 스택 메모리가 필요
㉱ Branch 명령이 실행될 때

☞ 용어정의 3. 참조

58. **인터럽트는 기본적으로 무엇을 위해 사용하는가?** (정보처리 1994.6)

㉮ 프로그램의 실행을 빠르게 하는데 사용한다.
㉯ 시스템을 정지시키는 데 사용된다.
㉰ 예기치 않았던 일에 빠르게 응답하는 데 사용된다.
㉱ 프로그램을 모듈화한 단위로 나누는 데 사용된다.

☞ 9.1 인터럽트 개요 참조

59. **다음에서 인터럽트 작동순서가 올바른 것은?** (전자계산 2002.5)

림 리턴에 의한 복귀 립 벡터 인터럽트 처리
릿 CPU에게 인터럽트 요청 링 인터럽트 인지신호 발생
마 현재 작업 중인 주소를 메모리에 저장

㉮ 릿-마-링-립-림 ㉯ 링-릿-마-립-림
㉰ 마-립-릿-림-링 ㉱ 림-릿-링-마-립

☞ 9.2 인터럽트 동작 참조

---

55. ㉮ **56.** ㉱ **57.** ㉮ **58.** ㉰ **59.** ㉮

60. 인터럽트 처리에 대한 설명 중 틀린 것은? (조직응용 1992.10)

㉮ 인터럽트의 원인에 따라 해당 인터럽트 처리 루틴이 실행된다.
㉯ 인터럽트가 발생하면 레지스터의 상태를 보관해야 한다.
㉰ 인터럽트 요청은 중앙 처리 장치로부터 시작된다.
㉱ 인터럽트 처리 중 우선 순위가 높은 인터럽트 처리도 가능하다.

☞ 9.1 인터럽트 개요 참조

61. 불법적인 명령이나 데이터를 사용할 때, 발생하는 인터럽트의 형태는? (정보처리 1995.3)

㉮ 내부 인터럽트
㉯ 외부 인터럽트
㉰ 소프트웨어 인터럽트
㉱ 데이지 체인(Daisy Chain) 인터럽트

☞ 9.1 인터럽트 개요 참조

62. 다음 중 트랩(trap)이 발생하는 요인은? (정보처리 2003.3)(조직응용 2003.3)

㉮ 0으로 나눌 때
㉯ 입출력 장치가 데이터의 전송을 요구할 때
㉰ 정해진 시간이 지났을 때
㉱ 정보 전송이 끝났음을 알릴 때

☞ 용어정의 8. 참조

63. Input/Output 프로그램의 목적과 거리가 먼 것은 다음 중 어느 것인가? (정보처리 1993.8)

㉮ CPU의 loading
㉯ CPU와 I/O의 통신
㉰ 인터럽트 처리
㉱ I/O 장치의 운전

☞ 용어정의 8. 참조

64. 프로그램 내에서 특정한 서비스를 요구하는 명령으로 발생하는 인터럽트의 종류는?
(정보처리 1994.3)(정보기술 2003.8)

㉮ Machine check interrupt
㉯ program interrupt
㉰ External interrupt
㉱ Supervisor call interrupt

☞ 9.1 인터럽트 개요 참조

65. 폴링(polling)에 대한 설명으로 맞지 않는 것은? (정보처리 1994.10)

㉮ 유연성이 있다.
㉯ 응답 속도가 빠르다.

---

60. ㉰ **61.** ㉮ **62.** ㉮ **63.** ㉮ **64.** ㉱ **65.** ㉯

㉰ 소프트웨어적으로 우선 순위가 높은 인터럽트를 찾아낸다.
㉱ 모든 인터럽트를 위한 공통의 서비스 루틴을 갖고 있다.
☞ 9.4.2 인터럽트의 우선 순위 부여 방법 참조

66. **다음 중 인터럽트 벡터의 내용은?** (정보처리 1994.10)

㉮ 프로그램 실행 번지
㉯ 인터럽트 처리 루틴의 분기 명령
㉰ 프로그램 실행 중의 잠정적인 결과
㉱ 연산 과정에서 필요한 자료의 번지
☞ 용어정의 2. 참조

67. **다음 중 스택(stack) 메모리가 사용되는 경우는?** (정보처리 1994.3)

㉮ DMA 요구가 받아들여졌을 때
㉯ 인터럽트가 허가되었을 때
㉰ 조건부 점프 명령이 실행될 때
㉱ 논리 연산 명령이 실행될 때
☞ 용어정의 3. 참조

68. **자료의 오류에 의하여 발생하는 interrupt의 종류는?** (정보처리 1994.3)

㉮ Machine check interrupt
㉯ program interrupt
㉰ External interrupt
㉱ I/O interrupt
☞ 9.1 인터럽트 개요 참조

69. **인터럽트 발생시 수행되어야 할 일이 아닌 것은?** (정보처리 1994.6)

㉮ program counter의 내용을 보관
㉯ 인터럽트 처리 루틴의 수행
㉰ 수행 중인 program의 보관
㉱ 인터럽트가 발생된 장치를 추적
☞ 9.2 인터럽트 동작 참조

70. **인터럽트 체제에서 인터럽트 발생시 이행해야 할 사항이 아닌 것은 다음 중 어느 것인가?** (정보처리 1993.3)

㉮ CPU의 처리 register와 상태를 기억시키고 나중에 복귀시킨다.
㉯ interrupt service routine의 시작 어드레스를 발생시킨다.
㉰ interrput service routine이 이행될 때 다른 인터럽트가 걸리지 않도록 한다.
㉱ interrupt service routine이 완료된 후 CPU를 원상 복귀시킨다.
☞ 9.2 인터럽트 동작 참조

---

66. ㉯ **67.** ㉯ **68.** ㉯ **69.** ㉰ **70.** ㉰

71. 데이지 체인에 대한 설명 중 옳지 않은 것은 어느 것인가? (정보처리 1993.3)

㉮ 우선 순위에 기초한 인터럽트 처리 방법이 아니다.
㉯ 벡터에 의한 인터럽트 처리 방법이다.
㉰ 인터럽트된 모든 장치들은 벡터를 동시에 보낼 수 있다.
㉱ 폴링보다 개선된 방법이다.

☞ 9.3.3 하드웨어 방법 참조

72. 다음 중 인터럽트 발생 원인이 아닌 것은 어느 것인가? (정보처리 1993.3)

㉮ 정 전
㉯ operator의 조작
㉰ 기억 공간 내 허용되지 않는 곳에서의 접근 시도
㉱ 임의의 부프로그램(subroutine)에 대한 호출

☞ 9.1 인터럽트 개요 참조

73. 다음은 인터럽트(interrupt)에 관한 설명이다. 틀린 것은?

(정보처리 2002.3)(조직응용 2002.3)

㉮ 하드웨어 착오시 발생된다.
㉯ 오퍼레이터가 임의로 발생시킬 수 없다.
㉰ 프로그램 착오시 발생된다.
㉱ 주변 장치의 입출력 요청시 발생된다.

☞ 9.1 인터럽트 개요 참조

74. 키보드(key board)의 키를 눌렀을 때 발생하는 인터럽트의 종류는 어느 것인가?

(정보처리2 1993.10)

㉮ 외부적 인터럽트(external interrupt)
㉯ 내부적 인터럽트(internal interrupt)
㉰ 트랩(trap)
㉱ 소프트웨어 인터럽트(software interrupt)

☞ 9.1 인터럽트 개요 참조

---

71. ㉮ **72.** ㉱ **73.** ㉯ **74.** ㉮

제 10 장

시스템과 소프트웨어

10.1 운영 체제의 개념

10.1.1 운영 체제의 정의

컴퓨터를 사용하는데 있어서 운영 체제 시스템(operating system : OS)은 기본적이며, 필수적인 소프트웨어 시스템이다. 일반적으로 '컴퓨터 프로그램의 실행을 제어하는 소프트웨어로 스케줄링, 기억 장치의 할당 및 회수, 입출력 제어, 인터럽트 관리, 데이터 관리 등과 관련된 서비스를 수행한다.'고 정의한다.

그리고 컴파일, 어셈블, 링킹, 디버깅 등의 기능을 제공함으로써 사용자가 프로그램을 작성하여 컴퓨터를 이용할 수 있도록 한다.

실제로 운영 체제는 그림 10-1과 같이 데이터 처리를 수행하는 처리 프로그램과 처리 프로그램을 제어하기 위해 하드웨어 동작을 수행하는 제어 프로그램으로 구성된다.

좁은 의미의 개념으로 설명하면 제어 프로그램은 프로그램과 하드웨어를 감시, 실행, 제어하는 프로그램을 가리킨다.

그림 10-1 OS의 기능 구성

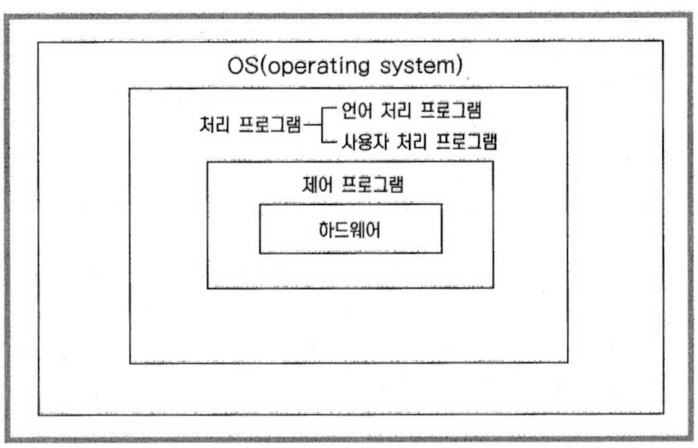

10.1.2 운영 체제의 종류 및 발전

모든 컴퓨터가 동작을 실행하는데 있어서 운영 체제는 필수적인 시스템 소프트웨어이므로 PC로부터 대형 컴퓨터에 이르는 모든 컴퓨터 시스템에는 제조업체 고유의 운영 체제를 갖고 있다.

DEC, IBM 등 대형 컴퓨터 제조 업체에서는 고유의 운영 체제를 만들어 자체 컴퓨터에서 사용하고 있으나, 현재에는 하드웨어와는 무관한 구조로 설계하여 어떠한 컴퓨터에서도 동작이 가능한 즉, 이식성이 높은 운영 체제를 많은 컴퓨터에서 사용하고 있다. 이러한 운영 체제의 대표적인 시스템이 UNIX이다.

마이크로컴퓨터에서는 초기에 8bit 운영 체제인 CP/M이 개발되었으나, 현재에는 IBM- PC의 발전 및 대량 보급에 따라 IBM-PC용 운영 체제인 MS-DOS가 개인용 컴퓨터(PC)의 주요 운영 체제가 되고 있다.

이 밖에 대형 컴퓨터 제조업체의 운영 체제로는 다음과 같은 종류가 있다.

- VAX/VMS : 미국 DEC 업체의 제품인 VAX-11 계열의 컴퓨터를 위한 운영 체제이다.
- MVS : IBM이 자사의 대형 컴퓨터 기종을 위해 개발한 운영 체제로서 가상 기억 장치를 이용하여 다수의 이용자가 사용할 수 있다.

10.2 운영 체제의 목적

컴퓨터 운영의 주요 목적은 컴퓨터를 사용하여 생산성 효율을 향상시키기 위함이다. 이를 위해서는 컴퓨터 내 각 장치의 성능 향상이 필요하고, 장치의 사용율과 능력을 최대로 높이도록 하며, 오류의 동작이 없어야 한다.

또한, 처리 결과가 요구에 맞도록 출력되어야 하며, 고장이 없어야 한다. 고장이 발생된 경우에는 회복되는 시간이 길지 않아야 하며, 급격하게 변하는 환경의 변화에 유연하게 대응할 수 있는 구조가 되어야 한다.

위의 기능을 충족시키는 것이 운영 체제의 역할이다. 위와 같은 시스템 성능을 지원할 운영 체제의 목적을 간략히 설명하면 다음과 같다.

- 처리 능력(throughput)의 향상
- 신뢰도(reliability)의 향상
- 처리 속도(speed)의 향상(또는 반환 시간(turn around time) 및 응답 시간(response time)의 단축)
- 사용 가용도(availability)의 향상

10.2.1 처리 능력의 향상

처리 능력(throughput)이란 주어진 시간 내에 컴퓨터가 얼마나 많은 일의 양을 처리하는가를 나타내는 것이다.

- 연속적인 작업(job)에 대한 처리 능력의 향상 : 시스템의 처리 속도가 낮아도 되는 경우에는 수작업으로 처리해도 작업의 준비 및 실행에 전혀 문제가 안 되나, 처리 속도가 높아야 되는 경우에는 수작업 시간이 시스템 전체의 처리 능력(throughput)에 많은 장애를 가져온다

수작업과 컴퓨터를 이용한 자동화에 있어서 작업 처리 능력의 차이를 설명하면 다음과 같다.

그림 10-2 연속적인 작업에 대한 처리 능력의 향상 비교

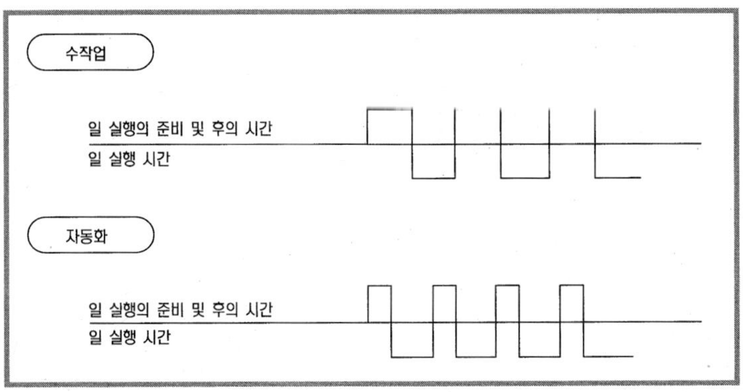

- 다중 프로그래밍(multiprogramming)에 의한 처리 능력의 향상 : 컴퓨터의 기억장치에 여러 개의 프로그램을 저장하여 처리 속도가 느린 데이터를 입출력하는 프로그램을 실행함과 동시에 또 다른 프로그램을 실행할 수 있다. 이에 따라 전체 시스템의 처리 효율을 높일 수 있다.

10.2.2 응답 시간의 단축

응답 시간(response time)과 반환 시간(turn around time)을 단축시키기 위해서는

컴퓨터의 처리 기능을 효율적으로 수행하는 것이 가장 중요하다.

응답 시간을 단축하는 방법으로는 실시간(realtime) 방식과 자원(resource) 할당의 스케줄링(scheduling)을 적절화하는 방안 등이 있다.

- 응답 시간(response time) : 주어진 입력에 대하여 컴퓨터 시스템이 반응할 때까지의 소요 시간을 나타낸다.
- 반환 시간(turn around time) : 사용자가 처리할 자료를 수집한 시점으로부터 컴퓨터가 데이터 처리를 끝내고 사용자에게 결과를 되돌려 줄 때까지의 소요 시간을 나타낸다.

그림 10-3 응답 시간과 반환 시간의 관계

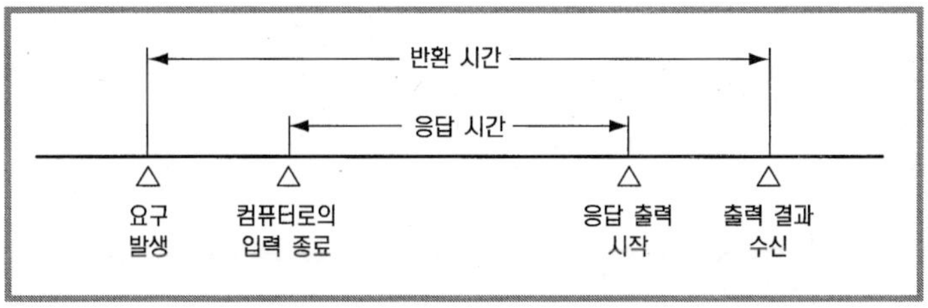

10.2.3 RAS의 향상

RAS(신뢰성 ; reliability, 가용성 ; availability, 보수성 ; serviceability)는 컴퓨터 시스템이 고장이나 장애 없이 어느 정도로 정확하게 동작하고, 고장 에러가 발생한 경우에는 복구를 얼마나 빨리 하는가를 나타낸다.

- 신뢰성(reliability) : 프로그램이나 하드웨어 시스템에 대한 에러 · 고장 · 장애 없이 컴퓨터가 정확하게 동작하는 능력을 가리킨다.
- 가용성(availability) : 작업 처리 요구에 대해 컴퓨터 시스템이 얼마나 정확하게 동작하는가를 나타내는 능력이다.
- 보수성(serviceability) : 시스템의 에러, 오동작, 장애의 검출, 진단, 격리 및 복구에 대한 시스템 자체의 능력으로 사람의 개입을 최소화하는 능력이다.

10.2.4 기타

- 편리성의 향상
  - 일반적으로 동작과 조작이 복잡한 고성능의 컴퓨터 시스템이라도 사용자가 원활하게 사용할 수 있도록 지원하여야 한다.
  - 컴퓨터 시스템의 자원을 다수의 사용자가 공유하도록 사용 기능을 편리하게 지원하므로 자원의 낭비를 최소로 한다.
  - 프로그래머나 오퍼레이터가 하드웨어를 취급하는 것과 똑같이 일반 사용자도 쉽게 이용하도록 함으로써, 사용자 측면에 있어서 컴퓨터 시스템의 생산성을 향상시킬 수 있다.
- 확장성의 향상
  - 통신 기술, 각종 멀티미디어(multimedia) 등의 컴퓨터 주변에서 발전되고 있는 기술진보에 대응하여 운영 체제의 기능이 확장될 수 있도록 구성해야 한다.
  - 그 확장성은 시스템 전체에 영향을 주지 않고 국소적으로 행하므로 기존 시스템의 운영에 영향을 주지 않아야 한다.
  - 시스템 전체를 수정하거나 제거할 때 전체 재구성이 없어야 한다. 또한 운영 체제를 계층 구조로 구성하여 확장에 유연하게 대응해야 한다.

10.3 운영 체제의 구성과 동작

10.3.1 운영 체제의 구성

운영 체제의 목적을 위해 지원되는 프로그램은 제어 프로그램(control program)과 처리 프로그램(processing program)으로 크게 구분된다. 제어 프로그램은 관리 프로그램으로도 부른다.

그림 10-4 운영 체제의 구성

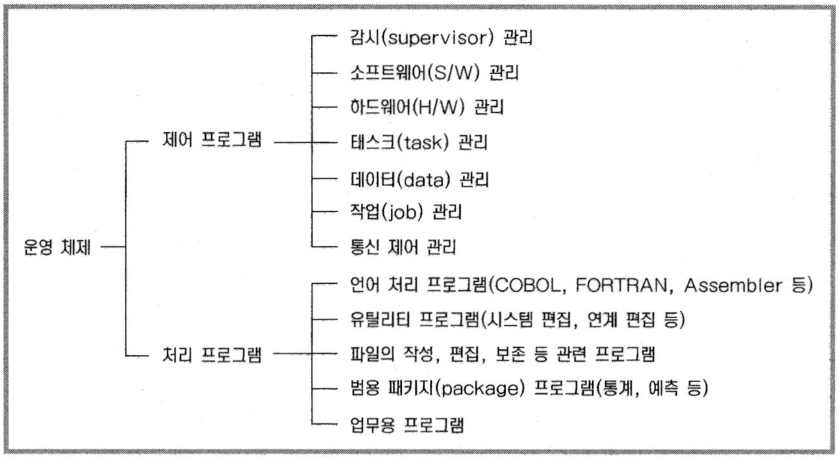

- 처리 프로그램은 언어 처리 및 번역 프로그램, 서비스 프로그램, 응용 프로그램, 사용자의 문제 처리 프로그램으로 세분화할 수 있다.
- 제어 프로그램(control program)은 소프트웨어(S/W) 관리 기능, 데이터 관리 기능, 태스크(task) 관리 기능을 수행하며, 작업(job)은 외부의 사용자가 운영 체제에 있는 단위의 기능을 사용할 때 수행된다.
- 일반적으로 작업(job)의 실행은 하나 이상의 프로그래밍이 실행되는 것을 나타낸다.
- 항상 주기억 장치에 상주(저장)하여 시스템의 동작 상태를 감시·제어·관리하고, 사용자 프로그램, 서비스 프로그램, 인터럽트 프로그램 등의 처리 프로그램에 대한 실행을 감독·감시하는 제어 프로그램을 감시 프로그램(SVP ; supervisor program)이라 부른다.
- 다중 프로그래밍에서는 동시에 동작하는 태스크(task)간의 동기를 제어하고, 실행할 때 필요로 하는 주기억 장치의 영역과 CPU의 할당을 지원한다.

10.3.2 제어 프로그램의 기능

1) 하드웨어 관리 기능

- 운영 체제의 구성중 가장 기본적인 프로그램으로 입출력 장치의 실행을 제어

하며, 오동작으로부터 자동적으로 회복되는 루틴(routine), 고장 진단 루틴 등의 기능을 수행한다.

- 또한 시스템의 시동(booting)시 또는 운영중에 고장난 시스템 기기의 상태를 파악하여 격리하거나 재접속하는 시스템 구성의 제어 기능을 실행한다.

2) 태스크(task) 관리 기능

- 운영 체제에서 실행되는 내부 처리의 단위는 태스크(또는 프로세스(process)라고 하나 엄밀하게는 다름)이며, 태스크는 외부 프로그램에 따라 수행한다.
- 태스크 관리 기능은 컴퓨터 시스템에서 핵심이 되는 부분으로서 다음의 각 루틴(routine)을 수행한다.
  - 태스크 처리 루틴
  - 태스크 관리 루틴
  - 각종 감시 루틴(시간 감시, 조건 감시 등)

3) 작업(job) 관리 기능

- 각종 작업의 실행을 준비, 시작, 끝냄, 일시 정지하는 등에 있어서 각 작업의 실행에 필요로 하는 시스템 자원의 확보와 작업 스케줄링(job scheduling)을 수행하는 동작을 가리킨다.
- 실제로 작업 관리는 다음의 스케줄러들에 의해 수행된다.
  - 작업 스케줄러(job scheduler) : 작업의 우선 순위에 따라 작업을 해독하여 개시, 종료 등의 작업 스케줄러를 수행한다.
  - 마스터 스케줄러(master scheduler) : 컴퓨터와 운영자(operator) 사이의 정보 교환을 담당한다.

4) 데이터 관리 기능

- 입출력 장치에서 취급하는 데이터는 대체적으로 파일로 관리하며, 자기 디스크나 자기 테이프에 저장하여 사용한다.
- 파일과 데이터에 대한 기억 영역의 할당 및 관리, 기록, 입출력 장치와의 데이터 전송, 데이터와 프로그램들의 논리적인 연결 등의 기능을 데이터 관리라 부른다.

5) 스풀링(spooling) 기능

- 저속 입출력 장치(카드 판독기, 프린터 등)와 함께 고속의 중앙 처리 장치(CPU)가 동작하는 경우에 CPU는 많은 시간 동안 기다려야 한다. 이때 저속의 입출력 장치를 제어하여 CPU의 효율이 저하되는 것을 막는 방식이 스풀링(spooling)이다.

10.4 운영 체제의 데이터 처리

컴퓨터의 발달과 함께 정보 처리 시스템의 응용 분야는 더욱 확대되고, 다양화되고 있다. 마찬가지로 데이터 처리 방식도 시스템의 목적과 구성, 시스템 규모에 따라 여러 가지의 형태로 발전되어 왔다.

10.4.1 데이터 처리의 타이밍과 목적에 따른 방식

- 일괄 처리(batch processing)
  - 일정한 시간 내에 수집된 데이터 또는 프로그램을 일괄적으로 처리하는 방식이다.
  - 즉, 사용자의 명령이나 입력된 데이터를 즉시 처리하지 않고, 명령 또는 데이터를 여러 개의 파일로 모은 후에 한번에 실행한다.
  - 관리자의 입장에서는 관리가 쉬우나 사용자의 입장에서는 응답 시간이 길어지므로 불편하다. 그러므로 시급한 업무에는 적합하지 않다.
- 원격 일괄 처리(remote batch processing)
  - 위의 일괄 처리와 기능은 같으며, 원격지에 설치되어 있는 단말 장치에서 입출력을 수행하는 방식이다.
- 시분할 처리(time sharing processing)
  - 한 대의 컴퓨터를 동시에 다수의 사용자가 공동 사용하는 방식이다.
  - CPU가 여러 개의 업무를 각각 짧은 시간으로 나누어 연속적으로 처리한다.
  - 이때 CPU의 속도가 매우 빠르므로 각 단말 장치의 사용자는 컴퓨터를 이용하여 혼자서 업무 처리를 하는 것처럼 느껴진다.

- 실시간 처리(real time processing)
  - 데이터를 입력하는 즉시로 처리결과가 출력되어 되돌려 받는 방식으로, 즉시 처리 방식이라고도 부른다.
  - 그러므로 반환시간(turn around time)이 단축된다.
  - 실시간 처리에서 데이터의 처리 시간은 보통 수분의 1초, 길어야 1초 내에 수행되어야 한다.
  - 메시지 교환, 은행 등의 거래 업무 처리, 조회 등에서 많이 사용한다.

10.4.2 단말과 컴퓨터간의 관계에 따른 처리 방식

- 온라인 처리(online processing)
  - 통신 회선을 통해 컴퓨터에 직접 연결된 입출력 단말이 작업을 수행하는 방식이다.
  - 이 경우의 단말은 CPU에 의해 직접 제어를 받는다
  - 은행의 예금 처리, 항공기 및 철도의 좌석 예약 등의 업무 처리에 사용된다.
  - 멀리 떨어진 단말과 컴퓨터를 연결하기 위해서는 모뎀(MODEM)이 필요하다.
- 오프라인 처리(offline processing)
  - 입출력 장치가 CPU에 직접 제어를 받지 않고 작업을 수행하는 방식이다.
  - 단말 장치가 독립적으로 데이터 처리의 일부를 수행한다.

10.4.3 컴퓨터 시스템의 위치에 따른 처리 방식

- 집중 처리 방식
  - 발생되는 데이터를 중앙 센터의 컴퓨터에서 집중적으로 처리하는 방식이다.
- 분산 처리 집중 관리 방식
  - 데이터가 발생되는 장소나 이용하는 장소 근처에 컴퓨터 시스템을 분산하여 배치한다.
  - 분산된 컴퓨터를 중앙 센터에서 관리하지만 중앙 센터의 컴퓨터는 분산된 컴퓨터에게 처리할 작업의 양을 분담시키므로 작업의 부하를 줄일 수 있다.
- 완전 분산 처리 방식

- 기능별, 지역별로 완전히 분산되어 있는 컴퓨터가 독립적으로 처리하는 방식이다.
- 컴퓨터 간의 연동(네트워크)을 통하여 각 컴퓨터 자체에서 필요로 하는 분산된 데이터를 다른 컴퓨터 시스템들이 공유할 수 있다.
- 데이터를 한 지점에서 처리하는 중앙 집중 처리 방식과는 달리 데이터가 발생하는 그 지점의 컴퓨터에서 데이터를 직접 처리하므로, 중앙 컴퓨터의 업무량 폭주와 중앙 컴퓨터에서 장애가 발생될 경우에 모든 업무가 마비되는 것을 막을 수 있다.
- 하지만 이 방식은 컴퓨터와 컴퓨터 간에 데이터를 전송 및 공유하기 위한 통신 규약(protocol)이 요구된다.

10.4.4 컴퓨터간의 접속에 따른 처리방식

- 네트워크 시스템(Network System)
  - 독립된 기능을 가진 여러 컴퓨터가 다른 장소에 있으며 각 컴퓨터의 하드웨어, 소프트웨어, 자료(Data) 등의 자원을 공용할 수 있는 통합 시스템을 가리킨다.
- 프로토콜(protocol)
  - 통신네트워크로 구성된 컴퓨터가 데이터를 전송하는데 필요한 통신규약이다.
  - OSI(open system interconnection) : ISO(국제 표준 기구)에서 국제표준으로 채택한 프로토콜이다.
- 클라이언트/서버(client/server)
  - 기능이 다른 두 컴퓨터를 접속하여 하나의 구조로 구성한다.

10.5 운영 체제의 기법

10.5.1 다중 프로그래밍(multiprogramming)

- 작업(job)의 연속적인 처리에 대한 실행과 CPU의 사용 효율은 불가분의 관계이다.

- 프로그래밍을 실행하는 중 입출력 동작을 위해 CPU가 대기하는 시간이 발생하면 시스템의 처리 및 능력의 향상에 장애 요소가 된다.
  - 입출력의 동작 시간 : 수10^{-3} sec (millisec)
  - CPU의 동작 시간 : 수10^{-9} sec (nanosec)
- 그러므로 주기억 장치에 복수개의 프로그램을 저장시켜서, 프로그램을 실행하는 중에 입출력 동작이 요구되면 별도의 프로그램으로 CPU를 사용하게 한다.
- 각 프로그램이 순차적으로 돌아가면서 조금씩 수행되지만 수행 속도가 매우 빠르므로 동시에 수행하는 것처럼 보이며, 시스템의 처리 능력도 향상된다.
- 하지만 프로세서에 각 프로그램의 인터럽트가 자주 발생하는 경우에는 CPU의 속도를 저해하게 된다.

10.5.2 다중 프로세싱(multiprocessing)

동시에 많은 작업(job)을 다중 프로그래밍 방식으로 수행하면 컴퓨터 시스템의 처리 능력(throughput)이 떨어진다. 이를 보완하기 위하여 하나의 프로세서(CPU)가 아닌 여러 개의 프로세서를 동시에 사용하는 방식이 다중 프로세싱(multiprocessing) 방식이다. 즉, 컴퓨터가 방대하고 복잡한 데이터 처리를 고속으로 수행하기 위하여 여러 개의 프로세서를 병렬로 구성 및 작업을 처리하는 시스템이다. 이를 병렬 처리 방식이라고도 부른다.

프로세서별로 주기억 장치 및 입출력 장치를 별도로 설치하지 않고 모든 프로세서가 하나의 주기억 장치, 입출력 장치, 보조 기억 장치 등을 공유하여 사용하게 된다.

하나의 CPU가 고장난 경우에 다른 CPU가 대신 작업을 처리할 수 있도록 컴퓨터는 안정성 있는 이중화 시스템(dual system)으로 운영된다.

그림 10-5 다중 프로세싱 시스템의 구성도

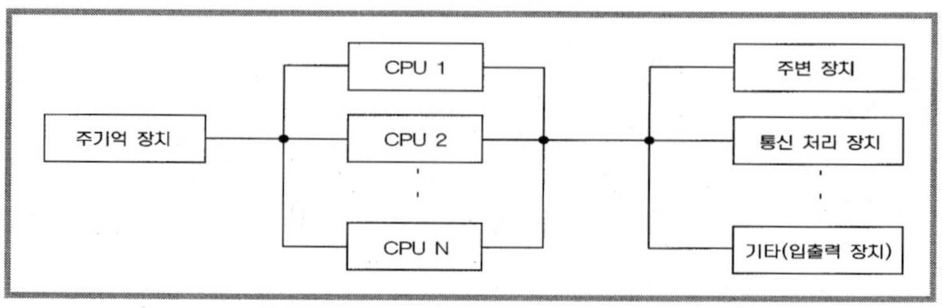

10.6 프로그래밍 언어

10.6.1 프로그램 언어의 종류

인간이 상호 간의 의사를 전달하기 위하여 고유의 문법을 갖는 언어를 사용하듯이 컴퓨터와 인간 간에 상호 의사(정보)를 교환하기 위해서 전용의 언어(프로그램 언어)가 개발되었다.

현재 프로그램 언어에는 컴퓨터를 사용하는 목적에 따라 여러 종류의 언어들이 있다. 이 언어는 과학 기술, 사무 처리 등에 다목적인 용도로 이용되는 범용 프로그램 언어와 한정된 분야, 특정 목적을 위해 개발된 특수 문제 지향 언어로 나누어진다.

범용 프로그램 언어는 컴퓨터 동작을 중심으로 개발한 기계 지향의 언어와 자연 언어에 근접하게 표현할 수 있는 문제 지향 언어로 나누어진다.

또한 특수 문제 지향 언어는 사용 목적에 따라 시뮬레이션용 언어, 리스트 전용 언어 등으로 구분된다(그림 10-6 참조).

그림 10-6 프로그램 언어의 분류

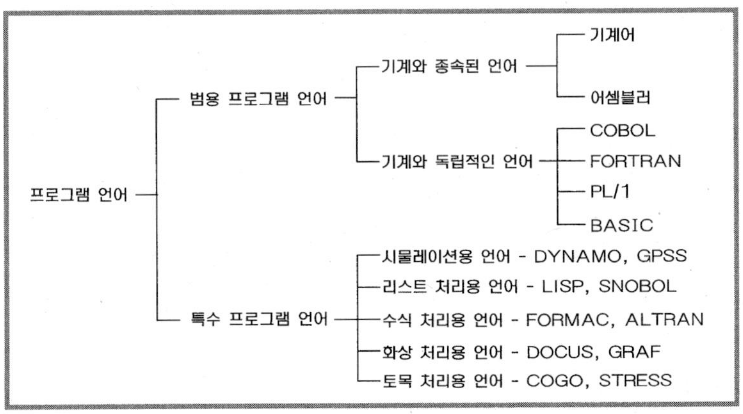

10.6.2 대표적 언어의 특징

(1) 기계어(machine language)

- 기계어는 컴퓨터가 직접 해석하고, 명령을 실행할 수 있는 유일한 언어이다.

- 모든 고급 언어(high level language)들은 최종적으로 기계어로 변환된다.
- 각 명령은 0과 1을 조합하여 만들었고, 가장 오래된 프로그램으로 저수준의 언어이다.
- 일반 사용자가 프로그램의 내용을 이해하기에는 어렵고, 수정 및 작성도 쉽지 않다.

(2) 어셈블리 언어(assembly language)

- 기계어를 사람이 이해할 수 있도록 만든 언어로 저급 수준의 언어이다.
- 기계어에 대응하는 의사기호(mnemonic code)를 사용하여 기술한 어셈블리 언어(또는 기호 언어라고 부름)이다.
- 배우는데 시간이 많이 소요되고 어렵다.
- 각 컴퓨터 시스템별로 고유의 어셈블리 언어를 갖는다.
- 다른 컴퓨터 시스템 언어는 이해하기가 어렵다.

(3) FORTRAN

- 1957년에 IBM740용으로 개발된 최초의 고급 프로그래밍 언어이다.
- FORTRAN은 FORmula TRANslator의 약어이다.
- 과학 기술의 수치적 문제, 계산과 논리 연산 등에 널리 사용된다.
- 언어의 구조가 단순하여 구조적 프로그래밍을 작성하기에는 부족하다.
- 문자열 처리 기능이 약하다.

(4) ALGOL

- 1960년에 발표된 언어로 과학 계산에 많이 사용된다.
- ALGOL은 ALGOrithmetic Language의 약어이다.
- 언어 이론을 바탕으로 설계된 최초의 언어이다.
- 알고리즘 언어로 알고리즘을 기술하기 위해 사용한다.
- 하지만 지나치게 이상적인 언어로 실무에는 많이 사용하지 않는다.

(5) PASCAL

- 1970년 스위스 니클라우스 워스(N. Wirth)에 의해 개발된 프로그래밍 언어이다.
- ALGOL계의 구조화 프로그램 언어이다.
- 프로그램 자신이 도큐먼트(document)의 특성을 갖는다.
- 현재 전산학의 교육 연구에 널리 사용되며, 실무적 용도로도 많이 사용되고 있다.

- 종류에는 APPLE PASCAL, TURBO PASCAL, UCSD PASCAL 등이 있다.

(6) COBOL

- 1960년 미국 정부, 컴퓨터 업체, 사용자협의에서 최초의 사양이 발표되었다. .
- COBOL은 COmmon Business Oriented Language의 약어이다.
- 사무 자료 처리 응용을 위해 개발된 고급 프로그래밍 언어이다.
- 언어의 구조는 영어적인 표현에 근접한 형식으로 처리 순서의 기술, 분류, 보고서 작성, 대용량 기억, 표 작성 등의 기능이 뛰어나다.

(7) PL/1

- programming language one의 약어로 IBM에서 개발한 고급 프로그래밍 언어이다.
- 사무 처리와 과학 기술 계산의 양방면에 대한 처리를 지원하기 위해 개발한 프로그래밍 언어로 FORTRAN, ALGOL, COBOL 등의 장점을 이용하여 개발 하였다.
- 다목적으로 사용이 가능하며, 프로그램의 기술에도 유연성을 갖는다.
- 복잡한 데이터를 쉽게 처리할 수 있으며, 리스트 처리가 가능하다.

(8) BASIC

- beginner's all-purpose symbolic instruction code의 약어로서 1965년 미국 다트마우스 대학에서 개발한 교육용 프로그래밍 언어이다.

표 10-1 언어별 사용 분야 비교

언어 종류	사 용 분 야
어셈블리(assembly)	· 시스템 프로그램 · H/W 제어 프로그램
베이식(BASIC)	· 간단한 프로그램 · 컴퓨터 언어 학습용으로 많이 사용 · 소형 컴퓨터 및 PC에서 사용
포트란(FORTRAN)	· 과학 기술 계산 프로그램 · 중·대형 컴퓨터에서 많이 사용
코볼(COBOL)	· 사무 처리 프로그램 · 중·대형 컴퓨터에서 많이 사용
C	· 각 분야에서 모두 사용 · UNIX에서 사용된 언어 · 중·대형 컴퓨터 및 PC에서 사용

- 현재 개인용 컴퓨터(PC)를 중심으로 보급되고 있는 회화형 언어로, 언어가 매우 간단하여 배우기 쉽고, 사용하기 편하다.
- 과학 기술 계산을 위해 개발되었으며, 프로그램 설계와 파일의 조작이 뛰어나다.

(9) 기타 고급 프로그래밍 언어

- LISP : LISt Processor의 약어로서 인공 지능과 로봇 문제, 자연어 처리 등에 많이 응용된다.
- ADA : 1980년 초에 미국방성을 중심으로 개발된 새로운 언어로서 대규모 프로그램의 작성과 실시간(real time) 처리를 목적으로 개발되었다.
- C : 미국 AT&T 벨연구소에서 UNIX용으로 개발한 언어로서 객체 지향적인 프로그래밍 언어(object oriented programming language)이다.
- LOGO : MIT 공과대학에서 개발한 프로그래밍 언어로서 언어의 구조가 프로시저(procedure)와 재귀 호출, 리스트 처리까지 제공한다. 또한 그래픽을 이용하므로 쉽고 재미있게 교육할 수 있는 고급 언어이다.
- APL : a programming language의 약어로 미국 하버드 대학에서 개발하였으며, 수치적 관계나 논리적 관계를 엄밀하고 간결하게 표현한다.

10.7 언어 처리 프로그램

사람이 프로그램을 작성하는데 있어서 기계어를 사용하는 경우에는 문제가 안 되나 일반적인 언어를 사용하는 경우에는 그 언어를 기계어 프로그램으로 변환해야 컴퓨터가 해독하고 실행할 수 있다. 이러한 동작을 언어 처리 프로그램(또는 언어 처리기 ; language processor)라 한다.

즉, 언어 처리 프로그램에 대한 좁은 의미의 개념은 일반 프로그램을 컴퓨터가 실행할 수 있는 기계어 프로그램으로 변환시키는 어셈블러, 컴파일러, 인터프리터 등을 뜻하나, 넓은 의미로는 전처리기(preprocessor), 매크로 처리기(macro processor) 등의 언어 프로그램을 취급하는 모든 프로그램을 가리킨다.

10.7.1 프로그램 언어의 컴퓨터 처리

컴퓨터가 프로그램을 처리하기 위해서는 다음 그림 10-7과 같이 여러 단계의 처리를 통해 실행하게 된다.

프로그래머(programmer)가 한 작업(job)을 수행하기 위해서는 여러 개의 프로그램을 모듈(module)별로 작성(원시 프로그램 작성)한다. 그리고 이 원시 프로그램을 컴퓨터가 이해할 수 있는 기계어(machine language)로 변환하기 위해 컴파일러(com piler)(또는 번역기(translator)라고 부름)를 사용한다. 그 결과로 각 원시 프로그램 모듈에 대응하는 각각의 목적 프로그램(object program)이 생성된다.

한 작업(job) 내의 각 목적 프로그램을 하나로 묶기 위해서는 링커(linker 또는 linkage editor라고 부름)를 사용한다. 그 결과로 하나의 실행가능한 프로그램(로드 모듈 : load module)이 생성되면, 로더(loader)는 이 프로그램을 컴퓨터가 실행할 수 있도록 주기억 장치에 저장한다.

그림 10-7 프로그래밍 언어의 컴퓨터 처리 절차

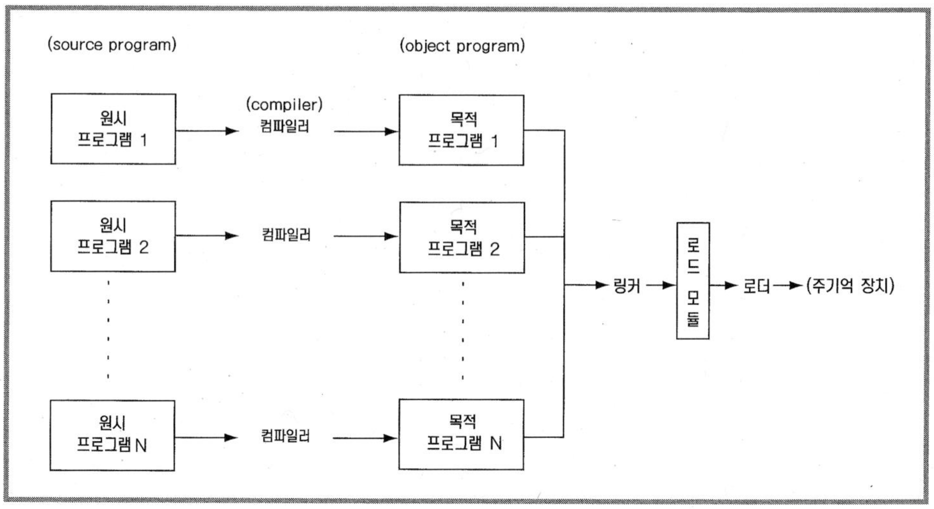

10.7.2 언어 처리 프로그램의 종류

(1) 어셈블러(assembler)

- 어셈블리(assembly) 언어로 작성된 프로그램을 처리하는 언어 처리 프로그램이다.
- 기호(mnemonic code)로 작성된 어셈블리 언어를 기계어로 번역한다.
- 각 컴퓨터에는 고유의 어셈블리 언어가 있듯이 고유의 어셈블러를 갖는다.

(2) 컴파일러(compiler)

- 인간이 이해할 수 있도록 기술한 원시 프로그램(일반적으로 고급 언어)을 어셈블리 언어 이하의 저수준 언어로 변환 및 처리하는 프로그램이다.
- 컴파일러의 주요 기능은 원시 프로그램의 목적 프로그램(object program)을 생성하는 것이다.
- 고급 언어(FORTRAN, COBOL, PASCAL, C 등)에는 각각의 컴파일러가 별도로 있다.

(3) 인터프리터(interpreter)

- 고급 언어로 기술된 원시 프로그램의 문장을 한 문장씩 읽어 바로 실행처리한다.
- 일반적으로 회화형 언어(BASIC, APL 등)는 인터프리터 형태로 실행된다.
- 원시 프로그램을 기계어 프로그램(목적 프로그램)으로 변환하는 컴파일러와는 달리 목적 프로그램을 생성하지 않고 바로 원시 프로그램을 실행한다.

(4) 제너레이터(generator)

- 프로그램을 전부 사용하지 않고 필요한 코드, 파라메터만 사용한다.
- 입출력 조건, 처리 내용 등을 가리키는 변수(parameter)를 사용한다.
- 기계어의 목적 프로그램을 자동으로 생성·처리하는 프로그램이다.

(5) 시뮬레이터(simulator)

- 어떤 기종의 컴퓨터에서 실행되는 프로그램을 실제 실행할 수 없는 다른 기종에

서 모방하여 그 프로그램의 동작과 결과를 시험 처리할 수 있도록 지원해주는 프로그램이다.

- 시뮬레이터는 어떤 작업을 실제의 장치, 컴퓨터 없이 소프트웨어적으로 모의하는 것이다.

(6) 에뮬레이터(emulator)

- 시뮬레이터는 프로그램(소프트웨어)의 동작 상태를 시험하기 위해 사용하는 처리 프로그램이다.
- 에뮬레이터는 개발된 하드웨어 시스템의 동작 상태를 시험하기 위해 사용하는 처리 프로그램이다.
- 개발된 하드웨어를 실제 동작시키고 명령에 의해 하드웨어의 동작을 확인 및 검사한다.

(7) 번역기(translator)

- 한 기종의 컴퓨터에 맞는 어셈블리 프로그램을 타기종의 어셈블리 프로그램으로 변환하는 처리 프로그램이다.
- 일반적으로 한 프로그래밍 언어로 작성된 프로그램을 다른 프로그래밍 언어로 변환(번역)하는 프로그램이다.
- 어셈블러(assembler), 컴파일러(compiler), 인터프리터(interpreter) 등이 번역기에 속한다.

(8) 프리프로세서(preprocessor)

- 프리컴파일러(precompiler)라고도 부른다.
- 원시 프로그램을 컴파일러가 처리하기 전에 먼저 처리하는 프로그램이다.
- 주로 고급 언어로 작성된 원시 프로그램을 컴퓨터에서 구현하기 위해 다른 언어로 번역할 때 사용한다.

그림 10-8 프리프로세서의 동작

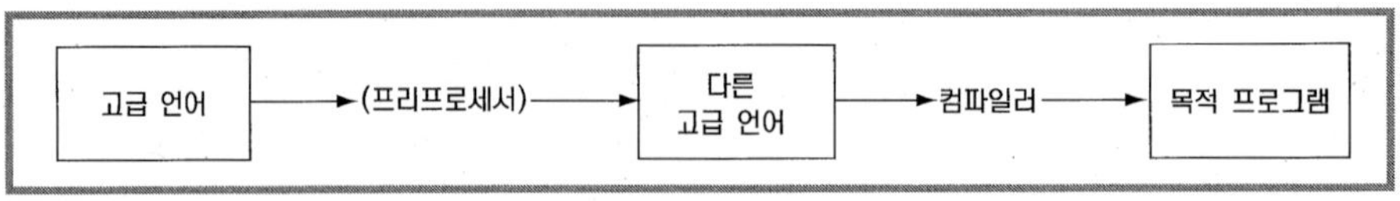

(9) 크로스 컴파일러(crosscompiler) 및 크로스 어셈블러(crossassembler)

- 한 컴퓨터에서 다른 컴퓨터의 목적 프로그램을 만들어내는 번역기이다.
- 다른 컴퓨터에 비하여 이식이 용이하고 컴파일러가 쉽다.
- 프로그램을 개발하는 환경이 나쁜 저수준의 컴퓨터를 대신하여 상위 기종의 컴퓨터를 사용하여 개발할 때 사용한다.

용어정의

1. 자원(resource)

- 컴퓨터시스템의 구성은 크게 하드웨어(H/W)와 소프트웨어(S/W)로 구분된다.
- 컴퓨터 시스템에 관련된 자원은 크게 세 가지로 나누어진다.
  - 하드웨어 자원 : 주기억 장치, CPU, 입출력 장치 등
  - 정보 자원 : 프로그램, 데이터 등
  - 인적 자원 : SE(system engineer), 운영요원(operator), 프로그래머 등
- 자원의 할당 및 관리는 운영 체제의 역할중 중요한 부분이다.

2. 다중 프로그래밍과 다중 프로세싱의 차이

다중 프로그래밍 방식에서 발생할 수 있는 프로세서(CPU)의 속도 저하, 대용량 및 대규모의 작업 능력 부족 등을 보완하기 위하여 다중 프로세싱 방식이 개발되었다.

다중 프로그래밍 (multiprogramming)	·한 개 프로세서(CPU)를 사용 ·한 개 기억 장치 내에 있는 두 개 이상(다중)의 프로그램을 실행함
다중 프로세싱 (multiprocessing)	·두 개 이상(다중)의 CPU 사용 ·두 개 이상(다중)의 CPU가 주기억 장치를 공용 ·다중 프로그래밍보다 시스템이 안정됨

3. C 언어의 특징

(운영 체제 UNIX를 개발하는데 사용한 언어임)

- 저급 언어의 특성을 가지면서, 논리적인 구조는 고급 언어이다.
- 하드웨어의 직접적인 제어가 가능하다.
- 그러면서도 하드웨어에 의존하지 않는 프로그램을 작성할 수 있다.
- 연산자가 풍부하다.
- 다양한 형태의 데이터를 직접 처리할 수 있다.

4. 프로그래밍 언어의 처리 절차 및 특성

- 프로그래밍 언어의 처리 절차
  - 원시 프로그램(또는 사용자 프로그램) ⇨ (컴파일러) ⇨ 목적 프로그램 ⇨ (링커) ⇨ 목적 프로그램 모듈
- 프로그램별 특성
  - 원시 프로그램(source program 또는 사용자 프로그램(user program)) :

사용자가 언어 프로그램(BASIC, PASCAL, assembly 등)으로 작성한 프로그램이다.

–목적 프로그램(object program) : 컴파일러, 어셈블러 등의 언어 처리 프로그램에 의해 원시 프로그램이 컴파일되거나 어셈블된 프로그램이다. 기계어로 구성되는 프로그램이다.

–목적 프로그램 모듈(objet program module) : 링커에 의해 여러 목적 프로그램을 링크하여 만들어진 프로그램이다. 주기억 장치에 로드하여 실행할 수 있는 프로그램이다.

5. 로더(loader)

운영 체제의 일부 기능으로 목적 프로그램(object program)을 주기억 장치에 올리는(loading) 프로그램이다. 그 종류는 다음과 같다.

- 절대(absolute) 로더 : 프로그래머가 지정한 주소(절대 주소라고 함)에 목적 프로그램을 올리는 로더이다.
- 링킹 로더(linking loader) : 로더가 목적 프로그램들의 링크를 함께 수행한다.
- 모듈 로더(module loader) : 가장 많이 사용하는 방식으로 링커(linkage editor)와 함께 사용한나. 사용자의 명령에 의해 해당 프로그램 모듈을 찾아 올린다.
- 부트스트랩 로더(bootstrap loader) : 컴퓨터 시스템이 시동(power on)될 때 운영 체제를 주기억 장치에 올리는 프로그램이다. 이 프로그램은 ROM 속에 저장되어 있다.
- 동적로더(dynamic loader) : 로더가 지정된 주소 없이 비어있는 주소를 찾아서 저장한다.

6. 데이터와 프로그램

- 데이터(data)
  - –컴퓨터 동작의 원 재료로, 어떤 현상에 대한 사실(fact)이나 자체를 가리킨다.
  - –컴퓨터에 의해 처리된 결과의 데이터를 정보(information)라고 부른다.
- 프로그램(program)
  - –데이터를 처리하기 위하여 만든 것이 프로그램이다.
  - –프로그램은 데이터의 동작을 명령하는 명령어 집합이다.
- 예를 들면 '1+2'에서 1, 2는 데이터이며, 1과 2를 더하라는 명령은 프로그램이다.

7. 라이브러리 프로그램과 유틸리티 프로그램

- 라이브러리 프로그램(library program)
  - 응용 프로그래머를 위해 미리 프로그램 업체에서 제공하는 작업용 프로그램을 가리킨다.
  - 일반적으로 표준화된 프로그램 루틴들의 집합체이다.
- 유틸리티 프로그램(utility program)
  - 사용자(user)가 컴퓨터를 쉽게 사용할 수 있도록 도와주는 프로그램을 가리킨다.
  - 흔히 사용하는 응용 프로그램은 아니며, 작업(편집, 복사 등)을 쉽고 편하게 지원해 준다.
  - 일반적으로 바이러스 제거 프로그램, 압축 프로그램들을 총칭하여 나타낸다.

8. 서브루틴(subroutine)

- 서브프로그램(subprogram)이라고도 부른다.
- 자주 사용하는 일련의 프로그램이나 인터럽트 발생시의 처리 프로그램은 서브루틴으로 구성한다.
- 주프로그램(main program)이 서브루틴을 부르고, 서브루틴 수행시에는 주프로그램이 중단된다.
- 일반적으로 I/O(Input/Output) 프로그램은 서브 프로그램으로 구성한다.
- 주 프로그램에서는 주소의 순서대로(즉, PC레지스터가 하나씩 증가함.) 수행되나, 분기명령, 인터럽트 등에 의한 서브 프로그램을 수행할 때에는 주소가 해당 프로그램의 위치로 옮겨진다.

9. 모니터링 프로그램(monitoring program)

- 컴퓨터의 동작 상태를 관찰·통제·제어하는 프로그램이다.
- 컴퓨터를 사용하는 중간 중간에 연속적으로 다수의 프로그램을 처리하는 시스템 프로그램이다.

10. 매크로(macro)

- 여러개의 명령을 묶어서 하나의 이름으로 만든 것을 가르킨다.
- 일반적으로 반복되는 일련의 같은 명령을 효과적으로 수행하기 위해 사용한다.
- 매크로 명령처리 기능을 갖는 어셈블러를 매크로 어셈블러라고 부른다.

11. 자료 흐름도(DFD : Data Flow Diagram)

- 시스템 내에서 자료가 어떻게 흐르는가를 나타내는 도표이다.
- 이 흐름도는 명령에 대한 데이터 처리가 아니라 오직 자료 자체의 흐름과 변화를 설명한다.
- 그러므로 변수, 명령문 등을 사용하는 흐름도(flow chart)와는 다르다.

12. 데이터 베이스(Data Base) 시스템

- 통합된 자료(Data)를 저장 관리하는 시스템이다.
- 이 자료는 어느 조직, 다수의 응용 시스템 등에서 복수의 업무에 공동으로 사용한다.
- 자료는 독립적으로 관리되나, 중복 자료를 없애므로 자료를 효율적으로 관리한다.
- 각 자료는 파일 단위(파일은 레코드로 구성)로 구성되며, 파일의 자료는 더하거나, 변경하거나, 삭제하여 갱신(update)할 수 있다.

기출문제 시스템과 소프트웨어

1. 배치(batch) 처리가 편리한 것은? (정보처리 2000.5)

㉮ 급여계산처리
㉯ 보통예금처리
㉰ 신원조회처리
㉱ 공정관리처리

☞ 10.4.1 데이터 처리의 타이밍과 목적에 따른 방식

2. 기계어에 대한 설명 중 옳지 않은 것은? (정보처리 2002.5, 2000.5)

㉮ 수행 시간이 신속하다.
㉯ 하드웨어 운용이 비효율적이다.
㉰ 프로그램 과정이 불편하다.
㉱ 언어의 호환성이 없다.

☞ 10.6.2의 (1) 기계어 참조

3. 원시 프로그램(source program)을 컴파일러에 의해 번역하면 목적 프로그램이 생성되는데 이 목적 프로그램은 실행할 수 없는 상태의 기계어이다. 이를 실행 가능한 로드 모듈(Load Module)로 변환하는 것을 무엇이라 하는가? (정보처리 2003.5, 2000.5)

㉮ Linkage Editor
㉯ Interpreter
㉰ Compiler
㉱ Assembler

☞ 10.7.1 프로그램 언어의 컴퓨터 처리 참조

4. 독립된 기능을 가진 복수의 컴퓨터들이 하드웨어, 소프트웨어 및 데이터 등의 자원을 공용할 수 있도록 통합된 시스템을 말하는 것은? (정보처리 1999.4, 1993.8)

㉮ 타임 쉐어링 시스템
㉯ 리모트 배치 시스템
㉰ 리얼타임 시스템
㉱ 컴퓨터 네트워크 시스템

☞ 10.4.4 컴퓨터간의 접속에 따른 처리 방식 참조

5. 서브루틴과 연관되어 사용되는 명령은? (정보처리 2006.5)(전자계산 2003.8)

㉮ Shift
㉯ Call과 Return
㉰ Skip과 Jump
㉱ Increment와 Decrement

☞ 용어정의 8. 참조

---

1. ㉮ **2.** ㉯ **3.** ㉮ **4.** ㉱ **5.** ㉯

6. 다음 중 OSI의 약자는? (정보처리 1999.6)

㉮ Open Systems Interface
㉯ Open Systems Interconnection
㉰ Operating System Interface
㉱ Operating Systems Interconnection

☞ 10.4.4 컴퓨터간의 접속에 따른 처리 방식 참조

7. 온라인 리얼 타임 시스템(on line real time system)에서 취급하는 방식이 아닌 것은? (정보처리 1999.8, 1994.3)

㉮ 리모트 잡(remote job) 입력시스템 방식
㉯ 메시지 교환방식
㉰ 조회방식
㉱ 거래 데이터 처리방식

☞ 10.4.2 단말과 컴퓨터간의 관계에 따른 처리 방식 참조

8. 다음 클라이언트/서버 구조에 대한 설명 중 옳지 않은 것은? (정보처리 1999.4)

㉮ 잘 설계된 구조는 하나의 제품으로 구현되어야 한다.
㉯ 구조는 제품을 만들 때 지침으로 사용하는 정의, 규정과 조건들이 집합이다.
㉰ 제품이란 한 구조를 특정하게 구현한 것이다.
㉱ 구현한 제품이 없는 구조만은 전혀 쓸모가 없다.

☞ 10.4.4 컴퓨터간의 접속에 따른 처리 방식 참조

9. 다음 중 시분할 처리방식에 적합한 단말장치는? (정보처리 1999.8)

㉮ 카드 천공장치
㉯ 종이테이프 장치
㉰ 영상 표시장치
㉱ 광학식 문자 해독장치

☞ 10.4.1 데이터 처리의 타이밍과 목적에 따른 방식

10. Compiler Language나 Assembly Language로 작성된 프로그램을 지칭할 때 옳은 것은? (정보처리 2002.3)(전자계산 2005.5)(조직응용 2002.3)

㉮ Assembler
㉯ Object Program
㉰ Source Program
㉱ Operating System Program

☞ 용어정의 4. 참조

---

6. ㉯ **7.** ㉮ **8.** ㉱ **9.** ㉰ **10.** ㉰

11. 여러 개의 CPU(중앙처리장치)를 가지고 동시에 많은 일을 처리하는 것을 무엇이라 하는가?

(정보처리 1999.10, 1994.3)(전자계산 2003.8)

㉮ Multiprocessing ㉯ Multiprogramming
㉰ Multiaccessing ㉱ Multitasking

☞ 10.5.2 다중 프로세싱 참조

12. 원격단말장치에서 host(컴퓨터)와 terminal(단말)에 각각 필수적으로 요구되는 것은?

(정보처리 1999.10)

㉮ MODEM ㉯ DASD(Direct Access Storage Device)
㉰ STACKER ㉱ CIL

☞ 10.4.2 단말과 컴퓨터간의 관계에 따른 처리 방식 참조

13. OS(Operating System)의 목적이 아닌 것은? (정보처리 2005.3)(조직응용 2005.3)

㉮ 응답 시간(Turn Around Time)을 최대로 증가시킨다.
㉯ 프로그램 작성의 노력과 시간을 경감시킨다.
㉰ 자료 처리의 생산성을 향상시킨다.
㉱ 컴퓨터의 실행 시간을 단축시킨다.

☞ 10.2 운영체제의 목적 참조

14. 영상처리나 인공지능 등에서는 방대한 양의 데이터 처리를 위해서 병렬처리는 필수적이라 할 수 있는데 다음에서 병렬 처리를 수행하는 시스템이 아닌 것은 어느 것인가?

(정보처리2 1991.4)

㉮ I/O Processor ㉯ Pipelining
㉰ Array Processor ㉱ Multiprocessor

☞ 8.2.2의 1. 입출력 프로세서의 기능 참조

15. Assembly 언어로 쓴 프로그램을 기계어 프로그램으로 번역한 프로그램을 무엇이라고 하나? (정보처리2 1989.4)

㉮ Compiler ㉯ Translator
㉰ Assembler ㉱ Machine language

☞ 10.7.2의 (1) 참조

---

11. ㉮ **12.** ㉮ **13.** ㉮ **14.** ㉮ **15.** ㉰

16. **온라인 리얼 타임 시스템(on-line real time system)은 무엇인가?** (정보처리2 1993.8)

㉮ 선형 계획표(L, P)의 한 종류이다.

㉯ 최초의 기억 장치가 있는 전자계산기이다.

㉰ 컴퓨터와 즉석에서 질의 응답이 이루어지는 시스템이다.

㉱ 기억 장치가 큰 전자계산기이다.

☞ 10.4.1 처리의 타이밍과 목적에 따른 방식 참조

17. **다음 중 오퍼레이팅 시스템의 목적이 아닌 것은?**

(정보처리2 1987.4)(정보통신 1994.3)(조직응용2 1992.10)

㉮ 시스템의 효과적인 가동으로 성능을 높인다.

㉯ 시스템의 이용도를 향상시킬 수 있다.

㉰ 프로그램 프로그래밍 작업이 능률적이다.

㉱ 프로그램 착오를 적게 한다.

☞ 10.2 운영 체제의 목적 참조

18. **온라인 리얼타임 시스템(on line realtime system)에서 취급하는 방식이 아닌 것은?**

(정보처리2 1994.3)

㉮ 리모트 조브(remote job) 입력 시스템 방식

㉯ 메시지 교환 방식

㉰ 조회 방식

㉱ 거래 데이터 처리 방식

☞ 10.4.1 처리의 타이밍과 목적에 따른 방식 참조

19. **인터프리터(interpreter)를 사용하는 언어는 무엇인가?** (정보처리 1993.10)

㉮ BASIC ㉯ FORTRAN

㉰ PASCAL ㉱ machine code

☞ 10.7.2의 (3) 참조

---

16. ㉰ **17.** ㉱ **18.** ㉮ **19.** ㉮

20. 프로그래머가 어셈블리 언어로 프로그램을 작성할 때 반복되는 일련의 같은 연산을 효과적으로 수행하기 위하여 필요한 것은 무엇인가? (정보처리 1993.10)

㉮ micro programming ㉯ macro
㉰ function ㉱ revised instruction set

☞ 용어정의 10. 참조

21. 롬(ROM) 내에 기억시켜 둘 필요가 없는 정보는 다음 중 어느 것인가? (정보처리2 1992.8)

㉮ 부트스트랩 로더(bootstrap loader)
㉯ 마이크로프로그램(micro-program)
㉰ 디스플레이 문자 코드(display character code)
㉱ 소스 프로그램(source program)

☞ 용어정의 4. 참조

22. 전자계산기를 이용하기 위하여 사용하는 언어를 크게 3가지의 계층으로 구분할 수 있다. 이에 관계없는 것은? (정보처리 2003.8, 2002.5)

㉮ 레지스터 ㉯ 기계어
㉰ 어셈블리어 ㉱ 컴파일러

☞ 10.7 언어처리 프로그램 참조

23. 데이터를 수집하고 그것을 계산 처리용으로 변환하여 계산을 실행 한 후 그 결과를 사용자에게 알려주는데 요하는 시간을 나타내는 것은? (정보처리 2003.5)

㉮ idle time ㉯ process time
㉰ turn around time ㉱ perfect time

☞ 10.2.2. 응답시간의 단축 참조

24. 다음 중 데이터베이스(DATABASE)의 목적에 부합하지 않는 내용은? (정보처리2 1991.4)

㉮ 데이터의 양을 증대한다. ㉯ 중복되는 데이터를 없앤다.
㉰ 데이터를 독립적으로 관리한다. ㉱ 복수 업무에 공동으로 사용한다.

☞ 용어정의 12. 참조

---

20. ㉯ **21.** ㉱ **22.** ㉮ **23.** ㉰ **24.** ㉮

25. 동시에 2개 이상의 프로그램을 컴퓨터에 로드시켜 처리하는 방법을 무엇이라 합니까?

(정보처리2 1987.4)(정보통신2 1994.3)

㉮ 더블 프로그래밍 ㉯ 멀티프로그래밍

㉰ 멀티액세싱 ㉱ 리얼타임 프로그래밍

☞ 10.5.1 다중 프로그래밍 참조

26. Assembly 언어로 작성된 Source Program을 Assembler를 이용하여 기계어로 번역하는 것은?

(정보처리 2002.5)

㉮ Translation ㉯ Compile

㉰ Coding ㉱ Assemble

☞ 10.7.2의 1. 참조

---

25. ㉯ **26.** ㉱

찾아보기

ㅇ

C

D

E

F

M

N

O

P

U

V

기타

전산계산기 구조

2007년 8월 5일 초판 1쇄 발행
2023년 8월 30일 초판 2쇄 발행

지은이 강안구 · 임석구 · 최지영
펴낸이 임 순 재

펴낸곳 **한올출판사**
등 록 제11-403호
주 소 서울특별시 마포구 모래내로 83(성산동, 한올빌딩 3층)
전 화 (02)376-4298(대표)
팩 스 (02)302-8073
홈페이지 www.hanol.co.kr
e-메일 hanol@hanol.co.kr

값 16,800원 ISBN 978-89-8325-900-4